21世纪高职高专精品规划教材

湖南省教育厅科学研究项目

《高职数学教学渗透数学文化的理论与实践研究》(17C0369)研究成果

高职数学与数学文化教程

Gaozhi Shuxue Yu Shuxue Wenhua Jiaocheng

主　编　蔡湘文　任卓琳

副主编　付文芳　胡宇航　刘益冬

西北工業大學出版社

图书在版编目(CIP)数据

高职数学与数学文化教程/蔡湘文,付文芳主编.—西安:
西北工业大学出版社,2018.9
ISBN 978-7-5612-6263-4

Ⅰ.①高… Ⅱ.①蔡… ②付… Ⅲ.①高等学校—高等职业教育—教材 Ⅳ.①O13

中国版本图书馆 CIP 数据核字(2018)第 210337 号

策划编辑:付高明
责任编辑:杨丽云

出版发行:西北工业大学出版社
通信地址:西安市友谊西路 127 号　　邮编:710072
电　　话:(029)88493844　88491757
网　　址:www.nwpup.com
印 刷 者　长沙金鹰印务有限公司
开　　本:787 mm×1092 mm　1/16
印　　张:15
字　　数:340 千字
版　　次:2018 年 9 月第 1 版　　2018 年 9 月第 1 次印刷
定　　价:42.8 元

21世纪高职高专十三五精品规划教材

湖南省教育厅科学研究项目《高职数学教学渗透数学文化的理论与实践研究》（17C0369）研究成果

高职数学与数学文化教程

主编 蔡湘文 付文芳

副主编 任卓琳 胡宇航 刘益冬

GAOZHI SHUXUE YU SHUXUE WENHUA JIAOCHENG

西北工業大學出版社

前　言

两千多年来,人们一直认为每一个受教育者都必须具备一定的数学知识。但如今,数学教育的传统地位却陷入了严重的危机之中。目前,高职的数学教学有时竟演变成空洞的解题训练。这种训练虽然可以提高学生形式推导的能力,但并未能使其真正的理解与深入独立的思考。数学研究也出现一种过分专门化和过于强调抽象的趋势,而往往忽视了数学的应用及与其他领域的关系。

这需要从数学自身向来的任务说起,即增进对已知材料的了解和拓展。无论是哪项,都脱离不开“方向”的问题。在我们以往的初等教育体系中,甚至是高等教育体系中,往往注重课程材料的逻辑顺序,这是好的。但是忽视了对历史和文化的说明。学生是一个孩童,在他们觉得,数学仿佛是一下子蹦出来的,疑惑也就随之而来,甚至产生误解。一个非常典型的例子是,学生们会觉得是物理学一直推动数学发展,这是因为他们不知道黎曼先生和他的几何理论,早于它所引出的广义相对论大约六十年。

我们都承认一个事物成长的历史蕴含着它将要前往的方向,同时也都明白一个学科的风格,是由发展它的千千万万名学者,在各自文化共同体内相互协作形成的。但是我们不太愿意在教育中,尤其是高职教育中承认这一点。原因之一,就是“觉得”这样“效率太低”。诚然,以数学教育为例,那么在有限的时间里做充分地训练显然是最聪明的选择。

抛开制度和社会的命题,仅仅从数学学科找理由:我们都清楚球面上的最短距离不是直线段,更为复杂的图形中更加难以捉摸,更何况是包罗这些复杂万象的数学学科呢?我们希望从“此岸”到“彼岸”,在数学这个“无穷维野生森林”里,有时只能走曲线,而且还是很要命很漫长的曲线。那些急功近利企图走直线的人,要么中途遇到了“奇点”消失不见,要么就“疯掉了”,成了屡见不鲜的“民科”。教育不是为了让人们学到更多的知识,而是为了让人们懂得更多的道理。知识印在书上,只要不是文盲,一天背诵许多页总不是件难事。但道理隐藏在历史背后,隐藏在先贤的故事里,隐藏在知识的进化中。

某些传记性与历史性的名著以及富有启发性的普及读物,曾激起了潜在的一般兴趣。实际去接触活生生的数学内容是必不可少的。当然,应当避免走弯路或陷入技术性的细节。介绍数学不必过分注重通常例行的做法,也不应采取生硬的教条主义态度,因为教条主义会掩盖动机和目的,妨碍人们作实事求是的努力。实际上,我们可以从最基本的事实

出发，不必拐弯抹角，而直达一个可以纵览近代数学的实质和动力的有利位置。

高职数学课程是高职院校大部分专业开设的一门基础课，它对高职生的专业学习、能力提高、素养储备和职业发展有着极其重要的作用。但由于长期以来数学学习与生活实际的脱钩，因此使原本带有一定抽象意味的数学被学生“拒之于千里之外”，学习兴趣不浓、逻辑思维不强，创新能力缺乏、应用意识淡薄等，这些都严重影响了目前高职的数学教学和学生的数学学习。

本书为我院在湖南省教育厅的立项课题成果之一，当然是朝着数学文化教育发展方向的一个尝试。本书也主要为高职院校的学生和教师而编订，特别是可以作为高职高专建筑类、计算机类和制造类等工科专业的数学教材使用。它的主要特点是：一是打破了传统的大学数学教材的编写结构和体系，更加形象化、通识化；二是重视数学基础知识的传授，重视数学能力的培养；三是嵌入大量数学文化内容，如古今中外数学名家的故事，世界几千年来数学发展简史等；四是本书很多人文轶事都是以诙谐幽默的语言进行讲述，一改往常数学教材的“铁面孔”。我们虽然经过了长时间的准备和积累，但在其他工作的压力下，本书的面世也有很多不如人意的地方，欢迎各位读者的批评和指正。

全书主要内容包括函数、极限和连续、导数和微分、导数的应用、不定积分、定积分和应用、行列式、矩阵和线性方程组，世界数学发展简史。全书基本教学时数为 64 ~ 96 学时，可供三年制大专学生一年一期和一年二期使用。

本书的编写得到了湖南都市职业学院领导的关怀和老师们的帮助。参与编写的人员有学院数学教师任卓琳、付文芳、胡宇航、刘益冬、李杰峰、梁飞、朱锴。以上各位同志给教材的编写提供了大量的素材。在出版过程中，我们还得到了湖南师范大学出版社和湖南金城教育的具体指导和帮助，在此，编者对他们的辛勤付出表示最衷心的感谢！

蔡湘文
2018 年 4 月

绪　论

为什么要花这么多时间来学习并学好数学*

如果将数学学习的好坏仅仅理解为“刷题”的数量和速度，那充其量也只能成为一名熟练的数学工匠。我们所受的数学训练，所领会的数学思想和精神，所获得的数学教养，无时无刻不在发挥着积极的作用，成为取得成功的最重要的因素。数学教育看起来只是一种知识教育，但本质上是一种素质教育。以传授与学习数学知识为载体，通过严格认真的数学学习和训练，可以使学生具备一些特有的素质和能力。对绝大多数人来说，数学是一生中学得最多的一门课程：从小学到中学，从中学到大学，包括到了研究生的学习阶段，都在学习数学。为什么要花这么多时间来学习数学？又为什么一定要努力学好数学呢？

如果认为这种学习只是为了执行学校与老师的规定，只是为了应付有关的考试并取得一个好的成绩，只是为了混得一张文凭将来找一个高收入的工作，或者只是为了或多或少掌握一些有关的数学知识，那么即使进了数学科学学院，也必然会对数学学习采取一个被动和应付的态度，学习的效果也必然会受到很大的影响。因此，这个看来似乎很平凡的问题其实很值得大家认真地想一想。

一、数学的影响和作用无处不在

要搞清为什么要学好数学，首先要认识数学这门学科本身的重要性。世间的万事万物都有“数”与“形”这两个侧面，数学作为研究现实世界中的数量关系和空间形式的科学，是剔除了物质的其它具体特性，仅仅从数与形的角度来研究整个世界的。数学的作用和地位，现在看来概括起来有以下几条：

（一）数学是一类常青的知识

作为小学、中学到大学必修的重要课程，数学是人类必不可少的知识，这一点不会有人疑问。人类的许多发现就像过眼烟云，很多学科是从推翻前人的结论而建立新的理论的；然而，古往今来数学的发展，不是后人摧毁前人的成果，而是每一代的数学家都在原有建筑的基础上，再添加一层新的建筑。因而，数学的结论往往具有永恒的意义。欧几里得

* 演讲者：李大潜，中国数学家，复旦大学数学系教授，中国科学院院士。本文为李大潜院士在复旦大学数学科学学院新生迎新大会上的讲话。

是二千多年以前的古希腊数学家，然而，以他命名的欧几里得几何至今还在发挥着重要的作用，其中的勾股定理，不仅没有被人认为老掉了牙而不屑一顾，相反还被人称为千古第一定理，一直被高度颂扬、反复应用，就充分地说明了这一点。

（二）数学是一种科学的语言

伽利略曾说过："大自然这本书是用数学语言写成的。……除非你首先学懂了它的语言，……，否则这本书是无法读懂的。"数学这种科学的语言，是十分精确的，这是数学这门学科的特点。同时，这种语言又是世界通用的。加减乘除，乘方开方，指数对数，微分积分，常数等等，这些数学语言和符号一开始虽然可能五花八门、各有千秋，但早已统一为一个固定的样式，世界各地通用，对我们的掌握和使用是十分方便的。

（三）数学是一个有力的工具

数学在人们的日常生活及生产中随时随地发挥着重要的作用，已经是有目共睹。在现代，数学作为现代化建设的重要武器，在很多重要的领域中更起着关键性、甚至决定性作用。我们国家在两弹一星研制中的出色成就，凝聚了不少优秀数学家的心血，就是一个突出的例子。

（四）数学是一个共同的基础

现在，不但在自然科学、技术科学中，而且在经济科学、管理科学，甚至人文、社会科学中，为了准确和定量地考虑问题，得到有充分根据的规律性认识，数学都成了必备的重要基础。离开了数学的支撑，有关的科学已很难取得长足的进步，很多学科（特别是很多自然科学学科）近年来甚至已经出现了数学化的趋势。

（五）数学是一门重要的科学

数学忽略了物质的具体形态和属性，纯粹从数量关系和空间形式的角度来研究现实世界，它和哲学类似，具有超越具体学科、普遍适用的特征，对所有的学科都有指导性的意义。现在的数学科学已构成包括纯粹数学及应用数学内含的众多分支学科和许多新兴交叉学科的庞大的科学体系。大家千万不要认为，我们已经学过的数学、包括已经了解的数学，就是数学的全部。其实，中学里学习的数学，大体上属于初等数学的范畴，而大学阶段所学的高等数学，是以牛顿、莱布尼茨在17世纪创立的微积分为标志和起步的，到现在也已经有三百多年的历史了。数学远比我们已经看到的要丰富多彩，说数学的内涵博大精深，是一点也不过分的。

比如：中学里学的平面几何，为了证明，要挖空心思画辅助线，实在是对智力的一个重大挑战与考验，但学习了解析几何，将代数与几何结合起来，过去绞尽脑汁才能求解的几何问题就一下子变得轻而易举了。我在高中时，对如何用数学方法求半圆的重心这个问题曾经发生了兴趣，也为此花了不少的课余时间，结果是无功而返。后来听老师说这个问题只有用微积分才能解决，才知道世界上还有微积分这样一门威力无穷的学问，也更激发了我进一步学习数学的好奇心和动力。真正好的数学，是愈来愈深入、愈来愈简明、愈来愈有用的。

（六）数学是一门关键的技术

过去一支笔、一张纸就能搞定的数学，竟然可以成为一门技术，似乎是匪夷所思。但

是,数学的思想和方法与高度发展的计算技术的结合的确已经形成了技术,而且是一种关键性的、可实现的技术,称为"数学技术"。在这种技术中起核心作用的部分是数学,拿走它就只剩下一堆废铜烂铁。

如:我们在医院里看到的CT这一先进的技术就是一个突出的例子。它的本质,是利用X光从各个不同角度所拍摄的众多平面照片,恢复出体内物体(如肿瘤)的立体形状,这完全是一个数学问题。这样,数学的内涵物化为计算机的软件及硬件,就成为技术的一个重要组成部分与关键,从而可以直接地转化为生产力。现在"高技术本质上是一种数学技术"的说法已为愈来愈多的人们所认同。

(七)数学是一种先进的文化

数学是人类文明的重要基础。它的产生和发展伴随着人类文明的进程,并在其中一直起着重要的推动作用,占有举足轻重的地位。因时间关系,下面仅举计数与进位这一个简单的例子来加以说明。大家知道,数学开始于数数。原始人只能区分1与多,碰到3就觉得多了,三人为"众"大概就是这样来的。后来有了十进制,用1,2,3,4,5,6,7,8,9和0这十个数字,再加上逢十进一(以及一个小数点),就可以表示世界上任何一个数字。这是现在的人们从小就知道的事实,似乎是天经地义的。然而,这却经历了一个漫长的历史进程,是数学给人类文明带来的一个不可磨灭的巨大贡献。没有了它,稍微大一些的数字就会使人晕头转向,更谈不上庞大的天文数字或是极其微小的数字了,现今金融行业或科学试验中种种复杂或高精度的数学运算根本不可能进行,我们还能有如此高度发达的文明社会吗?

这样的例子还可以举出很多,但就从这个例子已足以看出:数学过去是、现在是、将来也将是一种先进的文化,它带领着、推动着、影响着人类的文明进程,深刻地改变着世界的面貌,也改变着人类本身的思维能力和认识水平,改变着人类的本身。人类充分享受着数学文化的恩惠,但往往浑然不觉、习以为常,"身在福中不知福"。古人说:"天不生仲尼,万古长如夜"。大家想一想,如果没有数学,没有数学的进步,人们可能还生活在愚昧之中,过着"长如夜"的生活,我们有什么理由不重视数学、不重视数学文化的引领和熏陶作用呢?

综上所述,长期以来,在人们认识世界和改造世界的过程中,数学作为一种精确的语言和一个有力的工具,一直发挥着举足轻重的作用。尤其在当代,数学作为经济建设的重要武器,作为各门科学的重要基础,作为人类文明的重要支柱,在很多领域中已起着关键性、甚至决定性作用,数学技术已成为高技术的突出标志和不可或缺的组成部分,数学的影响和作用可以说是无处不在,其重要性也已为越来越多的人所认同。这样,不仅在中小学,而且在大学的很多系科中,数学都位列最重要的必修课程,就是理所当然的事了。

二、数学教育既是知识教育,又是素质教育

要搞清为什么要学习好数学,还要认识学好数学对一个人素质的培养与提高的重要作用。数学既然这么重要,那么,学习数学的目的就仅仅在于得到一大堆定理、公式和结论,懂得各种各样的数学方法和手段,会得求解各种各样的习题甚至难题吗?否!如果将数学的学习仅仅看成是接受一大堆数学知识,那么即使熟记了再多的定理和公式,可能仍

免不了沦为一堆僵死的教条，难以发挥作用。

数学是一门重思考与理解、重严格的训练、充满创造性的科学，只有掌握了数学的思想方法和精神实质，才能由不多的几个公式演绎出千变万化的生动结论，显示出无穷无尽的威力。我们许多在实际工作中成功地应用了数学、取得相当突出成绩的校友都有这样的体会：在工作中真正需要用到的具体数学分支学科，具体的数学定理、公式和结论，其实并不一定很多；学校里学过的一大堆数学知识很多都似乎没有派上什么用处，有的甚至可能已经忘记，但他们所受的数学训练，所领会的数学思想和精神，所获得的数学教养，却无时无刻不在发挥着积极的作用，成为取得成功的最重要的因素。我认为，这是很值得引起大家重视的经验之谈。

实际上，通过认真的数学学习和严格的数学训练，可以使学生具备一些特有的素质和能力。这些素质和能力是其他课程的学习和其他方面的实践所无法替代或难以达到的，而且，即使所学的数学知识已经淡忘（这是经常发生的情况！），这些素质及能力作为一个人的数学教养仍不会消失，将伴随终生，始终发挥积极的作用。这些素质和能力例如：

自觉的数量观念——使人会认真注意事物的数量方面及其变化规律，而不是"胸中无数"，凭感觉、"拍脑袋"做决定、办事情。

严密的逻辑思维能力——使人能保持思路清晰，条理分明，有条不紊地处理头绪纷繁的各项工作。

高度的抽象思维能力——使人面对错综复杂的现象，能分清主次，抓住主要矛盾，突出事物的本质，按部就班地、有效地解决问题。而不会无所适从、一筹莫展，或是眉毛、胡子一把抓。

细致入微的习惯——数学上的推导要求每一个正负号、每一个小数点都不能含糊敷衍，有助于培养其认真细致、一丝不苟的作风和习惯。

尽善尽美的风格——数学上追求的是最有用（广泛）的结论、最少的条件（代价）以及最简明的证明，通过严格的数学训练，会逐步形成精益求精、力求尽善尽美的习惯和风格。

处理问题的能力——关注数学的来龙去脉，知道数学概念、方法和理论的产生和发展的渊源和过程，会提高建立数学模型、运用数学知识处理现实世界中各种复杂问题的意识、信念和能力。

克服困难的能力——作为一种思想的体操和竞赛，数学会使人增强拼搏精神和应变能力，通过不断分析矛盾，从困难局面中理出头绪，最终解决问题。

激发创新能力——数学的学习和思考，会为学生打开自由创造的广阔天地，激发他们的探索精神、创新意识及创新能力，使他们更加灵活和主动，聪明才智得到充分的表现和发挥，等等。

由此可见，数学教育看起来只是一种知识教育，但本质上是一种素质教育。这种素质教育不是从外界强加进来的，而是数学教育本身所固有的。以传授与学习数学知识为载体，通过严格认真的数学学习和训练，就可以由不自觉到自觉地将上述这些方面的素质和能力，耳濡目染，身体力行，铭刻于心，形成习惯，逐步变成自己的数学教养。

总之，对所有的同学来说，树立一个崇高的奋斗目标，努力学好数学，尽可能学得出类拔萃，希望大家共同努力，努力形成风气，尽早促成这一目标的实现。

目　　录

第1章 函 数

数学中的转折点是笛卡尔的变数.有了变数,运动进入了数学,有了变数,辩证法进入了数学,有了变数,微分和积分立刻成为必要的了,而它们也就立刻产生.

——恩格斯

一、“函数”由来

中文数学书上使用的“函数”一词是转译词,是我国清代数学家李善兰在翻译《代数学》(1859年)一书时,把“function”译成“函数”的.中国古代“函”字与“含”字通用,都有着“包含”的意思.李善兰给出的定义是“凡式中含天,为天之函数.”中国古代用天、地、人、物4个字来表示4个不同的未知数或变量.这个定义的含义是:“凡是公式中含有变量x,则该式子叫做x的函数.”所以“函数”是指公式里含有变量的意思.

二、早期函数的概念

17世纪伽俐略在《两门新科学》一书中,几乎全部包含函数或称为变量关系的这一概念,用文字和比例的语言表达函数的关系.1637年前后笛卡尔在他的解析几何中,已注意到一个变量对另一个变量的依赖关系,但因当时尚未意识到要提炼函数概念,因此直到17世纪后期牛顿、莱布尼兹建立微积分时还没有人明确函数的一般意义,大部分函数是被当作曲线来研究的.1673年,莱布尼兹首次使用“function”(函数)表示“幂”,后来他用该词表示曲线上点的横坐标、纵坐标、切线长等曲线上点的有关几何量.与此同时,牛顿在微积分的讨论中,使用“流量”来表示变量间的关系.

三、十八九世纪时期函数概念发展

1718年约翰·贝努利在莱布尼兹函数概念的基础上对函数概念进行了定义:“由任一变量和常数的任一形式所构成的量.”他的意思是凡变量x和常量构成的式子都叫做x

的函数，并强调函数要用公式来表示. 1748 年，欧拉在其《无穷分析引论》一书中把函数定义为："一个变量的函数是由该变量的一些数或常量与任何一种方式构成的解析表达式. "他把约翰·贝努利给出的函数定义称为解析函数，并进一步把它区分为代数函数和超越函数，还考虑了"随意函数". 不难看出，欧拉给出的函数定义比约翰·贝努利的定义更普遍、更具有广泛意义. 1755 年，欧拉给出了另一个定义："如果某些变量，以某一种方式依赖于另一些变量，即当后面这些变量变化时，前面这些变量也随着变化，我们把前面的变量称为后面变量的函数. "

1821 年，柯西从定义变量起给出了定义："在某些变数间存在着一定的关系，当一经给定其中某一变数的值，其他变数的值可随着而确定时，则将最初的变数叫自变量，其他各变数叫做函数. "在柯西的定义中，首先出现了自变量一词，同时指出对函数来说不一定要有解析表达式. 不过他仍然认为函数关系可以用多个解析式来表示，这是一个很大的局限. 1822 年傅里叶发现某些函数可以用曲线表示，也可以用一个式子表示，或用多个式子表示，从而结束了函数概念是否以唯一一个式子表示的争论，把对函数的认识又推进了一个新层次. 1837 年狄利克雷突破了这一局限，认为怎样去建立 X 与 Y 之间的关系无关紧要，他拓广了函数概念，指出："对于在某区间上的每一个确定的 x 值，y 都有一个确定的值，那么 y 叫做 x 的函数. "这个定义避免了函数定义中对依赖关系的描述，以清晰的方式被所有数学家接受. 这就是人们常说的经典函数定义.

1.1 函数的概念

1.1.1 函数的定义(函数关系)

从非空集合 D 到非空集合 B 的函数关系 f 是一种对应规则(对应关系)：对于 D 中每一个元素 x，对应 B 中唯一确定的元素 y. 表示这种函数关系用记号 $y=f(x), x\in D$，表示，其中 x 称为自变量，y 称为因变量，x 的变化范围 D 称为定义域，y 的变化范围称为值域. 用记号 $y(x_0)$ 或 $y|_{x=x_0}$ 或 $f(x_0)$ 表示 $x=x_0$ 时的函数值.

【注】(函数关系的"机器"描述)函数关系可以形象地比拟成"一台机器"，如图 1－1 所示，对每一个允许的输入 x 确定唯一的输出 y. 函数关系其本质上表明变量之间的一种运算模式或运算结构.

$$\text{输入}\xrightarrow{x} f(x)\xrightarrow{\text{运行}} y$$

图 1－1

【例 1.1】 设函数 $f(x)=3x^2+2x-1$，求 $f(x+1)=$ ＿＿＿＿＿＿.

【解】根据函数关系的描述，对应规律为 $f(\square)=3(\square)^2+2(\square)-1$，则

$$f(x+1)=3(x+1)^2+2(x+1)-1=3x^2+8x+4$$

1.1.2 函数 $y=f(x)$ 的定义域

函数 $y=f(x)$ 的定义域 D 是自变量 x 的取值范围，所以函数关系 $y=f(x)$ 实质上是由其定义域 D 和对应规律 f 所确定的.

(1)自然定义域：能使函数的解析式有意义的实数的集合.

(2)实际定义域：有实际背景的函数 $y=f(x)$，要依照问题的实际意义加以确定，此时的定义域称为实际定义域.

例如，函数 $y=x^2$，其定义域(自然定义域) $D=(-\infty,+\infty)$，而半径为 r 的圆面积 $S=\pi r^2$，其定义域(实际定义域)为 $D=[0,+\infty)$.

1.1.3 函数的三种表示方法

1. 表格法

将自变量的取值与对应的函数值列成表格表示函数的方法称为表格法. 例如，三角函数表、对数表等是用表格法表示函数.

2. 图像法

函数 $y=f(x)$ 的图像是指坐标平面 xoy 上的集合 $\{(x,y)\mid y=f(x),x\in D\}$，通常是平面上的一条曲线.

把抽象的"函数"与直观的"图像"结合起来研究函数，是学习数学的方便之门. 这种方法不但直观性强，而且便于观察函数的变化趋势.

3. 解析式法

$y=|x|=\begin{cases} x, & x\geqslant 0 \\ -x, & x<0 \end{cases}$ 用一个(或几个)数学式子表示函数关系的方法称为解析式法，也称为公式法. 一个函数的解析式可能不唯一，例如绝对值函数，也可表示为 $y=\sqrt{x^2}$.

【注】 函数解析式法的表示：

(1)显函数. 由解析式来表示，例如函数 $y=x^2-1$ 为显函数.

(2)隐函数. 由方程 $F(x,y)=0$ 来确定 x 和 y 的函数关系. 例如，单位圆方程 $x^2+y^2=1$ 表示 y 与 x 之间的隐函数关 $y=f(x)$ 系. 一个隐函数 $F(x,y)=0$ 能化成 $y=f(x)$ 的形式，称为隐函数的显化. 例如，隐函数 $e^x+xy-1=0$ 可化成 $y=\frac{1-e^x}{x}$ 当然，并非所有的隐函数都能显化.

(3)分段函数在自变量的不同取值范围内，用不同的解析式来表示的函数，称为分段函数.

1.1.4 函数的四种特性

1. 有界性

若存在正数 M，使得函数 $f(x)$ 在某区间 I 有 $|f(x)|\leqslant M$，则称 $f(x)$ 在 I 上有界，否则

称函数 $f(x)$ 在 I 上无界.

若 $f(x)$ 在 I 上有界，则其图像在直线 $y=-m$ 与 $y=m$ 之间. 显然，若函数 $f(x)$ 有界，则其界不唯一.

【例 1.2】 函数 $f(x)=\sin x$ 在 $(-\infty,+\infty)$ 上有界，因为 $|\sin x|\leqslant 1$，如图 1－2 所示；而函数 $f(x)=\dfrac{1}{x}$ 在 $(0,1)$ 内无界，在 $(2,+\infty)$ 内有界，如图 1－3 所示.

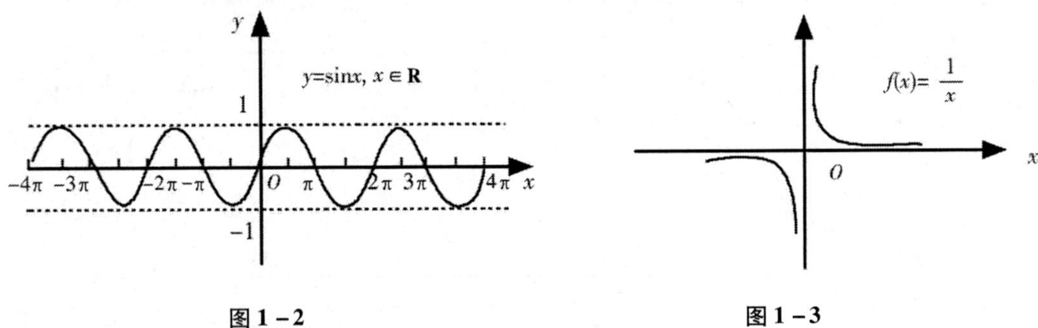

图 1－2　　**图 1－3**

2. 单调性

定义 1.1 若对于区间 I 内任意两点 x_1 和 x_2，当 $x_1<x_2$ 时，有 $f(x_1)\leqslant f(x_2)$（或 $f(x_1)\geqslant f(x_2)$），则 $f(x)$ 在 I 上单调增加（或单调减少），区间 I 称为单调增加区间（或 f 单调减少区间）.

单调增加区间或单调减少区间统称为单调区间. 单调增加函数的图像表现为自左至右是单调上升的曲线，此时变量 x 与 y 同向变化（见图 1－4）；单调减少函数的图像表现为自左自右是单调下降的曲线，此时变量 x 与 y 反向变化（见图 1－5）.

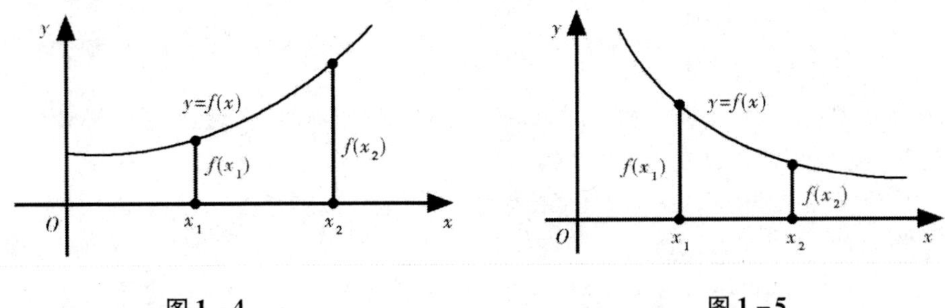

图 1－4　　**图 1－5**

【例 1.3】 函数 $y=x^2$ 在区间 $(-\infty,0)$ 上单调减少，在 $(0,+\infty)$ 上单调增加.

3. 奇偶性、对称性

定义 1.2 设函数 $y=f(x)$ 的定义域 D 关于原点对称，对于任意 $x\in D$，满足：

(1) 若 $f(-x)=-f(x)$，则 $y=f(x)$ 是 D 上的奇函数；

(2) 若 $f(-x)=f(x)$，则 $y=f(x)$ 是 D 上的偶函数.

【例 1.4】 讨论函数 $f(x)=\dfrac{a^{x}+a^{-a}}{2}$ 和 $g(x)=\dfrac{a^{x}-a^{-x}}{2}$ 的奇偶性.

【解】 $f(x)$ 和 $g(x)$ 都定义在 $(-\infty,+\infty)$ 内，且

$$f(-x)=\frac{a^{-x}+a^{x}}{2}=\frac{a^{x}+a^{-x}}{2}=f(x)$$

$$g(-x)=\frac{a^{-x}-a^{x}}{2}=\frac{-(a^{x}-a^{-x})}{2}=-g(x)$$

因此，$f(x)=\frac{a^{x}+a^{-x}}{2}$是偶函数，而$g(x)=\frac{a^{x}-a^{-x}}{2}$是奇函数.

【注】偶函数的图像关于 y 轴对称；奇函数的图像关于原点对称. 比如我们常见的偶函数 $y=x^2$ 和奇函数 $y=x^3$，其图像如图 1－6 和图 1－7 所示.

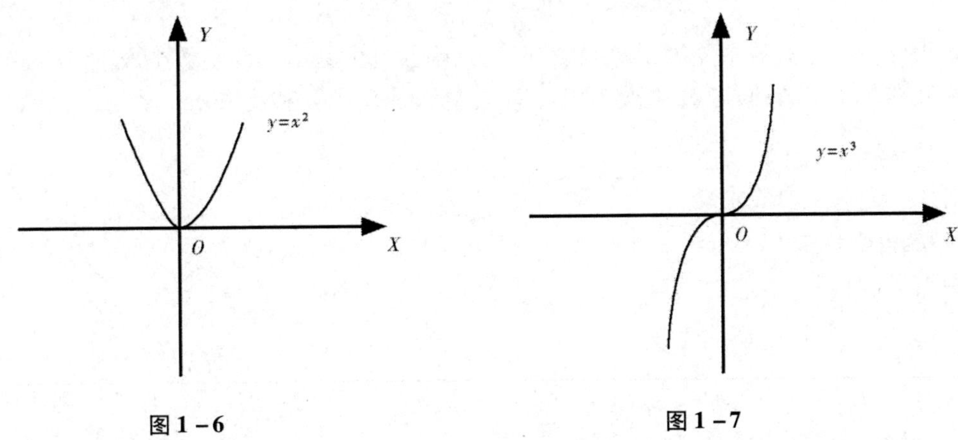

图 1－6　　　　图 1－7

4. 周期性

定义 1.3　若存在非零的数 T，使得对于任意 $x\in I$，有 $x+T\in I$，且 $f(x+T)=f(x)$，则称 $F(X)$ 为周期函数，通常所说的周期是指它的最小周期.

例如，$y=\sin x, x\in(-\infty,+\infty)$ 是周期函数，其最小正周期为 2π.

1.1.5　反函数——逆向思维的实例

定义 1.4　设函数 $y=f(x)$，且变量 x,y 是一一对应的. 如果把 y 当作自变量，x 当作因变量，则关系式 $x=\varphi(y)$ 称为函数 $y=f(x)$ 的直接反函数；而 $y=\varphi(x)$ 为函数 $y=f(x)$ 的间接反函数. 记作 $y=f^{-1}(x)$.

函数 $y=f(x)$ 和 $y=f^{-1}(x)$ 的图像关于直线 $y=x$ 对称.

通常涉及的反函数是指间接反函数 $y=f^{-1}(x)$.

【例 1.5】　求函数 $y=2x-2$ 的反函数.

【解】　$y=2x-2$ 的直接反函数是 $x=\frac{y}{2}+1$，间接反函数为 $y=\frac{x}{2}+1$.

1.2 基本初等函数

1.2.1 基本初等函数

微积分的研究对象主要为初等函数,而初等函数是由基本初等函数组成的. 基本初等函数指五类基本函数:幂函数、指数函数、对数函数、三角函数和反三角函数.

1. 幂函数

形如 $y=x^a$(a 为常数).

2. 指数函数

形如 $y=a^x$($a>0,a\neq1$). 当 $a=\mathrm{e}$ 时,$y=\mathrm{e}^x$.

3. 对数函数

形如 $y=\log_a x$($a>0,a\neq1$). 当 $a=\mathrm{e}$ 时,函数 $y=\ln x$ 称为自然对数. 常常用到由函数 $y=\mathrm{e}^x$ 与函数 $y=\ln x$ 构成的两种关系式:

$$\ln\mathrm{e}^x = x,\quad \mathrm{e}^{\ln x} = x$$

4. 三角函数

比如,$y=\sin x$,$y=\cos x$,$y=\tan x$,$y=\cot x$ 等.

5. 反三角函数

比如,$y=\arcsin x$,$y=\arccos x$,$y=\arctan x$,$y=\mathrm{arccot}x$.

1.2.2 反三角函数简介

由于三角函数具有周期性,在其定义域内,对应于同一个函数值 Y 的自变量 X 有无穷多个,不是一一对应的关系. 因此,三角函数在其定义域内不存在反函数,但仍可以在其部分区间上考虑其反函数.

1. 反正弦函数

正弦函数 $y=\sin x$(当 $-\frac{\pi}{2}\leqslant x\leqslant\frac{\pi}{2}$时)的反函数记为 $y=\arcsin x$,其定义域为$[-1,1]$,值域为$\left[-\frac{\pi}{2},\frac{\pi}{2}\right]$. $y=\arcsin x$ 是单调上升有界的奇函数,其图像如图 1-8.

2. 反余弦函数

余弦函数 $y=\cos x$(当 $0\leqslant x\leqslant\pi$ 时)的反函数记为 $y=\arccos x$. 其定义域为$[-1,1]$,值域为$[-1,1]$. $y=\arccos x$ 是单调下降的有界函数,其图像如图 1-9 所示.

图 1－8

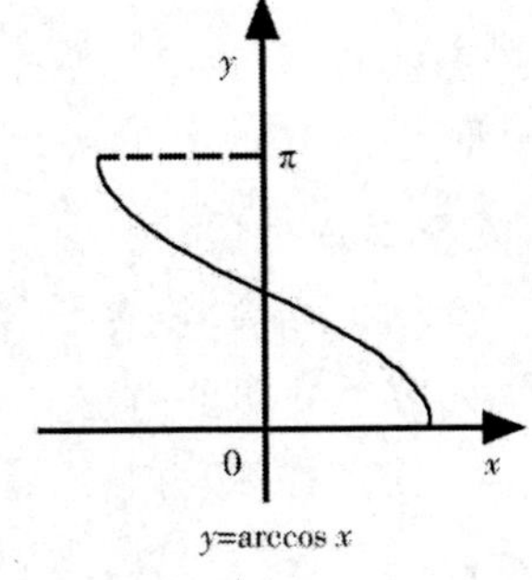

图 1－9

3. 反正切函数

正切函数 $y=\tan x$（当 $-\frac{\pi}{2}<x<\frac{\pi}{2}$ 时）的反函数记为 $y=\arctan x$. 其定义域为 $(-\infty,+\infty)$，值域为 $\left(-\frac{\pi}{2},\frac{\pi}{2}\right)$. 反正切函数 $y=\arctan x$ 是单调上升有界的奇函数，其图像如图 1－10所示.

4. 反余切函数

余切函数 $y=\cot x$（当 $0<x<\pi$ 时）的反函数记为 $y=\operatorname{arccot} x$. 其定义域 $(-\infty,+\infty)$，值域为 $(0,\pi)$. 反余切函数是单调减少的有界函数，其图像如图 1－11 所示.

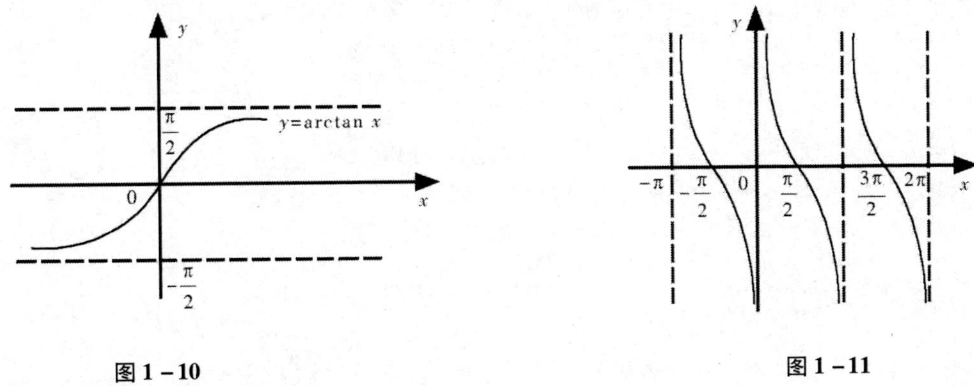

图 1－10　　图 1－11

1.2.3 复合函数

1. 复合函数的概念

定义 1.5 设 y 是 u 的函数 $y=f(u)$，u 是 x 的函数 $u=\varphi(x)$，当 x 在某一区间上取值，相应 u 的值使 y 有意义，则由 $y=f(u)$ 和 $u=\varphi(x)$ 构成的函数 $y=f[\varphi(x)]$，称 y 是 x 的复合函数，其中 u 称为中间变量.

一般地，如果 $y=f(u)$，$u=\varphi(x)$，则 $y=f[\varphi(x)]$ 称为 f 和 φ 这两个函数的复合函数. 称 $y=f(u)$ 为外层函数，它是因变量 y 与中间变量 u 之间的函数关系；称 $u=\varphi(x)$ 为内层

函数,它是中间变量 u 与自变量 x 的函数关系.

【例 1.6】 函数 $y=\ln^2x$ 是由 $y=u^2$ 和 $u=\ln x$ 复合而成的复合函数,而函数 $y=\sqrt{1-x^2}$ 是由 $y=\sqrt{u}$,$u=1-x^2$ 复合而成的复合函数.

2. 复合函数的分解

要认识复合函数的结构,必须要认识其复合过程,也就要理解复合函数如何进行分解. 通常采取由外层到内层分解的办法,将 $y=f[\varphi(x)]$ 拆成若干基本初等函数或简单函数的复合. 习惯上,将基本初等函数经过有限次四则运算所得到的函数称为简单函数.

【注】 复合函数分解为简单函数的步骤:

第一步,确定外层函数 $y=f(u)$(y 是 u 的函数);

第二步,确定内层函数 $u=\varphi(x)$(u 是 x 的函数).

【例 1.7】 将复合函数分解为简单函数

$y=(2x+3)^{30}$;　(2)$y=\cos x^3$;　(3)$y=\ln\cos x$;

$y=\sin^3x$;　(5)$y=\dfrac{1}{1-2x}$;　(6)$y=\sqrt{2-3x^2}$.

【解】 (1)$y=u^{30}$,$u=2x+3$;　(2)$y=\cos u$,$u=x^3$;

(3)$y=\ln u$,$u=\cos x$;　(4)$y=u^3$,$u=\sin x$;

(5)$y=\dfrac{1}{u}$,$u=1-2x$;　(6)$y=\sqrt{u}$,$u=2-3x^2$.

【例 1.8】 将复合函数分解为简单函数

(1)$y=\sqrt{\tan\dfrac{x}{3}}$;　(2)$y=\mathrm{e}^{x^2}\bullet\cos\dfrac{1}{x}$.

【解】(1)$y=\sqrt{u}$,$u=\tan v$,$v=\dfrac{x}{3}$;　(2)$y=\mathrm{e}^u\cos v$,$u=x^2$,$v=\dfrac{1}{x}$.

【例 1.9】 设 $f(x)=x^2$,$g(x)=2^x$,求 $f[g(x)]$ 和 $g[f(x)]$.

【解】 $f[g(x)]=[g(x)]^2=(^{2x})2=4^x$,

$g[f(x)]=2^{f(x)}=2^{x^2}$.

1.2.4 初等函数

定义 1.6 由基本初等函数经过有限次四则运算及有限次复合步骤所构成,且可用一个解析式表示的函数,称为初等函数,否则就是非初等函数.

例如,$y=\ln(x+\sqrt{x^2+1})$,$y=\sqrt[3]{\dfrac{(1-x)(1-2x)^2}{(1-3x)(1-4x)^5}}$均为初等函数. 而式子 $y=1+x+x^2+\cdots+x^n+\cdots$不是初等函数;分段函数、级数等也不是初等函数.

复习题一

(基础题)

1. 用区间表示下列不等式,并将它们画在数轴上:

(1) $-1\leqslant x\leqslant 3$;　(2) $\frac{1}{2}<x\leqslant 5$;　(3) $-2<x<3$;

(4) $x<-3$;　(5) $x\geqslant 1$.

2. 设 $f(x)=2x^2-5x+1$. 求:$f(0)$, $f(-1)$, $f\left(\frac{1}{2}\right)$, $f(a)$, $f(-x)$, $f(x+1)$, $f\left(\frac{1}{x}\right)$.

3. 设 $f(x)=\begin{cases}\sqrt{x-1}, & x\geqslant 1\\ x^3, & x<1\end{cases}$, 求 $f(5)$, $f(1)$, $f(-2)$, $f(1.04)$, $f(f(1.04))$.

4. 用描点法画出函数的图形:

(1) $y=-x^3$;　(2) $y=\frac{1}{x^2}$;

(3) $y=\sqrt[3]{x}$;　(4) $y=\ln(1+x)$;

(5) $y=|\ln x|$;　(6) $y=\ln|x|$.

5. 求下列函数的反函数:

(1) $y=1+2x$;　(2) $y=\frac{1}{x^2}(x>0)$;

(3) $y=\frac{1-x}{1+x}$;　(4) $y=\frac{e^x-e^{-x}}{2}$.

6. 将下列函数分解为简单函数:

(1) $y=\sin x^2$;　(2) $y=\cos^2 x$;

(3) $y=(1-x)^3$;　(4) $y=\ln(x-2)$;

(5) $y=e^{-x^2}$;　(6) $y=\ln\sqrt{x^2+a^2}$.

7. 将下列各题中的 y 表示成 x 的函数:

(1) $y=u^2$, $u=\sin v$, $v=2x$;　(2) $y=\ln u$, $u=1+\sqrt{v}$, $v=1+x^2$;

(3) $y=e^u$, $u=\sin v$, $v=\frac{1}{x}$.

8. 设 $f(x)=\frac{x}{1-x}$, $g(x)=\frac{1}{x}$, 求 $f(f(x))$, $f(g(x))$, $g(f(x))$.

（提高题）

1. 求下列函数的定义域：

(1)$f(x)=1+x^2$；　　(2)$f(x)=1-\sqrt{x}$；

(3)$f(t)=\frac{1}{1-t}+\sqrt{t+2}$；　　(4)$f(t)=\frac{1}{t^2+1}$；

(5)$g(z)=\log_2(1-z)$；　　(6)$s(z)=\sqrt[3]{z-3}$；

(7)$y=\frac{1}{\ln(x-1)}$；　　(8)$y=\frac{\sqrt{4-x^2}}{x^2-1}$.

2. 判断下列函数的奇偶性：

(1)$y=1-x+2x^2$；　　(2)$y=x+\sin x$；

(3)$y=\frac{e^x-e^{-x}}{2}$；　　(4)$y=\frac{\sin x}{x}$；

(5)$y=\lg\frac{1+x}{1-x}$；　　(6)$y=x^2\cos x$；

(7)$y=\lg(x+\sqrt{1+x^2})$；　　(8)$y=x(x-1)(x+1)$.

3. 设$f(x+1)=x^2-x+1$，求$f(x)$.

4. 构造复合函数：

(1)设$f(x)=\frac{x}{x-1}$，求$f(f(x))$；

(2)设$f(x)=x^2+1$，$g(x)=\frac{1}{x}$，求$f(g(x))$，$g(f(x))$.

5. 将下列函数分解成简单函数的复合.

(1)$y=\ln(\ln(\ln x))$；　　(2)$y=\cos^2(2+5x)$；

(3)$y=3^{\cos\frac{1}{x^2}}$；　　(4)$y=\ln(x+\sqrt{1+x^2})$.

【数学大师链接1】

“数学王子”——高斯

曾经有这样一个人，被称为史上最牛的数学家. 他上知天文，下知地理，涉足数学各个领域，死后都在用未知的神秘力量影响着数学的发展，他就是高斯. 为什么说他这么厉害呢？下面来给大家讲讲.

高斯能背出圆周率——是倒着背. 高斯从后往前列举了一下质数，就知道了质数有无穷多. 高斯不能理解随机过程，因为他能预测随机数. 高斯小时候，老师让他算从1～100的和. 他计算了这个无穷级数的和，然后一个一个地减去从100开始的所用自然数. 而且，是心算.

有一次,高斯和自己玩了一个零和游戏,然后赢了50块钱.有一次,费马惹怒了高斯,于是就有了费马最终定理.费马唯一能够证明的是,高斯总是对的.费马认为他的书的边缘太小,写不下费马大定理的证明.高斯找到了一个证明,对这个证明而言那本书的边缘太大了.询问高斯一个命题是真的还是假的,构成了一个严格的证明.有一次高斯证明了一条公理,但他不喜欢它,所以他又证明了它是假命题.有一次高斯在森林里迷路了,于是他加了几条边把它变成了一棵树.上帝不掷骰子,除非高斯答应让他赢一次.

空集的定义是高斯无法证明的定理的集合.高斯不承认复数,因为他们太简单了.数学家常常把证明留给读者作为习题;只有高斯把证明留给上帝作为习题.当哥德尔听说了高斯能证明一切命题,他让高斯证明"存在高斯不能证明的命题",高斯证出来了,但还是不存在他不能证明的命题.量子态就是这样产生的.高斯钢笔里的墨水能治癌症.遗憾的是,高斯的一切计算都在头脑中进行,他不用钢笔.高斯是这样证明良序定理的:他瞪着那个集合,直到集合中的元素出于纯粹的恐惧而排成一排.

上帝创造了自然数.其他的都是高斯的作品.高斯不使用拉格朗日乘数法,因为对他而言根本不存在约束条件.没有诺贝尔数学奖,因为第一年高斯就把所有奖金拿走了.厄多斯相信上帝手中有一本包含世间所有精妙证明的天书.而上帝相信这本书在高斯手上.

高斯不用任何公理就能证明一个定理.

高斯从来不会用光书本页面边缘的空白.高斯做俯卧撑时,他不是把自己撑起来,而是把整个地球按下去.高斯从不走路,当他需要去某地时,他只需要旋转脚下的地球.读了高斯的书之后,麦克斯韦(Maxwell)决定退出数学界转而从事咖啡行业.(麦斯威尔 Maxwell 咖啡)尽管微积分在高斯生前100年诞生,但高斯仍然发明了微积分.高斯发明了牛顿和莱布尼兹.

数学是高斯为了让别人能有所发现而发明的.高斯的母亲从来没有向高斯说过高斯的生日,高斯可以自己计算出来.如果高斯认为两者没有关系,那么他们就是独立的.宇宙并非在膨胀,它只是在为高斯的想法提供更多的空间.高斯能诚实地告诉别人自己在说谎.当高斯告诉你他是在说谎时,你最好相信.真不敢相信竟然有人拿高斯和上帝比,怎么说呢,他的确很厉害,但他毕竟不是高斯.

数学家利用公理,高斯证明公理.高斯能证明两个定理——仅仅通过一个证明.据说,黎曼是高斯用来发表自己不是很满意的论文时用的笔名.

不是高斯发现了正态分布,而是自然规律遵循着高斯的模型.高斯在第一次看到西兰花的时候就发明了分形理论,但是考虑到这个理论太过显而易见,他没有发表这个发明.

一个典型的人类大脑有着到高斯的磁场."高斯"这个单位的引入是为了描述高斯大脑中的磁场.这是巧合吗?我想不是.如果高斯需要到达离他100米的地方,他会先通过100米的一半,然后通过剩下路程的一半,然后再通过剩下的剩下的一半,如此反复……最终,他会到达那里.

(注:这是关于介绍高斯的一篇很烧脑的文章,全文采用诙谐幽默的表述方法,读者对文中的部分内容需要翻阅其他的书籍方能理解).

【数学大师链接 2】

中国现代数学先驱——熊庆来

熊庆来是中国数学界的泰斗级人物，他一生做了两件大事：一是研究数学，二是教书育人. 在数学方面，他的函数论研究成果被誉为“熊氏无穷极”（即“熊氏定理”），并载入世界数学史册；在育人方面，他培养了华罗庚、严济慈、赵忠尧、陈省身、许宝禄、庄圻泰、钱三强、杨乐、张广厚等一大批优秀数学家，使中国数学的研究达到国际水平.

一、故乡：往事追思记从头

熊庆来字迪之，1893 年 10 月 23 日出生于云南弥勒县朋普镇息宰村. 幼年时代的熊庆来好奇心非常强烈. 熊庆来 7 岁那年来进入私塾，开始接受启蒙教育. 为了培养儿子，其父亲熊国栋请了两位先生，除了读传统典籍之外，还教法语、数学和自然科学的基础知识. 1907 年，14 岁的熊庆来随父亲来到昆明，考入云南方言学堂的预科. 方言学堂是清朝末年对外国语文学堂的通称，其课程除了国文、数学、格致（自然科学的统称）之外，外语占的份量很重. 后来云南方言学堂改名为高等学堂，熊庆来继续留在这所学校.

二、留学：驱车致远有康庄

熊庆来出国留学与辛亥革命以及蔡锷治滇有关. 1913 年，云南省向海外派遣公费留学生 13 人，熊庆来就是其中一个. 熊庆来选择了去比利学习采矿. 没有想到的是，就在他到达比利时的第二年，比利时因第一次世界大战突然爆发被德国占领，于是他去了法国. 这时法国的矿业学校也因为战争而关闭，所以他只好改学数学和物理学专业. 熊庆来到达法国时，正值居里夫人刚刚获得诺贝尔化学奖. 十年前，居里夫妇曾与他人共同获得过诺贝尔物理学奖，因此居里夫人与近代微生物学的奠基人巴斯勒就成了熊庆来最钦佩的两位科学家.

三、执教：纵步择幽多洁径

东南大学的前身是三江师范学堂，由两江总督张之洞于 1903 年创办. 1915 年，从美国哥伦比亚大学师范学院留学归来的郭秉文先后担任该校教务主任和校长，以民主理念办学、科学精神治校，使这所学校迅速成为教育界一大重镇. 熊庆来接到郭秉文的聘书以后，觉得有“三个意外”：一是他远在云南，居然会被东南大学聘用；二是他原以为应该从讲师做起，没想到却被聘为教授；三是他还被委以重任，担任了该校算（数）学系主任. 到了东南大学以后，便先后编写了《平面三角》《球面三角》《方程式论》《解析函数》《微分几何》《微分方程》《动学》《力学》和《偏微分方程》等十多种讲义，其中一部分讲义至今还是我国理工科大学的通用教材.

四、学生：处处庭园花满窗

1926 年，熊庆来离开东南大学来到清华学校任教. 清华本来是利用庚子赔款成立的一所留美预备学校，后来为了实现教育独立的愿景. 熊庆来到了清华以后，首先是创办了

清华算学系，开设了微积分、微分方程、分析函数等高难度的课程. 为了培养研究型人才，熊庆来于 1930 年在清华大学创办了数学研究部，并开始招收数学专业的研究生，于是陈省身、吴大任成为国内最早的数学研究生. 在熊庆来的影响下，先后出国学习数学的有江泽涵、陈省身、华罗庚、许宝禄等人，他们学成回国后都成为数学界的后起之秀. 据陈省身回忆，当年他考取清华研究生以后并没有马上开始学习专业课程，而是为熊庆来当了一年助教. 熊庆来认为，大学的重要，不在其存在与否，而在其学术的生命与精神，所以他特别重视开展学术活动. 在东南大学的时候，他一方面购置大量图书期刊与名家专集，另一方面大力倡导学术交流. 在清华大学期间，他还聘请法国数学大师哈达马和美国数学家维纳(控制论发明人)到清华开课讲学. 除此之外，熊庆来在清华大学最得意的一件事就是发现了数学天才华罗庚. 于是在他和叶企孙的推荐下，清华大学破格录用了华罗庚. 1934 年，他的论文《关于无穷级整函数与亚纯函数》发表，并以此获得法国国家博士学位. 这一研究成果被数学界称为“熊氏无穷级”，并载入国际数学研究的史册.

第2章　函数极限与连续

宇宙之大、粒子之微、火箭之速、化工之巧、地球之变、生物之谜、日用之繁等各个方面,无处不有数学的重要贡献.

——华罗庚

一、极限思想的由来

与一切科学的思想方法一样,极限思想也是社会实践的产物.极限的思想可以追溯到古代刘徽的割圆术,就是建立在直观基础上的一种原始的极限思想的应用.16世纪,荷兰数学家斯泰文在考察三角形重心的过程中改进了古希腊人的穷竭法,他借助几何直观,大胆地运用极限思想思考问题,放弃了归缪法的证明.如此,他就在无意中"指出了把极限方法发展成为一个实用概念的方向".

二、极限思想的发展

极限思想的进一步发展是与微积分的建立紧密相联系的.16世纪的欧洲处于资本主义萌芽时期,生产力得到极大的发展,生产和技术中大量的问题,只用初等数学的方法已无法解决,要求数学突破只研究常量的传统范围,而提供能够用以描述和研究运动、变化过程的新工具,这是促进极限发展、建立微积分的社会背景.

三、极限思想的完善

极限思想的完善与微积分的严格化密切联系.很长一段时间里,微积分理论基础问题,许多人都曾尝试解决,但都未能如愿.这是因为数学的研究对象已从常量扩展到变量,而人们对变量数学特有的规律还不十分清楚;对变量数学和常量数学的区别和联系还缺乏了解;这样,人们使用习惯了的处理常量数学的传统思想方法,不能适应变量数学的新需要.自从解析几何和微积分问世以后,运动进入了数学,人们有可能对物理过程进行动态研究.这种"静态—动态—静态"的螺旋式的演变,反映了极限思想的日趋完善.

2.1 数列极限

2.1.1 数列极限的定义

以前已经学过数列的概念,现在来考察当项数 n 无限增大时,无穷数列 $\{a_n\}$ 的变化趋势,先看一个实例:一个篮球从距地面 1m 高处自由下落,受地心引力及空气阻力作用,每次触地后篮球又反弹到前一次高度的$\frac{1}{2}$处. 于是,可得到表示篮球高度的一个数列

$$1,\frac{1}{2},\frac{1}{2^2},\frac{1}{2^3},\cdots,\frac{1}{2^{n-1}},\cdots \tag{2-1}$$

篮球最终会停在地面上,即反弹高度 $h=0$. 这说明,随着反弹次数 n 的无限增大,数列通项 $h_n=\frac{1}{2^{n-1}}$的值将趋向于0.

现在,再来看两个无穷数列:

$$1,\frac{1}{2},\frac{1}{3},\frac{1}{4},\cdots,\frac{1}{n},\cdots \tag{2-2}$$

$$0,\frac{3}{2},\frac{2}{3},\frac{5}{4},\cdots,\frac{n+(-1)^n}{n},\cdots \tag{2-3}$$

为了便于观察,在平面直角坐标系中分别作出数列式(2-2)和式(2-3)的图形,从图 2-1 中可看出,当 n 增大时,点(n,a_n)从横轴上方无限趋近于直线 $a_n=0$. 这表明,当 n 无限增大时,数列通项 $a_n=\frac{1}{n}$的值无限趋近于零.

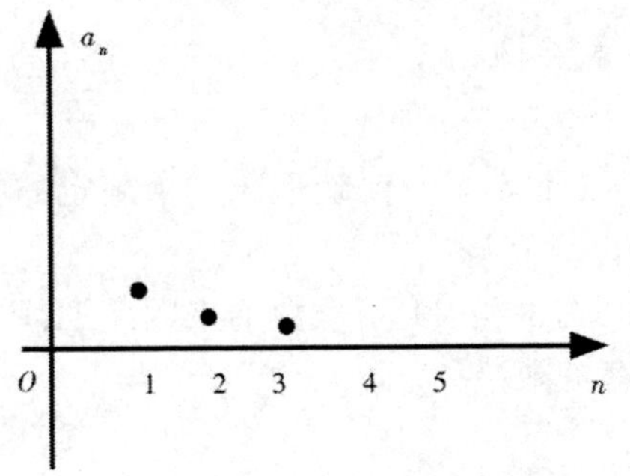

图 2-1

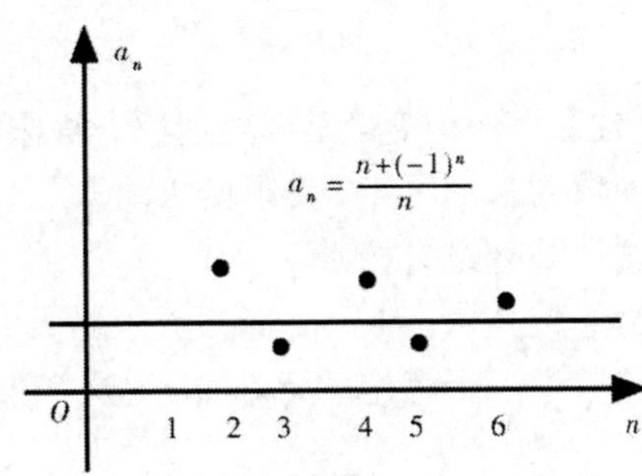

图 2-2

同样,从图 2-2 中可看出,当 n 增大时,点(n,a_n)从上、下两侧无限趋近于直线 $a_n=1$. 当无限增大时,数列通项 $a_n=\frac{n+(-1)^n}{n}$的值无限趋近于常数 1.

上述数列的变化趋势具有相同的特点：当 n 无限增大时，数列的项 a_n 无限地趋近于某个常数 A.

定义 2.1 如果无穷数列 $\{a_n\}$ 的项数 n 无限增大时，a_n 无限趋近于一个确定的常数 A，那么 A 就叫做数列 $\{a_n\}$ 的极限(limit). 记作

$$\lim_{n\to\infty} a_n = A \quad 或\ a_n \to A \quad (当\ n\to\infty\ 时)$$

读作"当 n 趋向于无穷大时，数列 $\{a_n\}$ 的极限等于 A".

根据定义，上面三个数列的极限分别记作

$$\lim_{n\to\infty}\frac{1}{2^{n-1}} = 0; \qquad \lim_{n\to\infty}\frac{1}{n} = 0; \qquad \lim_{n\to\infty}\frac{n+(-1)^n}{n} = 1$$

【例 2.1】 判断下面数列是否有极限，如果有，写出它的极限.

(1) $-2, -2, -2\cdots, -2, \cdots$;

(2) $-\frac{1}{2}, \frac{1}{4}, -\frac{1}{8}, \frac{1}{16}, \cdots, (-1)^n\frac{1}{2^n}, \cdots$;

(3) $1, 4, 9, 16, \cdots, n^2, \cdots$.

【解】 (1)这个数列是常数数列，通项 $a_n = -2$，数列的极限是 -2，即

$$\lim_{n\to\infty}(-2) = -2$$

(2)这个数列是公比 $q = -\frac{1}{2}$ 的等比数列，通项是 $a_n = (-1)^n\frac{1}{2^n}$. 可以看出，当 n 无限增大时，$(-1)^n\frac{1}{2^n}$ 无限趋近于 0，即

$$\lim_{n\to\infty}(-1)^n\frac{1}{2^n} = 0$$

(3)当 n 无限增大时，$a_n = n^2$ 也无限增大，不能趋近于一个确定的常数. 因此，这个数列没有极限.

由此例可得下面的结论：

$$\lim_{n\to\infty} C = C\ (C\ 为常数)$$

$$\lim_{n\to\infty} q^n = 0 \quad (|q| < 1)$$

【注】 不是任何无穷数列都有极限.

如数列 $\{2n\}$，当 n 无限增大时，$2n$ 也无限增大，不能无限地趋近于一个确定的常数，因此这个数列没有极限.

又如数列 $\{(-1)^n\}$，当 n 无限增大时，$(-1)^n$ 在 1 与 -1 两个数上来回跳动，不能无限地趋近于一个确定的常数，因此这个数列也没有极限.

2.1.2 数列极限的运算法则

前面介绍了数列极限的定义，并通过观察求出了一些简单数列的极限. 但对于数列极限的计算问题，通常需要用到数列极限的运算法则.

法则 如果 $\lim\limits_{n\to\infty} a_n = A$，$\lim\limits_{n\to\infty} b_n = B$，则有

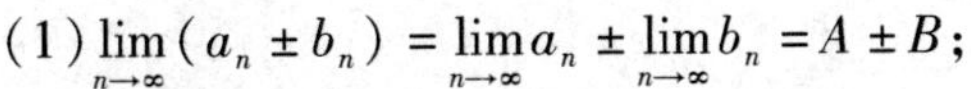

(1) $\lim\limits_{n\to\infty}(a_n \pm b_n) = \lim\limits_{n\to\infty}a_n \pm \lim\limits_{n\to\infty}b_n = A \pm B$；

(2) $\lim\limits_{n\to\infty}(a_n b_n) = \lim\limits_{n\to\infty}a_n\ \lim\limits_{n\to\infty}b_n = AB$；

(3) $\lim\limits_{n\to\infty}Ca_n = C\ \lim\limits_{n\to\infty}a_n = CA$（$C$ 为常数）；

(4) $\lim\limits_{n\to\infty}\dfrac{a_n}{b_n} = \dfrac{\lim\limits_{n\to\infty}a_n}{\lim\limits_{n\to\infty}b_n} = \dfrac{A}{B}(B\neq 0)$.

法则(1)和法则(2)可以推广到有限个具有极限的数列的情形.

【例 2.2】 已知 $\lim a_n = 3, \lim b_n = -8$，求：

(1) $\lim\limits_{n\to\infty}(3a_n - 5b_n)$；　　(2) $\lim\limits_{n\to\infty}\dfrac{a_n b_n}{a_n + 2b_n - 5}$.

【解】 (1) $\lim\limits_{n\to\infty}(3a_n - 5b_n) = \lim\limits_{n\to\infty}3a_n - \lim\limits_{n\to\infty}5b_n = 3\ \lim\limits_{n\to\infty}a_n - 5\ \lim\limits_{n\to\infty}b_n$

$$= 3\times 3 - 5\times(-8) = 49$$

(2) $$\lim\limits_{n\to\infty}\frac{a_n b_n}{a_n + 2b_n - 5} = \frac{\lim\limits_{n\to\infty}(a_n b_n)}{\lim\limits_{n\to\infty}(a_n + 2b_n + 5)} = \frac{\lim\limits_{n\to\infty}a_n\ \lim\limits_{n\to\infty}b_n}{\lim\limits_{n\to\infty}a_n + \lim\limits_{n\to\infty}2b_n - \lim\limits_{n\to\infty}5}$$

$$= \frac{3\times(-8)}{3 + 2\times(-8) - 5} = \frac{-24}{-18} = \frac{4}{3}$$

【例 2.3】求下列极限：

(1) $\lim\limits_{n\to\infty}\left(2 - \dfrac{3}{n} + \dfrac{4}{n^2}\right)$；　　(2) $\lim\limits_{n\to\infty}\left(\dfrac{1}{2n} + 1\right)^2$；

(3) $\lim\limits_{n\to\infty}\dfrac{n+1}{3n-2}$；　　(4) $\lim\limits_{n\to\infty}\dfrac{6n-5}{2n^2+n+4}$.

【解】(1) $\lim\limits_{n\to\infty}\left(2 - \dfrac{3}{n} + \dfrac{4}{n^2}\right) = \lim\limits_{n\to\infty}2 - \lim\limits_{n\to\infty}\dfrac{3}{n} + \lim\limits_{n\to\infty}\dfrac{4}{n^2} = 2 - 0 = 2.$

(2) $\lim\limits_{n\to\infty}\left(\dfrac{1}{2n} + 1\right)^2 = \lim\limits_{n\to\infty}\left(\dfrac{1}{2n} + 1\right)\lim\limits_{n\to\infty}\left(\dfrac{1}{2n} + 1\right)$

$$= \left[\lim\limits_{n\to\infty}\left(\frac{1}{2n} + 1\right)\right]^2 = \left(\lim\limits_{n\to\infty}\frac{1}{2n} + \lim\limits_{n\to\infty}1\right)^2 = 1.$$

(3)当 n 无限增大时，分式的分子、分母都无限增大，极限都不存在，无法直接用商的运算法则. 如果将分式的分子、分母都除以 n，则分子、分母都有极限，因此可以用商的运算法则计算，即得

$$\lim\limits_{n\to\infty}\frac{n+1}{3n-2} = \lim\limits_{n\to\infty}\frac{1 + \frac{1}{n}}{3 - \frac{2}{n}}$$

$$= \frac{\lim\limits_{n\to\infty}\left(1 + \frac{1}{n}\right)}{\lim\limits_{n\to\infty}\left(3 - \frac{2}{n}\right)} = \frac{\lim\limits_{n\to\infty}1 + \lim\limits_{n\to\infty}\frac{1}{n}}{\lim\limits_{n\to\infty}3 - \lim\limits_{n\to\infty}\frac{2}{n}} = \frac{1}{3}$$

(4)类似于(3)，将分子、分母都除以 n^2，再利用商的运算法则计算，

$$\lim_{n\to\infty}\frac{6n-5}{2n^2+n+4}=\lim_{n\to\infty}\frac{\frac{6}{n}-\frac{5}{n^2}}{2+\frac{1}{n}+\frac{4}{n^2}}=\frac{\lim\limits_{n\to\infty}(\frac{6}{n}-\frac{5}{n^2})}{\lim\limits_{n\to\infty}(2+\frac{1}{n}+\frac{4}{n^2})}$$

$$=\frac{\lim\limits_{n\to\infty}\frac{6}{n}-\lim\limits_{n\to\infty}\frac{5}{n^2}}{\lim\limits_{n\to\infty}2+\lim\limits_{n\to\infty}\frac{1}{n}+\lim\limits_{n\to\infty}\frac{4}{n^2}}=\frac{0-0}{2+0+0}=0$$

习题2-1

1. 判断下面数列当 $n\to\infty$ 时是否有极限,如果有,写出它们的极限:

(1) $a_n=(-1)^n\frac{1}{n^2}$;　　(2) $a_n=\frac{n-2}{n+3}$;

(3) $a_n=\frac{n^2+n}{n^2-n}$;　　(4) $a_n=\sin\frac{n\pi}{2}$.

2. 求下列极限:

(1) $\lim\limits_{n\to\infty}\frac{3n+1}{3n-1}$;　　(2) $\lim\limits_{n\to\infty}(\frac{2}{n^3}-\frac{1}{n^2}+2)$;

(3) $\lim\limits_{n\to\infty}\frac{3n^2-5}{2n^2+n}$;　　(4) $\lim\limits_{n\to\infty}\frac{2n+1}{8n^2-4n}$.

2.2 函数的极限

在上一节中学习了数列的极限及其运算法则. 由于数列$\{a_n\}$可以看作函数极限的特殊情形. 下面来讨论一般函数 $y=f(x)$ 的极限.

2.2.1 当 $x\to\infty$ 时函数 $y=f(x)$ 的极限

定义 2.2 如果当 $x\to\infty$ 时,函数 $y=f(x)$ 无限趋近于确定的常数 A,那么 A 就叫做函数 $y=f(x)$ 当 $x\to\infty$ 时的极限

$$\lim_{x\to\infty}f(x)=A \text{ 或当 } x\to\infty \text{ 时}, f(x)\to A$$

【注】 这里"$x\to\infty$"表示 x 既取正值而无限增大(记作 $x\to+\infty$),又取负值而绝对值无限增大(记作 $x\to-\infty$). 但有的时候 x 的变化趋势只能取这两种变化中的一种情况.

下面给出当 $x\to+\infty$ 或 $x\to-\infty$ 时函数极限的定义.

定义 2.3 如果当 $x\to+\infty$(或 $x\to-\infty$)时,函数 $f(x)$ 的值无限趋近于一个确定的常

数 A，那么 A 就称为函数 $f(x)$ 当 $x\to+\infty$（或 $x\to-\infty$）时的极限，记作

$$\lim_{x\to+\infty}f(x)=A,\text{或当 } x\to+\infty \text{ 时},f(x)\to A$$

$$(\lim_{x\to-\infty}f(x)=A,\text{或当 } x\to-\infty \text{ 时},f(x)\to A)$$

【例 2.5】 如图 2－4 所示，利用图像考察当 $x\to\infty$ 时，函数 $f(x)=\dfrac{1}{x}$ 的变化趋势.

【解】从图 2－4 中可以看出：当 x 的绝对值无限增大时，函数 $f(x)$ 的值无限趋近于常数 0.

所以 $\lim\limits_{x\to\infty}\dfrac{1}{x}=0$. 显然，$\lim\limits_{x\to+\infty}\dfrac{1}{x}=0$，$\lim\limits_{x\to-\infty}\dfrac{1}{x}=0$.

2.2.2 当 $x\to x_0$ 时函数 $f(x)$ 的极限

定义 2.4 设函数 $y=f(x)$ 在 x_0 的某空心邻域内有定义，如果当 x 无限趋近于 x_0 时，函数 $f(x)$ 无限趋近于常数 A，那么 A 就叫做函数 $f(x)$ 当 $x\to x_0$ 时的极限，记作

$$\lim_{x\to x_0}f(x)=A \text{ 或当 } x\to x_0 \text{ 时},f(x)\to A$$

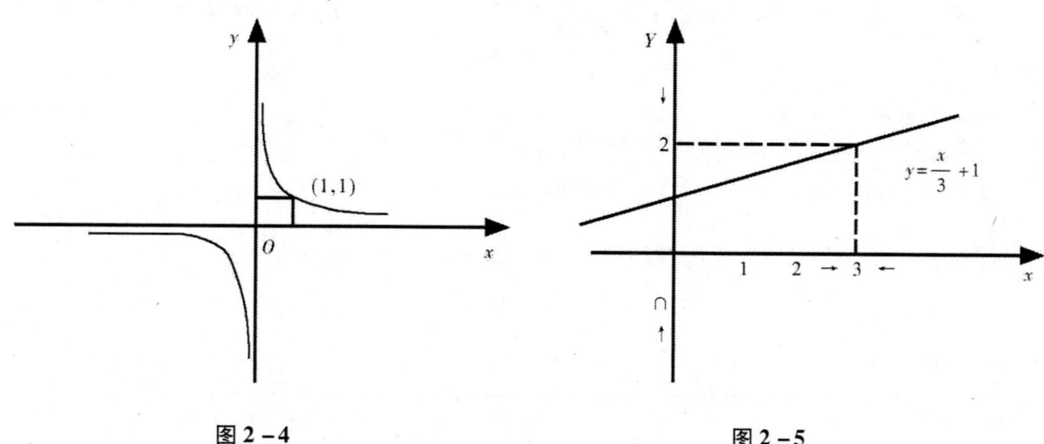

图 2－4　　　　图 2－5

【例 2.6】 如图 2－5 所示，根据图像求 $\lim\limits_{x\to3}(\dfrac{x}{3}+1)$ 的值.

【解】如图 2－5 所示，当 x 从 3 的左侧无限趋近于 3 时，即 x 取 2.9，2.99，2.999，…→3 时，对应的函数 $f(x)$ 的值从

$$1.97,1.997,1.9997,\cdots\to2$$

当 x 从 3 的右侧无限趋近于 3 时，即 x 取 3.1，3.01，3.001，…→3 时，对应的函数 $f(x)$ 的值从

$$2.03,2.003,2.0003,\cdots\to2$$

由此可知，当 $x\to3$ 时，$f(x)=\dfrac{x}{3}+1$ 的值无限趋近于 2. 即 $\lim\limits_{x\to3}(\dfrac{x}{3}+1)=2$

【例 2.7】 讨论当 $x\to1$ 时，$f(x)=\dfrac{x^2-1}{x-1}$ 的极限.

【解】 作出函数 $y=\dfrac{x^2-1}{x-1}$ 的图像，如图 2-6 所示. 函数 $f(x)=\dfrac{x^2-1}{x-1}$ 在点 $x=1$ 处没有定义，即 $f(1)$ 不存在，当 $x\neq 1$ 时，$f(x)=\dfrac{x^2-1}{x-1}=x+1$. 容易看出，当 x 无论从 1 的左侧或 1 的右侧无限趋近于 1 时，函数 $f(x)=\dfrac{x^2-1}{x-1}$ 的值都无限趋近于 2，因此 $\lim\limits_{x\to 1}\dfrac{x^2-1}{x-1}=2$.

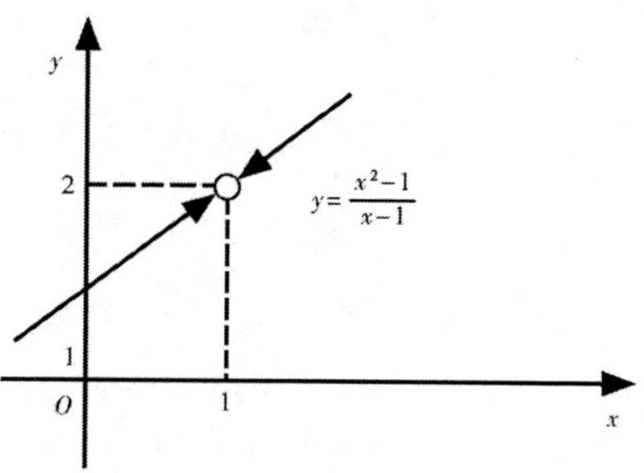

图 2-6

【注】 函数 $f(x)$ 当 $x\to x_0$ 时的极限值(limiting value)与函数在 $x=x_0$ 时有无函数值 $f(x_0)$ 无关.

【例 2.8】 考察极限 $\lim\limits_{x\to x_0}C$（C 为常数）.

【解】 把 C 看作常数函数 $f(x)=C$，则当 $x\to x_0$ 时，$f(x)$ 的值恒等于 C. 因此有

$$\lim_{x\to x_0}C=C$$

即常数的极限是它本身.

【例 2.9】 根据图像写出下列极限值：

（1）$\lim\limits_{x\to\frac{\pi}{2}}\sin x$； （2）$\lim\limits_{x\to 0}\cos x$.

【解】（1）如图 2-7 所示，观察函数 $f(x)=\sin x$ 的图像，可以看出

$$\lim_{x\to\frac{\pi}{2}}\sin x=1$$

图 2-7

（2）如图 2-8 所示，观察函数 $f(x)=\cos x$ 的图像，可以看出

$$\lim_{x\to 0}\cos x=1$$

前面提到的 $x\to x_0$，是指 x 以任意方式趋近于 x_0. 但有的时候只需讨论，从 x_0 的左侧趋近于 x_0（$x\to x_0^-$）或从 x_0 的右侧趋近于 x_0（$x\to x_0^+$）时的极限.

下面给出当 $x\to x_0^-$（$x\to x^{+}+_{0}$）时，函数 $f(x)$ 的极限.

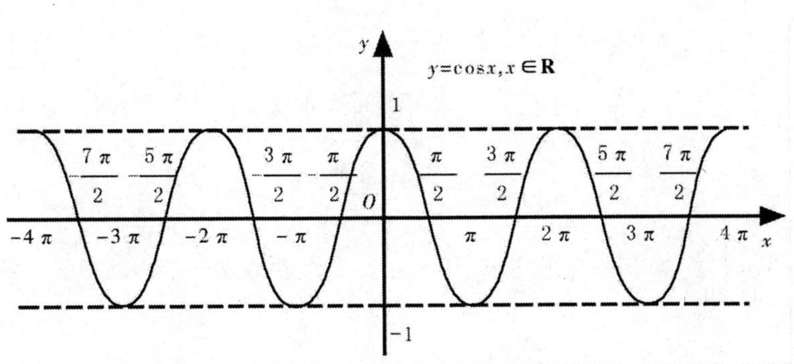

图 2-8

定义 2.5 如果当 $x \to x_0^-$ 时，函数 $f(x)$ 的值无限趋近于一个确定的常数 A，那么 A 就称为函数 $f(x)$ 在 x_0 处的左极限(left limit)，记作

$$\lim_{x \to x_0^-} f(x) = A, f(x_0^-) = A \text{ 或 } f(x) \to A(x \to x_0^-)$$

如果当 $x \to x_0^+$ 时，函数 $f(x)$ 的值无限趋近于一个确定的常数 A，那么 A 就称为函数 $f(x)$ 在 x_0 处的右极限(right limit)，记作

$$\lim_{x \to x_0^+} f(x) = A, f(x_0^+) = A \text{ 或 } f(x) \to A(x \to x_0^+)$$

根据 $x \to x_0$ 时函数 $f(x)$ 的极限的定义和左、右极限的定义，容易得到如下结论：

$$\lim_{x \to x_0} f(x) = A \Leftrightarrow \lim_{x \to x_0^-} f(x) = A \text{ 且} \lim_{x \to x_0^+} f(x) = A$$

【例 2.10】 若函数 $f(x) = \begin{cases} x-1, x \leqslant 0 \\ x+1, x > 0 \end{cases}$，试求 $\lim\limits_{x \to 0} f(x)$，$\lim\limits_{x \to 0^-} f(x)$ 和 $\lim\limits_{x \to 0^+} f(x)$.

【解】 作出这个分段函数的图像，如图 2-9 所示，可见函数 $f(x)$ 当 $x \to 0$ 时的左极限为

$$\lim_{x \to 0^-} f(x) = \lim_{x \to 0^-} (x-1) = -1,$$

右极限为

$$\lim_{x \to 0^+} f(x) = \lim_{x \to 0^+} (x+1) = 1$$

因为当 $x \to 0$ 时，函数 $f(x)$ 的左、右极限虽各自存在但不相等，所以 $\lim\limits_{x \to 0} f(x)$ 不存在.

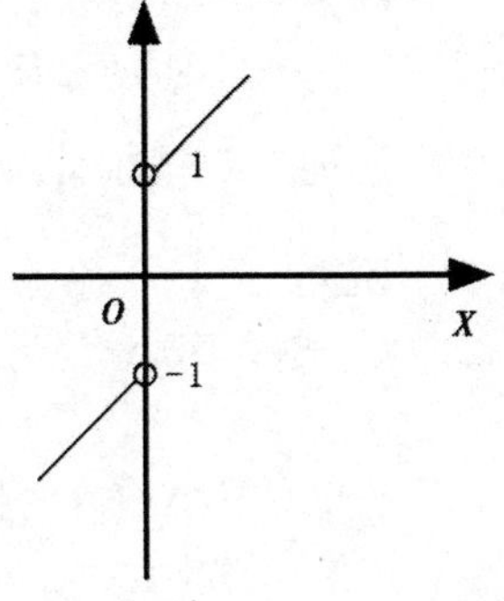

图 2-9

【注】 函数在点 x_0 处的极限与函数在该点有没有定义无关.

习题 2-2

1. 分析下列函数的变化趋势，若极限存在，求出该极限：

(1) $\lim\limits_{x \to -\infty} 2^x$； (2) $\lim\limits_{x \to -\infty} \frac{1}{x^2}$；

(3) $\lim\limits_{x \to +\infty} \frac{1}{x^3+1}$； (4) $\lim\limits_{x \to \infty} \frac{x+1}{x}$.

2. 求下列函数的极限：

(1) $\lim\limits_{x \to \frac{1}{3}} \frac{x}{2}$；　　(2) $\lim\limits_{x \to -3} (2x^2 + 1)$；

(3) $\lim\limits_{x \to \frac{\pi}{4}} \sin x$；　　(4) $\lim\limits_{x \to 0^+} \ln(x+1)$.

3. 设 $f(x) = \begin{cases} x^2, & x \leqslant 1 \\ \ln x, & x > 1 \end{cases}$，求当 $x \to 1$ 时，$f(x)$ 的左右极限，并说明当 $x \to 1$ 时，$f(x)$ 的极限是否存在.

4. 试说明下列极限不存在的理由：

(1) $\lim\limits_{x \to \infty} (x+1)$；　　(2) $\lim\limits_{x \to \infty} 2^x$；　　(3) $\lim\limits_{x \to \infty} \sin x$.

2.3 无穷小与无穷大

在研究函数的变化趋势时，我们发现有两类特殊的函数：一是数值无限趋向于零；二是函数的绝对值“无限变大”. 下面来研究这两种情形.

2.3.1 无穷小

定义 2.6 如果当 $x \to x_0$（或 $x \to \infty$）时，函数 $f(x)$ 的极限为零，那么称函数 $f(x)$ 当 $x \to x_0$（或 $x \to \infty$）时为无穷小.

例如，当 $x \to 0$ 时，$\sin x$ 时无穷小；当 $x \to \infty$ 时，$\frac{1}{x}$ 是无穷小.

【注】 (1) 无穷小和绝对值很小的数是截然不同的. 例如，10^{-10}，10^{-100} 都是很小的数，但不是无穷小. 只有零是可以作为无穷小的唯一的常数，因为 $\lim\limits_{\substack{x \to x_0 \\ (x \to \infty)}} 0 = 0$.

(2) 无穷小和自变量的变化趋势是密切相关的. 例如函数 $f(x) = \frac{1}{x}$，当 $x \to \infty$ 时，$\frac{1}{x}$ 为无穷小；当 $x \to 1$ 时，$\frac{1}{x}$ 就不是无穷小.

2.3.2 无穷大

定义 2.7 如果当 $x \to x_0$（或 $x \to \infty$）时，函数 $f(x)$ 的绝对值无限增大，那么称函数 $f(x)$ 当 $x \to x_0$（或 $x \to \infty$）时为无穷大.

如果从函数极限来看，$f(x)$ 的极限不存在，但是为了便于叙述，称“函数的极限时无穷大”，并记作

$$\lim_{\substack{x \to x_0 \\ (x \to \infty)}} f(x) = \infty$$

如果在无穷大的定义中,对于 x_0 邻域内的 x(或对于绝对值相当大的 x),对应的函数值都是正的或都是负的,则这两种情形分别记作

$$\lim_{\substack{x\to x_0\\(x\to\infty)}} f(x)=+\infty,\ \lim_{\substack{x\to x_0\\(x\to\infty)}} f(x)=-\infty$$

例如, $\lim\limits_{x\to+\infty} e^x=+\infty$, $\lim\limits_{x\to0^+}\ln x=-\infty$.

【注】 (1)无穷大和绝对值很大的数时完全不同的. 例如, 10^{+10}, 10^{+100} 等都是绝对值很大的数,但不是无穷大.

(2)无穷大和自变量的变化趋势密切相关. 例如,函数 $f(x)=\dfrac{1}{x}$,当 $x\to0$ 时, $\dfrac{1}{x}$ 为无穷大;当 $x\to\infty$ 时, $\dfrac{1}{x}$ 为无穷小.

2.3.3 无穷大与无穷小

定理 2.1 在自变量的同一变化过程中,如果 $f(x)$ 为无穷大,那么 $\dfrac{1}{f(x)}$ 为无穷小;反之,如果 $f(x)$ 为无穷小,且 $f(x)\neq0$,那么 $\dfrac{1}{f(x)}$ 为无穷大.

例如,因为 $\lim\limits_{x\to\infty}x^3=\infty$,所以 $\lim\limits_{x\to\infty}\dfrac{1}{x^3}=0$;因为 $\lim\limits_{x\to\infty}\sin x=0$,所以 $\lim\limits_{x\to0}\dfrac{1}{\sin x}=\infty$.

2.3.4 函数极限与无穷小的关系

定理 2.2 在自变量的同一变化过程中 $x\to x_0$(或 $x\to\infty$)中, $\lim f(x)=A$ 的充分必要条件是: $f(x)=A+\alpha$,其中 A 为常数, α 为无穷小.

【注】 在"lim"符号下面不标 $x\to x_0$ 或 $x\to\infty$,表示所述结果对两者都适用,以后不再说明.

2.3.5 无穷小的性质

在自变量的同一变化过程中,无穷小具有以下三个性质:

性质 1 有限个无穷小的代数和为无穷小.

性质 2 有界函数与无穷小的乘积为无穷小.

性质 3 有限个无穷小的乘积为无穷小.

【例 2.11】 求 $\lim\limits_{x\to0}x\sin\dfrac{1}{x}$.

【解】 因为 $\lim\limits_{x\to0}x=0$, $\left|\sin\dfrac{1}{x}\right|\leqslant1$,所以由无穷小的性质 2 可知, $\lim\limits_{x\to0}x\sin\dfrac{1}{x}=0$.

【例 2.12】 求 $\lim\limits_{x\to\infty}\left(\dfrac{1}{x}+\dfrac{2}{x^2}\right)$.

【解】 因为 $\lim\limits_{x\to\infty}\dfrac{1}{x}=0$, $\lim\limits_{x\to\infty}\dfrac{2}{x^2}=0$,所以由无穷小的性质 1 可知, $\lim\limits_{x\to\infty}\left(\dfrac{1}{x}+\dfrac{2}{x^2}\right)=0$.

2.3.6 无穷小的比较

两个无穷小的和、差、乘积还是无穷小,那么两个无穷小的商是否仍为无穷小呢?其实不然.例如,当 $x\to 0$ 时,$2x,3x,x^2$ 都是无穷小,而$\lim\limits_{x\to 0}\dfrac{3x}{2x}=\dfrac{3}{2}$,$\lim\limits_{x\to 0}\dfrac{x^2}{3x}=0$,$\lim\limits_{x\to 0}\dfrac{3x}{x^2}=\infty$.

判断两个无穷小之商的极限,主要依据分子、分母趋于零的"快慢"程度,我们用"无穷小的阶"来描述.

定义 2.8 设 α 和 β 是同一变化过程中的两个无穷小,即 $\lim\alpha=0$,$\lim\beta=0$.

(1)如果 $\lim\dfrac{\alpha}{\beta}=0$,那么称 α 是比 β 高阶的无穷小;

(2)如果 $\lim\dfrac{\alpha}{\beta}=\infty$,那么称 α 是比 β 低阶的无穷小;

(3)如果 $\lim\dfrac{\alpha}{\beta}=c\neq 0$,那么称 α 与 β 是同阶无穷小.特别是当 $c=1$,即当 $\lim\dfrac{\alpha}{\beta}=1$ 时,则称 α 与 β 是等阶无穷小,记作 $\alpha\sim\beta$.

由定义可知,当 $x\to 0$ 时,x^2 是比 $3x$ 高阶的无穷小,而 $3x$ 是比 x^2 低阶的无穷小,$3x$ 与 $2x$ 是同阶无穷小.

习题 2-3

1. 指出下列各函数是无穷小还是无穷大?

(1)$\sin x\,(x\to 0)$; (2)$\tan x\,(x\to\dfrac{\pi}{2})$.

2. 利用无穷小的性质,求下列极限:

(1)$\lim\limits_{x\to\infty}\dfrac{\sin 2x}{x}$; (2)$\lim\limits_{x\to 0}x\sin x$;

(3)$\lim\limits_{x\to 0}(\sin x+\tan x)$; (4)$\lim\limits_{x\to 0}\dfrac{\arctan x}{x}$.

3. 下列函数自变量 x 在怎样的变化过程中为无穷大?又在怎样的过程中为无穷小?

(1)$y=\dfrac{1}{x-1}$; (2)$y=\ln x$.

2.4 函数极限的运算法则

与数列极限类似,对于比较复杂的函数极限,也需要用到极限的运算法则来进行计算.下面给出函数极限的运算法则:

法则 设$\lim\limits_{x\to x_0}f(x)=A$，$\lim\limits_{x\to x_0}g(x)=B$，则有

(1) $\lim\limits_{x\to x_0}[f(x)\pm g(x)]=\lim\limits_{x\to x_0}f(x)\pm\lim\limits_{x\to x_0}g(x)=A\pm B$；

(2) $\lim\limits_{x\to x_0}[f(x)g(x)]=\lim\limits_{x\to x_0}f(x)\lim\limits_{x\to x_0}g(x)=AB$；

(3) $\lim\limits_{x\to x_0}[Cf(x)]=C\lim\limits_{x\to x_0}f(x)=CA$（$C$ 为常数）；

(4) $\lim\limits_{x\to x_0}\dfrac{f(x)}{g(x)}=\dfrac{\lim\limits_{x\to x_0}f(x)}{\lim\limits_{x\to x_0}g(x)}=\dfrac{A}{B}(B\neq 0)$.

法则(1)和法则(2)可能推广到有限个具有极限的函数的情形.

【例 2.13】 求$\lim\limits_{x\to 2}(x^2+3x-2)$.

【解】

$$\text{原式}=\lim_{x\to 2}x^2+\lim_{x\to 2}3x-\lim_{x\to 2}2=\lim_{x\to 2}x^2+3\lim_{x\to 2}x-2$$
$$=4+6-2=8.$$

【例 2.14】 求$\lim\limits_{x\to 1}(3x^3-2x+1)$

【解】

$$\text{原式}=\lim_{x\to 1}3x^3-\lim_{x\to 1}2x+\lim_{x\to 1}1=3(\lim_{x\to 1}x)^3-2\lim_{x\to 1}x+\lim_{x\to 1}1$$
$$=3-2+1=2.$$

【例 2.15】 求$\lim\limits_{x\to\infty}\left[\left(3+\dfrac{2}{x^2}\right)\left(1-\dfrac{1}{x}\right)\right]$.

【解】

$$\text{原式}=\lim_{x\to\infty}\left(3+\frac{2}{x^2}\right)\lim_{x\to\infty}\left(1-\frac{1}{x}\right)=\left(\lim_{x\to\infty}3+\lim_{x\to\infty}\frac{2}{x^2}\right)\left(\lim_{x\to\infty}1-\lim_{x\to\infty}\frac{1}{x}\right)$$
$$=(3+0)(1-0)=3\times 1=3.$$

【例 2.16】 求$\lim\limits_{x\to 1}\dfrac{2x^2+x+3}{x^2-3}$.

【解】

$$\text{原式}=\frac{\lim\limits_{x\to 1}(2x^2+x+3)}{\lim\limits_{x\to 1}(x^2-3)}=\frac{\lim\limits_{x\to 1}2x^2+\lim\limits_{x\to 1}x+\lim\limits_{x\to 1}3}{\lim\limits_{x\to 1}x^2-\lim\limits_{x\to 1}3}$$
$$=\frac{2+1+3}{1-3}=-3.$$

【例 2.17】 求$\lim\limits_{x\to 2}\dfrac{x-2}{x^2-4}$.

【解】 当$x\to 2$时，分母的极限为 0，这时不能用法则(4)，由于$x\to 2$而$x\neq 2$即$x-2\neq 0$，因而分式中可约去不为 0 的公因子，得

$$\text{原式}=\lim_{x\to 2}\frac{x-2}{(x-2)(x+2)}=\lim_{x\to 2}\frac{1}{x+2}$$
$$=\frac{\lim\limits_{x\to 2}1}{\lim\limits_{x\to 2}x+\lim\limits_{x\to 2}2}=\frac{1}{2+2}=\frac{1}{4}.$$

【例 2.18】 求$\lim\limits_{x\to\infty}\dfrac{2x^2-x-5}{x^2+2x-1}$.

【解】 先用x^2同除以分子及分母，然后应用极限运算法则，得

$$原式=\lim_{x\to\infty}\frac{2-\frac{1}{x}-\frac{5}{x^2}}{1+\frac{2}{x}-\frac{1}{x^2}}=\frac{\lim\limits_{x\to\infty}2-\lim\limits_{x\to\infty}\frac{1}{x}-\lim\limits_{x\to\infty}\frac{5}{x^2}}{\lim\limits_{x\to\infty}1+\lim\limits_{x\to\infty}\frac{2}{x}-\lim\limits_{x\to\infty}\frac{1}{x^2}}$$

$$=\frac{2-0-0}{1+0-0}=2.$$

【例 2.19】 求$\lim\limits_{x\to\infty}\frac{2x^3+5x^2-1}{x^4+3x^2+2x}$.

【解】 与上例相仿,用 x^4 同除分子及分母,然后应用极限运算法则,得

$$原式=\lim_{x\to\infty}\frac{\frac{2}{x}+\frac{5}{x^2}-\frac{1}{x^4}}{1+\frac{3}{x^2}+\frac{2}{x^3}}=\frac{\lim\limits_{x\to\infty}\frac{2}{x}+\lim\limits_{x\to\infty}\frac{5}{x^2}-\lim\limits_{x\to\infty}\frac{1}{x^4}}{\lim\limits_{x\to\infty}1+\lim\limits_{x\to\infty}\frac{3}{x^2}+\lim\limits_{x\to\infty}\frac{2}{x^3}}$$

$$=\frac{0+0+0}{1+0+0}=0.$$

【例 2.20】 求$\lim\limits_{x\to\infty}\frac{3x^3+2x+1}{6x^2+4x-3}$.

【解】 与例2.18、例2.19 不同,本题分子的次数大于分母的次数,当 $x\to\infty$ 时,分子、分母的极限都不存在,因此不能直接应用极限运算法则,但因为

$$\lim_{x\to\infty}\frac{6x^2+4x-3}{3x^3+2x+1}=\lim_{x\to\infty}\frac{\frac{6}{x}+\frac{4}{x^2}-\frac{3}{x^3}}{3+\frac{2}{x^2}+\frac{1}{x^3}}=\frac{0+0-0}{3+0+0}=0.$$

所以

$$\lim_{x\to\infty}\frac{3x^3+2x+1}{6x^2+4x-3}=\infty$$

【例 2.21】 求$\lim\limits_{x\to0^+}\frac{e^{\frac{1}{x}}-e^{-\frac{1}{x}}}{e^{\frac{1}{x}}+e^{-\frac{1}{x}}}$(换元法).

【解】 令 $t=e^{\frac{1}{x}}$,则当 $x\to0^+$ 时,$t\to+\infty$,这时 $e^{-\frac{1}{x}}=\frac{1}{t}$,

所以

$$\lim_{x\to0^+}\frac{e^{\frac{1}{x}}-e^{-\frac{1}{x}}}{e^{\frac{1}{x}}+e^{-\frac{1}{x}}}=\lim_{t\to+\infty}\frac{t-\frac{1}{t}}{t+\frac{1}{t}}=\lim_{t\to+\infty}\frac{1-\frac{1}{t^2}}{1+\frac{1}{t^2}}=1.$$

习题 2-4

1. 求下列极限:

(1) $\lim\limits_{x\to3}(x^2-6x+6)$; (2) $\lim\limits_{x\to-1}\frac{3x^2-4}{6x+2}$;

(3) $\lim\limits_{x\to2}\frac{(x+2)(x^2-1)^3}{x+7}$; (4) $\lim\limits_{x\to1}\frac{x^2-1}{x^2+1}$.

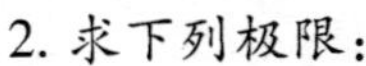
2. 求下列极限:

(1) $\lim\limits_{x\to 1}\dfrac{x-1}{x^2+x-2}$;　　(2) $\lim\limits_{x\to 6}\dfrac{4x}{(x-6)^2}$;

(3) $\lim\limits_{x\to 2}\left(\dfrac{1}{x-2}-\dfrac{12}{x^3-8}\right)$;　　(4) $\lim\limits_{x\to 2}\left(\dfrac{1}{x-2}-\dfrac{1}{x^3-8}\right)$.

3. 求下列极限:

(1) $\lim\limits_{x\to\infty}\dfrac{3x^2+2x+1}{x^2+4x+5}$;　　(2) $\lim\limits_{x\to\infty}\dfrac{4x^3+3x+3}{2x^2+1}$;

(3) $\lim\limits_{x\to\infty}\dfrac{x-3}{2x+x^3}$;　　(4) $\lim\limits_{x\to 2}\dfrac{2x^2+3}{x-2}$.

2.5 两个重要极限

2.5.1 $\lim\limits_{x\to 0}\dfrac{\sin x}{x}=1$

考察当 x 趋近于 0 时,函数$\dfrac{\sin x}{x}$的变化趋势,列表见表 2-1.

表 2-1

x	$\pm\frac{\pi}{4}$	$\pm\frac{\pi}{8}$	$\pm\frac{\pi}{16}$	$\pm\frac{\pi}{32}$	$\pm\frac{\pi}{64}$
$\frac{\sin x}{x}$	0.900 316 3	0.974 495 4	0.993 586 9	0.998 394 4	0.999 598 5
x	$\pm\frac{\pi}{128}$	$\pm\frac{\pi}{256}$	$\pm\frac{\pi}{512}$	$\pm\frac{\pi}{1024}$	$\pm\frac{\pi}{2048}\cdots\to 0$
$\frac{\sin x}{x}$	0.999 899 6	0.999 974 9	0.999 993 7	0.999 998 4	0.999 999 6… →1

从上表中可以看出,当 $x\to 0$ 时,$\dfrac{\sin x}{x}\to 1$,即

$$\lim_{x\to 0}\frac{\sin x}{x}=1$$

【例 2.22】 求$\lim\limits_{x\to 0}\dfrac{\sin\frac{x}{2}}{x}$.

【解】 原式 $=\lim\limits_{x\to 0}\left[\dfrac{\sin\frac{x}{2}}{\frac{x}{2}}\times\dfrac{\frac{x}{2}}{x}\right]=\dfrac{1}{2}\lim\limits_{x\to 0}\dfrac{\sin\frac{x}{2}}{\frac{x}{2}}$.

令 $t=\dfrac{x}{2}$,则当 $x\to 0$ 时,$t\to 0$,因此

$$原式 = \frac{1}{2}\lim_{t\to 0}\frac{\sin t}{t} = \frac{1}{2}$$

【例 2.23】 求$\lim\limits_{x\to 0}x\cot x$.

【解】

$$原式 = \lim_{x\to 0}\frac{x\cos x}{\sin x} = \lim_{x\to 0}\left(\cos x\,\frac{x}{\sin x}\right)$$

$$= \lim_{x\to 0}\cos x\,\lim_{x\to 0}\frac{x}{\sin x} = 1\times 1 = 1$$

【例 2.24】 求$\lim\limits_{x\to 0}\frac{\cos x-1}{x^2}$.

【解】 因为 $\cos x = 1-2\sin^2\frac{x}{2}$,所以

$$原式 = \lim_{x\to 0}\frac{-2\sin^2\frac{x}{2}}{x^2} = -\frac{1}{2}\left[\lim_{x\to 0}\frac{\sin\frac{x}{2}}{\frac{x}{2}}\right]^2 = -\frac{1}{2}$$

2.5.2 $\lim\limits_{x\to\infty}\left[1+\frac{1}{x}\right]^x = \mathrm{e}$

我们考察当 $x\to\infty$ 时,函数$(1+\frac{1}{x})^x$ 的变化趋势,列表见表 2-2.

表 2-2

x	10	10^2	10^3	10^4	10^5	10^6	…
$(1+\frac{1}{x})$	2.593 74	2.704 81	2.716 92	2.718 15	2.718 27	2.718 28	…
x	-10	-10^2	-10^3	-10^4	-10^5	-10^6	…
$(1+\frac{1}{x})^x$	2.867 97	2.732 00	2.719 64	2.718 41	2.718 30	2.718 28	…

从表 2-2 中可以看出,当 $x\to+\infty$ 和 $x\to-\infty$ 时,函数$(1+\frac{1}{x})^x$ 无限趋近于一个确定的常数,这个常数就是无理数 $\mathrm{e}=2.718\ 281\ 828\ 45\cdots$,即

$$\lim_{x\to\infty}\left[1+\frac{1}{x}\right]^x = \mathrm{e}$$

在上式中,令 $u=\frac{1}{x}$,则当 $x\to\infty$ 时,$u\to 0$. 我们可以得到另一种形式

$$\lim_{u\to 0}(1+u)^{\frac{1}{u}} = \lim_{x\to\infty}(1+\frac{1}{x})^x = \mathrm{e}$$

即

$$\lim_{x\to 0}(1+x)^{\frac{1}{x}} = \mathrm{e}$$

【例 2.25】 求$\lim\limits_{x\to\infty}(1+\frac{1}{x})^{3x}$.

【解】 原式 $=\lim\limits_{x\to\infty}\left[\left(1+\dfrac{1}{x}\right)^{x}\right]^{3}=\left[\lim\limits_{x\to\infty}\left(1+\dfrac{1}{x}\right)^{x}\right]^{3}=e^{3}$

【例 2.26】 求下列极限:

(1) $\lim\limits_{x\to 0}(1+2x)^{\frac{1}{3x}}$;　　(2) $\lim\limits_{x\to\infty}(1-\dfrac{1}{x})^{x}$.

【解】 (1)设 $u=2x$,则 $x=\dfrac{u}{2}$,当 $x\to 0$ 时,$u\to 0$,所以

$$\text{原式}=\lim_{u\to 0}(1+u)^{\frac{2}{3u}}=\lim_{u\to 0}[(1+u)^{\frac{1}{u}}]^{\frac{2}{3}}=e^{\frac{2}{3}}$$

(2)设 $u=-\dfrac{1}{x}$,则 $x=-\dfrac{1}{u}$,当 $x\to\infty$ 时,$u\to 0$,所以

$$\text{原式}=\lim_{u\to 0}(1+u)^{-\frac{1}{u}}=\lim_{u\to 0}[(1+u)^{\frac{1}{u}}]^{-1}=e^{-1}=\frac{1}{e}$$

习题 2-5

1. 计算下列极限:

(1) $\lim\limits_{x\to 0}\dfrac{\sin 2x}{5x}$;　　(2) $\lim\limits_{x\to 0}\dfrac{\sin 3x}{\sin 7x}$;

(3) $\lim\limits_{x\to 0}\dfrac{1-\cos x}{2x^{2}}$;　　(4) $\lim\limits_{x\to\infty}x^{2}\sin\dfrac{1}{x^{2}}$.

2. 计算下列极限:

(1) $\lim\limits_{x\to 0}(1+2x)^{\frac{2}{x}}$;　　(2) $\lim\limits_{x\to\infty}(1+\dfrac{2}{x})^{3x}$;

(3) $\lim\limits_{x\to\infty}(1+\dfrac{2}{x})^{x+2}$;　　(4) $\lim\limits_{x\to\infty}(\dfrac{2x-1}{2x+1})^{x+1}$.

3. 计算下列极限:

(1) $\lim\limits_{x\to 0}\dfrac{x-\sin x}{x+\sin x}$;　　(2) $\lim\limits_{x\to 0}\dfrac{x^{2}+2x}{\sin 3x}$;

(3) $\lim\limits_{x\to\infty}(1+\dfrac{2}{x})^{-x}$;　　(4) $\lim\limits_{x\to 0}\dfrac{\ln(1+x)}{x}$.

2.6 函数的连续性

在许多实际问题中,数量的变化往往是连续的. 例如,气温随时间的变化而变化,当时间的变化极为微小时,气温的变化也极为微小,也就是说,气温是连续变化的. 下面来研究函数的连续性.

2.6.1 函数的增量

定义 2.9 设函数 $y=f(x)$，当自变量由初值 x_0 变到终值 x_1 时，我们把差值 x_1-x_0 叫做自变量的增量（或改变量），记作 Δx，即

$$\Delta x = x_1 - x_0$$

因此

$$x_1 = x_0 + \Delta x$$

这时可以说，自变量由初值 x_0 变化到 $x_0+\Delta x$.

相应的，函数值由 $f(x_0)$ 变化到 $f(x_0+\Delta x)$，把差值

$$f(x_0 + \Delta x) - f(x_0)$$

叫做函数的增量（或改变量），记作 Δy，即

$$\Delta y = f(x_0 + \Delta x) - f(x_0)$$

【**例 2.27**】 在下列条件中，求函数 $y=f(x)=x^2-2$ 的增量：

（1）当 x 由 2 变化到 3；

（2）当 x 由 2 变化到 1.

【**解**】 （1）由题意可知 $x_0=2,x_0+\Delta x=3$，所以

$$\Delta y = f(x_0 + \Delta x) - f(x_0) = f(3) - f(2) = 7 - 2 = 5$$

（2）由题意可知 $x_0=2,x_0+\Delta x=1$，所以

$$\Delta y = f(1) - f(2) = -1 - 2 = -3$$

2.6.2 函数的连续

定义 2.10 设函数 $y=f(x)$ 在点 x_0 及其近旁有定义，如果当自变量 x 在 x_0 处的增量 Δx 趋近于零时，函数 $y=f(x)$ 的相应增量 $\Delta y=f(x_0+\Delta x)-f(x_0)$ 也趋近于零，也就是说，有

$$\lim_{\Delta x\to 0}\Delta y = 0$$

或

$$\lim_{\Delta x\to 0}[f(x_0 + \Delta x) - f(x_0)] = 0$$

那么称函数 $y=f(x)$ 在点 x_0 处连续，x_0 称为函数 $f(x)$ 的连续点.

由于，$x=x_0+\Delta x$，因此 $\Delta x\to 0$ 就是 $x\to x_0$；$\Delta y\to 0$ 就是 $f(x)\to f(x_0)$；$\lim\limits_{\Delta x\to 0}\Delta y=0$ 就是 $\lim\limits_{x\to x_0}f(x)=f(x_0)$.

因此，函数 $y=f(x)$ 在点 x_0 处连续的定义也可叙述如下.

定义 2.11 如果函数 $y=f(x)$ 在点 x_0 及其近旁有定义，$\lim\limits_{x\to x_0}f(x)$ 存在并且 $\lim\limits_{x\to x_0}f(x)=f(x_0)$，那么称函数 $y=f(x)$ 在点 x_0 处连续，x_0 称为函数 $f(x)$ 的连续点. 据此，函数 $y=f(x)$ 在点 x_0 处连续必须满足以下三个条件：

（1）函数 $f(x)$ 在点 x_0 有定义；

（2）$\lim\limits_{x\to x_0}f(x)$ 存在；

(3) $\lim\limits_{x \to x_0} f(x) = f(x_0)$.

如果函数 $y=f(x)$ 在点 x_0 处不连续，那么称函数 $f(x)$ 在 x_0 处是间断的，点 x_0 称作函数 $y=f(x)$ 的间断点或不连续点.

定义 2.12 设函数 $y=f(x)$ 在 x_0 处及其左(或右)近旁有定义，如果 $\lim\limits_{x \to x_0^-} f(x) = f(x_0)$，那么称函数 $f(x)$ 在 x_0 处左连续(或右连续).

定义 2.13 如果函数 $f(x)$ 在开区间 (a,b) 内每一点都连续，那么称函数 $f(x)$ 在区间 (a,b) 内连续，或称函数 $f(x)$ 为区间 (a,b) 内的连续函数，区间 (a,b) 称为函数 $f(x)$ 的连续区间.

如果 $f(x)$ 在闭区间 $[a,b]$ 上有定义，在区间 (a,b) 内连续，且在右端点 处左连续，在左端点 处右连续，即 $\lim\limits_{x \to b^-} f(x) = f(b)$，$\lim\limits_{x \to a^+} f(x) = f(a)$，那么称函数 $f(x)$ 在闭区间 $[a,b]$ 上连续.

在几何上，连续函数的图像是一条连续不间断的曲线.

【例 2.28】 适当选取 的值，使函数

$$f(x) = \begin{cases} (1+x)^{\frac{2}{x}}, & x < 0 \\ x + a, & x \geqslant 0 \end{cases}$$

在 $x=0$ 处连续.

【解】 因为 $f(x)$ 的定义域为 $(-\infty, +\infty)$，所以 $f(x)$ 在 $x=0$ 处及其近旁有定义.

$$\lim_{x \to 0^-} f(x) = \lim_{x \to 0^-} (1+x)^{\frac{2}{x}} = \mathrm{e}^2$$

$$\lim_{x \to 0^+} f(x) = \lim_{x \to 0^+} (x+a) = a$$

所以要使 $f(x)$ 在 $x=0$ 处连续，必须 $\lim\limits_{x \to 0^-} f(x) = \lim\limits_{x \to 0^+} f(x) = f(0)$，即 $a = \mathrm{e}^2$. 因此当 $a = \mathrm{e}^2$ 时，$f(x)$ 在 $x=0$ 处连续.

【例 2.29】 判断 $x=1$ 是不是函数 $f(x) = \begin{cases} x, & x \neq 1 \\ \frac{1}{2}, & x = 1 \end{cases}$ 的连续点.

【解】 函数 $f(x) = \begin{cases} x, & x \neq 1 \\ \frac{1}{2}, & x = 1 \end{cases}$ 虽然在 $x=1$ 有定义，且 $\lim\limits_{x \to 1} f(x) = \lim\limits_{x \to 1} x = 1$，但 $\lim\limits_{x \to 1} f(x) \neq f(1) = \frac{1}{2}$. 所以 $x=1$ 是函数 $f(x)$ 的间断点.

习题 2-6

1. 利用定义 1 证明函数 $y = x^2 - 2x + 1$ 在点 $x=1$ 处连续.
2. 利用定义 1 证明函数

$$f(x) = \begin{cases} x + 1, & x \leqslant 0 \\ \mathrm{e}^x, & x > 0 \end{cases}$$

在点 $x=1$ 处连续.

3. 讨论函数

$$f(x)=\begin{cases}x^2-1, & x<0\\ x, & 0\leqslant x<1\\ 2-x, & 1\leqslant x\leqslant 2\end{cases}$$

在 $x=0, x=1$ 处的连续性.

4. 求下列函数的间断点:

(1) $f(x)=\dfrac{x}{x+2}$;　　(2) $f(x)=\dfrac{e^{x^2}}{x+1}$;

(3) $f(x)=\begin{cases}2+x^2, & x\leqslant 0,\\ \dfrac{\sin 3x}{x}, & x>0;\end{cases}$　　(4) $f(x)=\dfrac{\sqrt{x-3}}{(x+1)(x+2)}$.

2.7　连续函数的性质

根据函数在某点连续的定义和极限的四则运算法则,可以推出连续函数的性质.

2.7.1　连续函数的和、差、积、商的连续性

性质 1　如果函数 $f(x)$ 与 $g(x)$ 在点 x_0 处连续,那么它们的和、差、积、商(分母在 x_0 处不等于零)也都在 x_0 处连续,即

$$\lim_{x\to x_0}[f(x)\pm g(x)]=f(x_0)\pm g(x_0)$$

$$\lim_{x\to x_0}[f(x)g(x)]=f(x_0)g(x_0)$$

$$\lim_{x\to x_0}\frac{f(x)}{g(x)}=\frac{f(x_0)}{g(x_0)}\quad(g(x_0)\neq 0)$$

【例 2.30】　判断 $\tan x$ 和 $\cot x$ 在 $x=\dfrac{\pi}{4}$ 处的连续性.

【解】　由于 $\tan x=\dfrac{\sin x}{\cos x}$, $\cot x=\dfrac{\cos x}{\sin x}$,而 $\sin x$ 和 $\cos x$ 在点 $x=\dfrac{\pi}{4}$ 处是连续的,所以 $\tan x$, $\cot x$ 在点 $x=\dfrac{\pi}{4}$ 处也是连续的.

2.7.2　复合函数的连续性

性质 2　如果函数 $u=\varphi(x)$ 在点 x_0 处连续,且 $\varphi(x_0)=u_0$,而函数 $y=f(u)$ 在点 u_0 处连续,那么复合函数 $y=f[\varphi(x)]$ 在点 x_0 处也连续.

【例 2.31】　判断 $y=\ln\sin x$ 在 $x=\dfrac{\pi}{6}$ 处的连续性.

【解】 函数 $u=\sin x$ 在 $x=\frac{\pi}{6}$ 处连续，当 $x=\frac{\pi}{6}$ 时，$u=\frac{1}{2}$；函数 $y=\ln u$ 在点 $u=\frac{1}{2}$ 处连续；所以，复合函数 $y=\ln\sin x$ 在点 $x=\frac{\pi}{6}$ 处也是连续的.

2.7.3 初等函数的连续性

根据初等函数的定义，由基本初等函数的连续性以及连续函数的和、差、积、商的连续性和复合函数的连续性可得到下面的重要结论：

性质3 一切初等函数在其定义区间内都是连续的.

这个结论对于以后判定函数连续性及一些极限的运算是非常有价值的. 如果已知函数 $f(x)$ 是初等函数，且 x_0 属于 $f(x)$ 的定义区间，那么求 $\lim\limits_{x\to x_0}f(x)$ 时，只需将 x_0 代入函数，求函数值 $f(x_0)$ 即可.

【例2.32】 求 $\lim\limits_{x\to 2}\frac{x^2+2\ln(x-1)}{e^x\sqrt{1+x^2}}$

【解】 因为 $f(x)=\frac{x^2+2\ln(x-1)}{e^x\sqrt{1+x^2}}$ 是初等函数，并且它的定义区间为 $(1,+\infty)$，而 $2\in(1,+\infty)$，所以

$$\lim_{x\to 2}\frac{x^2+2\ln(x-1)}{e^x\sqrt{1+x^2}}=\frac{2^2+2\ln(2-1)}{e^2\sqrt{1+2^2}}=\frac{4\sqrt{5}}{5e^2}$$

【例2.33】 求 $\lim\limits_{x\to 3}\frac{\sqrt{x+1}-2}{x-3}$

【解】
$$\lim_{x\to 3}\frac{\sqrt{x+1}-2}{x-3}=\lim_{x\to 3}\frac{(\sqrt{x+1}-2)(\sqrt{x+1}+2)}{(x-3)(\sqrt{x+1}+2)}$$
$$=\lim_{x\to 3}\frac{1}{\sqrt{x+1}+2}=\frac{1}{\sqrt{3+1}+2}=\frac{1}{4}$$

2.7.4 闭区间上的连续函数的性质

闭区间上连续函数具有一些重要的性质，这些性质在理论和实践中都有着广泛的应用.

性质4 如果函数 $f(x)$ 在闭区间 $[a,b]$ 上连续，那么函数 $f(x)$ 在 $[a,b]$ 上一定有最大值与最小值.

如图2-10所示，可以看出，在 $[a,b]$ 上至少有一点 $\xi(a\leqslant\xi\leqslant b)$，使得 $f(\xi)=m$ 为最小值，即 $m=f(\xi)\leqslant f(x)(a\leqslant x\leqslant b)$；又至少有一点 $\eta(a\leqslant\eta\leqslant b)$，使 $f(\eta)=M$ 为最大值，即 $M=f(\eta)\geqslant f(x)(a\leqslant x\leqslant b)$.

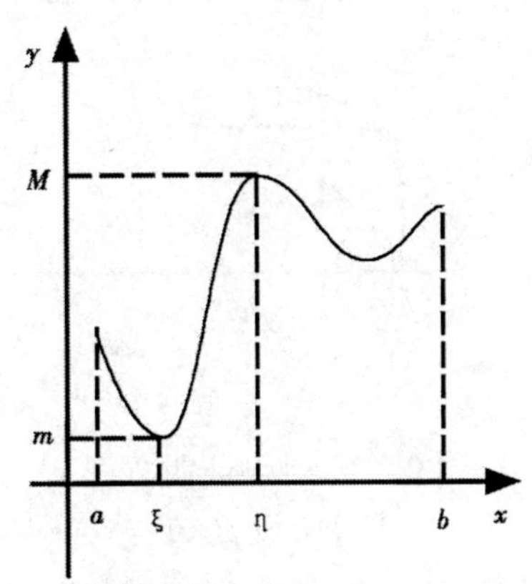

图2-10

【注】 对于在开区间内连续或在闭区间上有间断点的函数，其最大值、最小值不一定存在. 例如，函

数 $y=x^2+1$,在$(-1,1)$内连续,在 $x=0$ 处取得最小值,但在这个区间内没有最大值;而在$(-1,2)$内既无最大值,也无最小值.

【例 2.34】 判断函数

$$f(x)=\begin{cases}-x+1, & 0\leqslant x<1\\ 1, & x=1\\ -x+3, & 1<x\leqslant 2\end{cases}$$

在闭区间上是否有最值.

【解】 因函数$f(x)$在闭区间上有间断点 $x=1$,所以函数在该区间上既无最大值又无最小值.

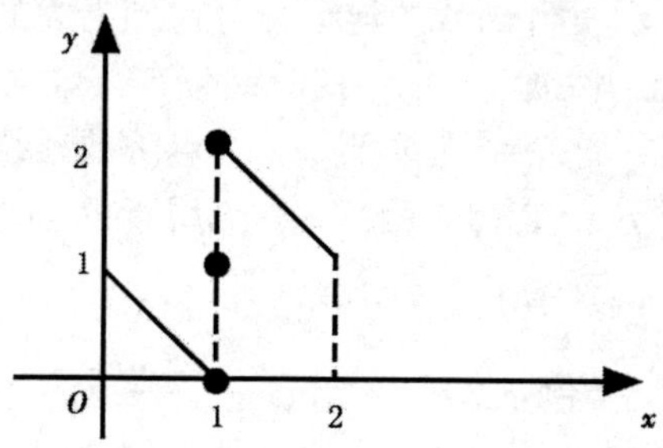

图 2-11

性质 5 如果函数 $y=f(x)$在闭区间$[a,b]$上连续,且在两端点取不同的函数值$f(a)=A$和$f(b)=B$,C 是 A 与 B 之间的任一数,那么在开区间(a,b)内至少有一点 ξ,使得

$$f(\xi)=C(a<\xi<b)$$

这就是著名的介值定理,它的几何意义是,在$[a,b]$上的连续曲线 $y=f(x)$与直线 $y=C$(C 在 A 与 B 之间)至少有一个交点,交点坐标为$(\xi,f(\xi))$,其中$f(\xi)=C$,如图 2-12 所示.

推论 如果函数 $y=f(x)$在闭区间$[a,b]$上连续,且$f(a)$与$f(b)$异号,那么至少存在一点$\xi(a<\xi<b)$,使得$f(\xi)=0$.

推论的几何意义是,在$[a,b]$上连续的曲线 $y=f(x)$两端点落在 x 轴的上、下两侧时,曲线与 x 轴至少有一个交点,如图 2-13 所示.

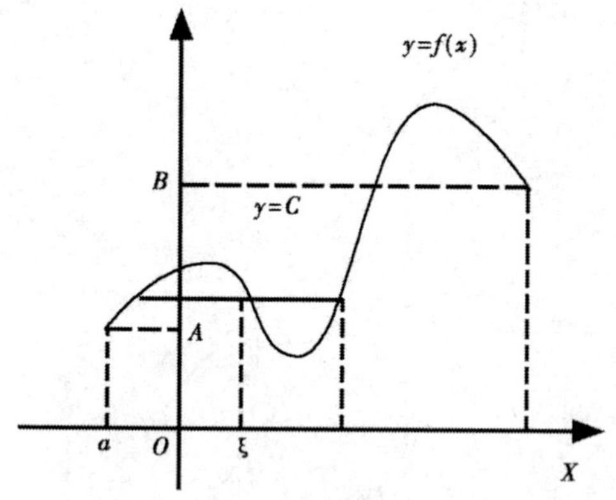

图 2-12

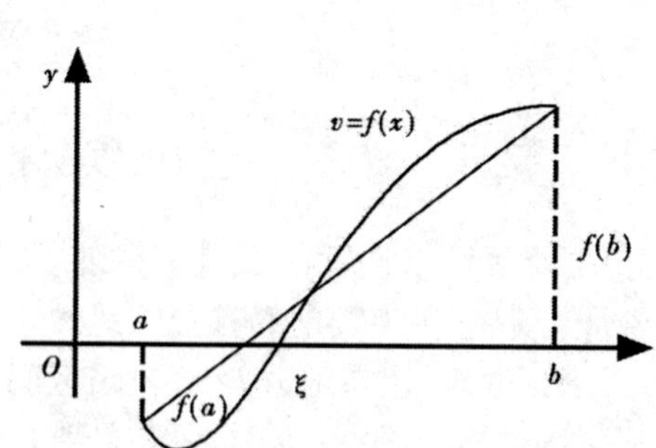

图 2-13

【例 2.35】 证明方程 $x^3-4x^2+1=0$ 在$(0,1)$内至少有一个实根.

【证明】 设$f(x)=x^3-4x^2+1$,因为它在闭区间$[0,1]$上连续,并且$f(0)=1>0$,$f(1)=-2<0$,所以根据推论可知,$f(x)$在$(0,1)$内至少有一点$\xi(0<\xi<1)$,使得$f(\xi)=0$,即$\xi^3-4\xi^2+1=0(0<\xi<1)$

这个等式说明方程 $x^3-4x^2+1=0$ 在开区间$(0,1)$内至少有一个实根.

习题2-7

1. 求下列函数的极限：

(1) $\lim\limits_{x\to1}\frac{3x^2+1}{x-2}$；　　(2) $\lim\limits_{x\to\pi}5\sin\frac{x}{2}$；

(3) $\lim\limits_{x\to0}\sqrt{x^2-3x+2}$；　　(4) $\lim\limits_{x\to0}\frac{\sqrt{x+4}-2}{x}$.

2. 求下列函数的极限：

(1) $\lim\limits_{x\to1}\frac{x^2+\ln(2-x)}{\arctan x}$；　　(2) $\lim\limits_{x\to0}\frac{x^2-\ln(1+x)}{e^x+1}$；

(3) $\lim\limits_{x\to0}\frac{1-\cos x}{x\sin x}$；　　(4) $\lim\limits_{x\to\infty}\frac{x^2+\cos^2x-1}{(x+\sin x)^2}$；

(5) $\lim\limits_{x\to1}\frac{\sqrt{3-x}-\sqrt{1+x}}{x^2-1}$；　　(6) $\lim\limits_{x\to0}\frac{e^x-1}{3x}$.

3. 求下列函数的极限：

(1) 设 $f(t)=\frac{\ln(t+\sin4t)}{10+\cos3t}+e^{-\frac{1}{t}}$，求 $\lim\limits_{t\to\frac{\pi}{4}}f(t)$；　　(2) $\lim\limits_{x\to0}\frac{\sqrt{1+x}-\sqrt{1-x}}{x}$；

(3) $\lim\limits_{x\to0}\frac{\sin2x}{\sqrt{x+2}-\sqrt{2}}$；　　(4) $\lim\limits_{\Delta x\to0}\frac{\frac{1}{(x+\Delta x)^2}-\frac{1}{x^2}}{\Delta x}$.

4. 证明：方程 $(\frac{\sin x}{x})^2-\frac{1}{2}=0$ 在区间 $(\frac{\pi}{6},\frac{\pi}{2})$ 内至少有一个实根.

5. 证明：方程 $x^4-3x-1=0$ 在区间 $(0,3)$ 内至少有一个实根.

复习题二

1. 设 $f(x)=\begin{cases}x^2+2x-3, & x\leqslant1\\ x, & 1<x<2\\ 2x-2, & x\geqslant2\end{cases}$，则 $\lim\limits_{x\to0}f(x)=$________，$\lim\limits_{x\to2}f(x)=$________，$\lim\limits_{x\to\frac{3}{2}}f(x)=$________，$\lim\limits_{x\to4}f(x)=$________.

2. 当 $x\to$________时，$f(x)=\frac{1}{(x-5)^2}$ 是无穷大.

3. 已知 $f(x)=\frac{|x|}{x}$，当 $x\to0$ 时，讨论函数 $f(x)$ 的极限.

4. 判断下列各题，哪些是无穷大？哪些是无穷小？

(1) $1+2x$ ($x\to\infty$ 时)；

(2) $\tan x$ ($x\to 0$ 时)；

(3) $2^{\frac{1}{x}}$ ($x\to 0^-$ 时)；

(4) e^{-x} ($x\to+\infty$ 时).

5. 求下列函数的极限：

(1) $\lim\limits_{x\to -1}\dfrac{3x^2+8x+5}{x^2+x}$；

(2) $\lim\limits_{x\to -1}\dfrac{3x^2+8x+1}{x^2+x}$；

(3) $\lim\limits_{x\to 1}\dfrac{3x^2+8x+5}{x^2+x}$；

(4) $\lim\limits_{x\to 1}\left[\dfrac{1}{x-1}-\dfrac{5}{x^2+3x-4}\right]$；

(5) $\lim\limits_{x\to+\infty}\dfrac{1-10^n}{1+10^{n+1}}$；

(6) $\lim\limits_{x\to\infty}\dfrac{6x^2-5x+7}{4x-x^2}$；

(7) $\lim\limits_{x\to+\infty}(x^2-3x+5)$；

(8) $\lim\limits_{x\to 0}\dfrac{x^2}{1-\sqrt{1-2x^2}}$；

(9) $\lim\limits_{x\to 0}\dfrac{\sqrt{1+x}-1}{\sin x}$；

(10) $\lim\limits_{x\to 1}\dfrac{\cos\dfrac{\pi x}{2}}{1-x}$；

(11) $\lim\limits_{h\to 0}4h\cot 3h$；

(12) $\lim\limits_{n\to+\infty}\left(\dfrac{n}{n+1}\right)^n$；

(13) $\lim\limits_{x\to 2}\left[\dfrac{x^{-2}+3\sqrt{x}}{4-\ln^2(x+1)}+e^{-\frac{1}{x}}\right]$；

(14) $\lim\limits_{x\to 0}\dfrac{\tan x}{\sqrt{1+\tan x}-1}$.

6. 已知函数

$$f(x)=\begin{cases}x+2, & x\leqslant -1\\ x^2, & -1<x<2\\ x, & x\geqslant 2\end{cases}$$

作出函数 $f(x)$ 的图像，并求：(1) 函数 $f(x)$ 的定义域；(2) 函数 $f(x)$ 的间断点.

7. 设 $f(x)=\dfrac{|x|-x}{x}$，求 $\lim\limits_{x\to 0^+}f(x)$ 及 $\lim\limits_{x\to 0^-}f(x)$，并判断 $\lim\limits_{x\to 0}f(x)$ 是否存在？

8. 证明方程 $x^5-2x-3=0$ 在区间 (1,2) 上至少存在一个实根.

【数学大师链接 3】

"数学之神"——阿基米德

第一次叙拉古城保卫战胜利后，国王亥厄洛在庆功宴上当着众文臣武将的面，对他的一位特邀臣民赞道："要不是你的超人智慧，你的杠杆武器，我们哪能击溃凶悍的罗马人？又岂能在此相聚？我们为你自豪！"这位臣民却平静地说道："陛下，您及您的臣民，其智慧的力量是巨大的. 倘使您能恰当运用，将无所不能！只要给我一个立足之处，我能够撬动地球！"一言甫出，语惊四座. 这位臣民就是阿基米德.

一、跨海求学，才华崭露

阿基米德(Archimedes)是古希腊学者、物理学家、数学家和天才的发明家. 他生于叙拉古王国的贵族家庭，即今意大利锡拉库萨. 港口地理位置优越，扼地中海东西方商贸要道. 兴盛的商贸促进了叙拉古经济的发展和东西方文化的交流. 阿基米德受过良好的启蒙教育，从小就富于想象、长于思考. 在父亲菲迪阿斯——物理学家和天文学家的引导下，阿基米德对科技知识有着浓厚的兴趣，喜爱涂抹图形、拼凑器物，对于大自然诸多现象惯于穷根究底. 稍长，当时闻名于世的科技城亚历山大便锁住了阿基米德的目光，城里科学家的神奇故事，深深吸引并打动了阿基米德幼小而又好奇的心. 公元前276年，在父亲安排下，年仅11岁的阿基米德南下地中海，历尽艰辛，来到了梦寐以求的圣地亚历山大，开始了影响他一生的求学生涯.

阿基米德师从于欧几里得弟子卡农. 在老师的指点下，阿基米德如饥似渴地学习，在图书馆浩如烟海的文献中孜孜以求，阅读了大量的数学、物理、天文等各类自然科学书籍，为日后的科学研究打下了扎实的理论功底. 阿基米德不仅是个书迷，很好地掌握了前辈严谨、精确的理论和方法，而且还善于结合实际，独辟蹊径，努力使研究成果付诸实施.

二、痴迷求索，屡建奇功

公元前240年，47岁的阿基米德载誉回到阔别多年的叙拉古. 成名后阿基米德仍一如既往全身心地投入科研工作. 那时，船是地中海各国主要的交通工具，国家间的交往及商贸离不开船. 亥厄洛王调集能工巧匠造了一艘巨大的皇家三桅货轮. 但因巨轮太重，任凭众工匠使出浑身解数，也无法让它下水. 亥厄洛王情急之下召来了他的亲戚、非凡的臣子阿基米德. 阿基米德一见到这庞然大物，脑袋里便闪现了他最擅长的工具——杠杆. 他巧妙地设计了多种滑轮和杠杆装置. 随着国王的一声令下，阿基米德缓缓启动滑轮，令人不可思议的奇迹发生了：举全城之力尚不能撼动的桀骜不驯的庞然大物，有如温驯的羔羊，满载货物随着滑轮的传动乖乖地驶入大海. 屏息凝视的人群顿时为之沸腾. 若非亲眼所见，恐怕谁也不会相信那一串串滑轮杠杆装置竟蕴含了超凡的力量. 杠杆原理的发现为一切机械设计制造奠定了基础，在人类生产生活中创造了无数的奇迹.

亥厄洛王为炫耀自己的功绩，他决定用纯金打造一顶王冠，供奉在圣庙供人们瞻仰. 不久，金匠依照国王的旨意打造了王冠. 国王甚为满意. 不料，有人说金匠偷梁换柱，窃取黄金后在王冠里搀进了等量的白银. 闻听此言，国王勃然大怒，即刻召金匠逼问，金匠百般抵赖，死不肯承认有舞弊行为，还说若不信可以称. 称后，果然王冠重量与当初的纯金重量相等. 国王无计可施，又不甘心作罢，便找来阿基米德，要他在不损坏王冠的前提下，判断是否搀了假. 在当时人们尚不知晓“比重”概念的条件下，要揭晓王冠之谜几乎是不可能的事. 阿基米德百思不得其解，终日寝食不安. 阿基米德取来一个容器，注满水，投入王冠，记下排出的水量，再如法炮制，记下与王冠等重纯金的排水量，多次实验后发现，前者的排水量大于后者，便断定王冠搀了银子. 通过进一步实验论证，阿基米德揭示了流体静力学基本原理，即被人们称为阿基米德定律的浮力定律：物体在液体中受到的浮力，等于物体所排开液体的重量. 这在阿基米德的名著《论浮体》中有记载. 后来，人们发现阿基米德定律也适用于气体. 人们根据阿基米德定律，制造了潜艇，改进了船舶，甚至幻想制造浮力衣，穿上它，可以增大浮力，在水上自由活动.

三、奇招克敌，捐躯报国

公元前3世纪末，为争夺西地中海制海权，罗马与迦太基之间爆发了布匿战争，这被认为是影响人类历史进程的百次战争之一. 这一变故令罗马大为光火，叙拉古遂成了罗马的攻击目标. 战幕开启，罗马舰队兵临叙拉古城下. 亥厄洛王忙急宣阿基米德以求万全之策. 阿基米德早已料到大战必不可免，强烈的爱国心驱使他早早地便思忖好了破敌方案. 这一天，烈日高照，罗马舰队旌旗蔽日，鳞次栉比的船帆在海面上投下大片阴影. 连日来因阴天而久闭的叙拉古城门忽然洞开，罗马舰队遂蜂拥而至. 刚近城防区，只见万千道夺目的光柱直射舰队船帆，众多光柱汇聚一点. 原来叙拉古士兵早已准备了许多凹面镜，对着船帆聚集. 眨眼间，船帆着火，烈焰腾空，浓烟四起，舰队焚烧殆尽. 罗马士兵目瞪口呆，以为天兵降临，落荒而逃，事后才知是阿基米德的妙计.

进城时，马西努斯通令军士，不许伤害阿基米德，他十分尊重这位让他屡战屡败的科学天才——阿基米德用智慧将叙拉古陷落的时间延迟了3年. 进城后，罗马士兵没有直扑王宫，而是四处搜寻阿基米德. 他们对阿基米德仍害怕不已，故求先制服阿基米德，以防再吃苦头. 凌晨，有个罗马士兵冲进了阿基米德卧室，发现有位老人正在地上画着图形，老人正是阿基米德. 长期征战耗费了他大量的时间，惟有加班加点才能弥补本可用以科研的时间，为求证一道几何题已熬了通宵. 精力的过分集中使他没看到屋外冲天的火光，也未听到震耳的喊杀声，更没注意有人进了卧室. 士兵见地上满是图形，便冲老人吼道："你是不是阿基米德?"老人未予理睬，继续演算. 老人执着的态度激怒了这位曾吃尽苦头的士兵，盛怒之下忘了主帅的训令，亮出了宝剑. 老人轻蔑地推开指向自己的宝剑，继续盯着地上的图形，就在他再次动笔的那一瞬，罗马士兵的宝剑已刺入了他的躯体. 鲜血染红了地面，形成了又一幅极为抽象的几何图形. 事后，马西努斯严惩了违令杀害阿基米德的士兵，抚恤了阿基米德的家人，并按他的夙愿，在其墓碑上刻上了圆柱及其内切球作为墓志铭，以示对这位天才的纪念.

阿基米德以其在数学、力学等诸多领域的卓越成就，确立了在数学、物理学领域崇高的地位. 他发现了杠杆原理、浮力定律，是流体力学的创始人，也是微积分和静力学的奠基人. 贝尔曾说："任何一张列出有史以来三个最伟大的数学家的名单中，必定包括阿基米德."被誉为"数学之神"的阿基米德虽然未能用杠杆撬动地球，但他的科学发现确实推动了社会的进步，他在叙拉古卫国战争中表现的强烈爱国精神，以及他对科学执着的追求、至死不渝的品质，一直为后人所称道.

【数学大师链接4】

中国数学第一人——陈省身

1911年10月28日,陈省身出生在浙江嘉兴秀水河畔的一个书香世家,他是由祖母带大的,他的祖母十分宠爱他.直到8岁那年,陈省身才被送去市里的县立小学上学.不过,在上学的第一天,陈省身就看到有位老师拿着戒尺打学生的手掌心.受到惊吓的陈省身表示打死都不要去上学了.而且他祖母也怕他受欺负,希望他自然成长,所以就带他回家了.所以,陈省身小学只上了一天.

一、数学天才的跳级之路

虽然陈省身不去上学,但他又在家里自学.那一年,他父亲回家过年的时候教了他一些简单的计算,之后陈省身无聊就自己拿着家里的《笔算数学》看了起来.从此便一发不可收拾地爱上了数学.第二年他就已优异的成绩考上了秀州中学,成为了班上年龄最小的学生,那时的陈省身已经会做一些比较复杂的数学题了.1923年,由于父亲工作变动,因此陈省身就进入了当地的扶轮中学读书.在扶轮中学,他在数学方面的天赋也是展无遗,深受校长以及众多数学老师的喜爱.1926年,陈省身在扶轮校刊上发表了七篇文章.就在这一年,15岁的陈省身已经连跳两级从扶轮中学毕业,并考取了南开大学本科,其中,数学成绩排在全校第二.

二、确定了一生的目标,我只能学数学

不过,在南开大学,陈省身之所以选择主修数学,不仅仅只是因为他本身数学能力强,还有一个很重要的原因就是,他又被吓到了.原来,在入学的第一年,当时条件有限,实验所需的试管都要自己烧制.有一次陈省身的助教帮他烧了一个试管,他看到试管上面有些灰尘,于是就拿去想要用水洗干净,结果,试管就爆炸了.再加上他的助教又是出了名的严厉,外号"赵老虎".受到惊吓的陈省身第二年就"毅然决然"地选择了数学系.在南开大学毕业后,陈省身觉得学数学还不错,然后就来到了清华大学深造.在清华,他确定了自己研究方向——微分几何.

微分几何的正确方向是所谓"大型微分几何",即研究微分流形上的几何性质,它与拓扑学密切相关.当时对于微分几何的系统研究,才刚刚开始.陈省身十分憧憬,却不知如何入门.直到德国数学家、汉堡大学教授布拉施克来到清华,做了一组题目为《微分几何的拓扑问题》的演讲,演讲的内容深入浅出,使陈省身大开眼界,还萌动了去汉堡读书的念头.1934年夏,清华研究生毕业,陈省身以优异的成绩获得公费留学的资格,于是他决定远赴德国汉堡大学向布拉施克求学.

三、德法之行奠定了陈省身一生学术事业的基础

1937年,陈省身离开法国回国,受聘为清华大学的数学教授.后因抗战随学校内迁至云南昆明,在西南联合大学讲授微分几何,开始了他的教学生涯.那时,陈省身周围聚集了一大批优秀的学生,数学系有王宪钟、严志达、吴光磊等.陈省身说:得天下英才而教育之,是我一生的幸运.尤其幸运的是这些好学生对我的要求和督促,使我对课材有了更深入的

了解.

1942 年,美国普林斯顿高级研究院邀请陈省身前往访问,当时大战犹酣,去美途中有很大风险.不过,陈省身执着于自己的理想,想要在普林斯顿干出一番事业来,次年,便搭乘美军飞机辗转赴美.在普林斯顿期间,陈省身接触到很多世界顶尖的数学大师,时常和爱因斯坦讨论包括广义相对论在内的各种课题.他还完成了改变国际数学界的两个工作,一是要证明高斯-博内公式,二是创造一个研究整体几何的新方法.就是这两篇划时代的论文:《闭黎曼流形的高斯-博内公式的一个简单内蕴证明》《Hermitian 流形的示性类》.而著名的"陈省身示性类",对整个数学界乃至理论物理的发展都产生了广泛而又深刻的影响.陈类现在不仅在数学中几乎随处可见,而且与杨—米尔斯场及其他物理问题有密切关系,是最基本、最有应用前景的示性类.1946 年初,《美国数学会通报》发表了陈省身长达 30 页的重要论文《大范围微分几何的若干新观点》,标志着陈省身作为现代微分几何领袖的历史地位已经来临.

结语:中国成为数学大国

1946 年,他回到中国,他建立了中央研究院数学研究所,陈国才、王宪忠、吴文俊、杨忠道、严志达等都是他的学生.1978 年,在美国的请求下,他在伯克利大学建立了美国国家数学科学研究所,他当任第一任所长,伯克利大学数学系也在那时候崛起成为世界数学中心.在伯克利大学他也带出了一个叫丘成桐的学生,就是那个第一个拿了菲尔兹奖的华人.丘成桐在回忆起老师的时候说道:我很荣幸师从一位伟大的数学家,先生对我的学术生涯,无论数学上还是个人修养方面,都有着深刻的影响.陈省身提出了一个目标,"在二十一世纪中国成为数学大国",震惊了整个中国,接着在 1983 年,陈省身回到中国,创办了南开数学研究所,此时陈省身深情地说:我把最后一番心血献给祖国,我的最后事业也在祖国,我要为中国数学的发展鞠躬尽瘁,死而后已,2004 年 11 月 2 日,经国际天文学联合会下属的小天体命名委员会讨论通过,1998CS2 小行星被命名为"陈省身星",而国际数学联盟(IMU)特别设立了"陈省身奖(Chern Medal),用来纪念陈省身在数学上的卓越贡献.

第3章　导数与微分

数学是一切知识中的最高形式.

——柏拉图

一、导数概念形成早期

大约在1629年法国数学家费马研究了作曲线的切线和求函数极值的方法,1637年左右他写一篇手稿《求最大值与最小值的方法》. 在作切线时他构造了差分 $f(A+E)-f(A)$,发现的因子 E 就是我们所说的导数 $f'(A)$.

二、广泛使用的“流数术”

17世纪生产力的发展推动了自然科学和技术的发展,在前人创造性研究的基础上大数学家牛顿、莱布尼兹等从不同的角度开始系统地研究微积分. 牛顿的微积分理论被称为“流数术”. 他称变量为流量,称变量的变化率为流数,相当于人们所说的导数. 牛顿的有关“流数术”的主要著作是《求曲边形面积》《运用无穷多项方程的计算法》和《流数术和无穷级数》流数理论,其实质概括为一个变量的函数,而不在于多变量的方程,重点在于自变量的变化与函数的变化的比的构成,决定于这个比当自变化趋于零时的极限.

三、逐渐成熟的导数理论

1750年达朗贝尔在为法国科学家院出版的《百科全书》第五版写的“微分”条目中,提出了关于导数的一种观点,可以用现代符号简单表示($\frac{dy}{dx}=\lim\frac{\Delta y}{\Delta x}$). 1823年柯西在他的《无穷小分析概论》中定义导数,如果函数 $y=f(x)$ 在变量 x 两个给定的界限之间保持连续,并且为这样的变量指定一个包含在这两个不同界限之间的值,那么是使变量得到一个无穷小增量. 19世纪60年代以后魏尔斯特拉斯创造了 $\varepsilon-\delta$ 语言,对微积分中出现的各种类型的极限重加表达,导数的定义也就获得了今天常见的形式.

3.1 导数的概念

3.1.1 导数概念的两个引例

为了说明微分学的基本概念—导数,先讨论以下两个问题:速度问题和切线问题.

1. 变速直线运动的瞬时速度

在物理学中,物体做匀速直线运动时,它在任何时刻的速度可由公式 $v=\frac{s}{t}$来计算,其中 s 为物体经过的路程,t 为时间. 如果物体做非匀速运动,它的运动规律是 $s=s(t)$,那么在某一段时间$[t_0,t_1]$内,物体的位移(即位置增量)$s=s(t_1)-s(t_0)$与所经历的时间(即时间增量)t_1-t_0 的比,就是这段时间内物体运动的平均速度. 把位移增量 $s(t_1)-s(t_0)$记作 Δs,时间增量 t_1-t_0 记作 Δt,平均速度记作 $\bar{v}$,得

$$\bar{v}=\frac{s(t_1)-s(t_0)}{t_1-t_0}=\frac{\Delta s}{\Delta t}=\frac{s(t_0+\Delta t)-s(t_0)}{\Delta t}$$

那么,怎样求非匀速直线运动物体在某一时刻的速度呢?

由于物体做变速运动,因此用匀速直线运动的公式 $v=\frac{s}{t}$来计算它在某一时刻的速度已不适用. 处理这个问题的基本方法是"匀速代变速". 为此,给 t_0 一个增量 Δt,当时间由 t_0 改变到 $t_0+\Delta t$ 时,在 Δt 这一段时间内,物体走过的路程是

$$\Delta s=f(t_0+\Delta t)-f(t_0)$$

物体在时间间隔 Δt 内的平均速度是

$$\bar{v}=\frac{\Delta s}{\Delta t}=\frac{f(t_0+\Delta t)-f(t_0)}{\Delta t}$$

用 Δt 这一段时间内的平均速度表示物体在 t_0 时刻的瞬时速度,当然是近似值,显然 Δt 越小,即时刻 t 越接近于 t_0,其近似程度就越好. 为完成"近似"向"精确"的转化,令 $\Delta t\to 0$,如果平均速度$\bar{v}$的极限存在,则这个极限值就叫物体在时刻 t_0 的速度(瞬时速度),即

$$v(t_0)=\lim_{\Delta t\to 0}\frac{\Delta s}{\Delta t}=\lim_{\Delta t\to 0}\frac{f(t_0+\Delta t)-f(t_0)}{\Delta t}$$

2. 切线问题

设 M 是曲线 C 上任一点,N 是曲线上在点 M 附近的一点,作割线 MN. 当点 N 沿着曲线 C 向点 M 移动时,割线 MN 就绕着 M 转动,当点 N 无限趋近于 M 时,割线 MN 的极限位置为 MT,直线 MT 叫做曲线在点 M 处的切线,如图 3-1 所示.

已知曲线方程 $y=f(x)$,可以求过曲线上点 $M(x_0,y_0)$处的切线斜率. 在 M 点的附近

取点 $N(x_0+\Delta x, y_0+\Delta y)$，其中 Δx 可正可负，作割线 MN，其斜率为（φ 为倾斜角）

$$\tan\varphi = \frac{\Delta s}{\Delta t} = \frac{f(t_0+\Delta t)-f(t_0)}{\Delta t}.$$

当 $\Delta x \to 0$ 时，割线 MN 将绕点 M 转动到极限位置 MT，如图 3－2 所示，根据上面切线的定义，直线 MT 就是曲线 $y=f(x)$ 在点 M 处的切线. 自然，割线 MN 的斜率 $\tan\varphi$ 的极限就是切线 MT 的斜率 $\tan\alpha$（α 是切线 MT 的倾斜角）.

$$\tan\alpha = \lim_{\Delta x \to 0}\tan\varphi = \lim_{\Delta x \to 0}\frac{\Delta y}{\Delta x} = \lim_{\Delta x \to 0}\frac{f(x_0+\Delta x)-f(x_0)}{\Delta x}.$$

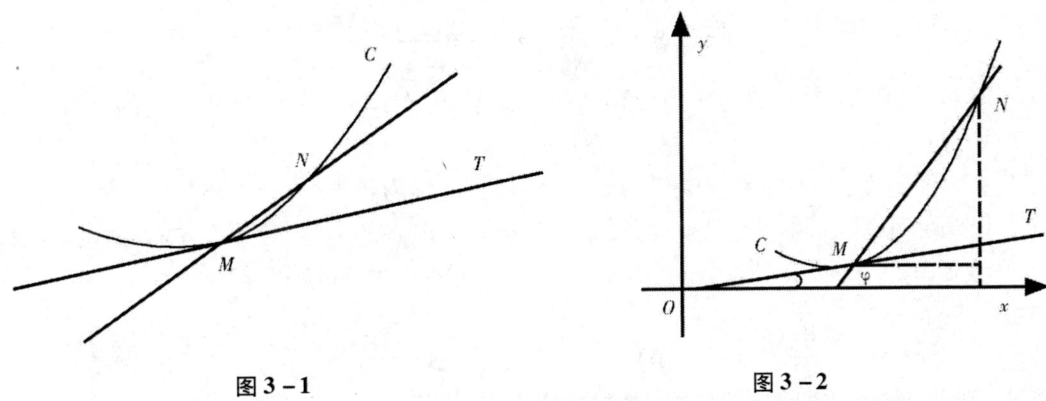

图 3－1　　　　图 3－2

以上两个问题，虽然它们所代表的具体内容不同，但从数量上看，它们有共同的本质：都是计算当自变量的增量趋于零时，函数的增量与自变量的增量之比的极限. 在自然科学、工程技术问题和经济管理中，还有许多非均匀变化的问题，也都可归结为这种形式的极限. 因此，抛开这些问题的不同的实际意义，只考虑它们的共同性质，就可得出函数的导数定义.

3.1.2　导数的定义

定义 3.1　设函数 $y=f(x)$ 在点 x_0 处及其近旁有定义，当自变量 x 在 x_0 处有增量 Δx 时，相应的函数 y 有增量

$$\Delta y = f(x_0+\Delta x)-f(x_0)$$

如果当 $\Delta x \to 0$ 时，$\frac{\Delta y}{\Delta x}$ 的极限存在，则这个极限就称为函数 $y=f(x)$ 在点 x_0 处的导数（或称为变化率），记为 $y'|_{x=x_0}$，即

$$y'|_{x=x_0} = \lim_{\Delta x \to 0}\frac{\Delta y}{\Delta x} = \lim_{\Delta x \to 0}\frac{f(x_0+\Delta x)-f(x_0)}{\Delta x} \tag{3-1}$$

也可以记作

$$f'(x_0),\quad \left.\frac{\mathrm{d}y}{\mathrm{d}x}\right|_{x=x_0}\quad 或\quad \left.\frac{\mathrm{d}f(x)}{\mathrm{d}x}\right|_{x=x_0}$$

如果式（3－1）的极限存在，就称函数 $f(x)$ 在点 x_0 可导. 如果式（3－1）的极限不存在，就称函数 $y=f(x)$ 在点 x_0 处不可导. 如果不可导的原因是当 $\Delta x \to 0$ 时，$\frac{\Delta y}{\Delta x}\to\infty$，为了

更方便起见,往往也说函数 $y=f(x)$ 在点 x_0 处的导数为无穷大.

如果函数 $y=f(x)$ 在区间 (a,b) 内的每一点都可导,就说函数 $y=f(x)$ 在区间 (a,b) 内可导. 这时,对于 (a,b) 内的每一个 x 值,都有唯一确定的导数值与之对应,这就构成了 x 的一个新的的函数,对于这个新的函数叫做原来函数 $y=f(x)$ 的导函数,记为 y',$f'(x)$,$\frac{\mathrm{d}y}{\mathrm{d}x}$ 或 $\frac{\mathrm{d}f(x)}{\mathrm{d}x}$.

在式(3-1)中,把 x_0 换成 x,即得 $y=f(x)$ 的导函数公式:

$$y'|_{x=x_0}=\lim_{\Delta x\to 0}\frac{f(x+\Delta x)-f(x)}{\Delta x}$$

显然,函数 $y=f(x)$ 在点 x_0 处的导数 $f'(x_0)$ 就是导函数 $f'(x)$ 在 $x=x_0$ 处的函数值,即

$$f'(x_0)=f'(x)|_{x=x_0}$$

为方便起见,在不致引起混淆的地方,导函数也称为导数.

由此可见,导数是用极限来定义的,类似于有关极限的内容,导致有左右导数的定义.

定义 3.2 设函数 $y=f(x)$ 在点 x_0 的某左(右)邻域内有定义,若

$$\lim_{\Delta x\to 0^-}\frac{\Delta y}{\Delta x}=\lim_{\Delta x\to 0^-}\frac{f(x_0+\Delta x)-f(x_0)}{\Delta x}\left(\lim_{\Delta x\to 0^+}\frac{\Delta y}{\Delta x}=\lim_{x\to 0^+}\frac{f(x_0+\Delta x)-f(x_0)}{\Delta x}\right)$$

存在,则称 $y=f(x)$ 在点 x_0 的左(右)导数存在,记作 $f'_-(x_0)$ $(f'_+(x_0))$.

函数的左(右)导数,又称为函数的单侧导数.

显然,当函数 $y=f(x)$ 在点 x_0 处导数存在时,有结论:

$f'(x_0)$ 存在⇔左导数 $f'_-(x_0)$ 和右导数 $f'_+(x_0)$ 存在并且相等.

3.1.3 求导数举例

根据导数的定义,求函数 $y=f(x)$ 的导数可以分为以下三个步骤:

(1)求函数的增量:$\Delta y=f(x+\Delta x)-f(x)$;

(2)计算比值:$\frac{\Delta y}{\Delta x}=\frac{f(x+\Delta x)-f(x)}{\Delta x}$;

(3)取极限:$y'=\lim\limits_{\Delta x\to 0}\frac{\Delta y}{\Delta x}=\lim\limits_{\Delta x\to 0}\frac{f(x_0+\Delta x)-f(x_0)}{\Delta x}$.

【例 3.1】 求函数 $y=C$(C 是常数)的导数.

【解】 (1)求增量:$\Delta y=f(x+\Delta x)-f(x)=C-C=0$;

(2)计算比值:$\frac{\Delta y}{\Delta x}=0$;

(3)取极限:$y'=\lim\limits_{\Delta x\to 0}\frac{\Delta y}{\Delta x}=0$,即 $(C)'=0$.

【例 3.2】 求幂函数 $y=x^3$ 的导数.

【解】 $\Delta y=(x+\Delta x)^3-x^3=x^3+3x^2\Delta x+3x(\Delta x)^2+(\Delta x)^3-x^3$

于是

$$\frac{\Delta y}{\Delta x}=3x^2+3x\Delta x+(\Delta x)^2$$

因而

$$\lim_{\Delta x\to 0}\frac{\Delta y}{\Delta x}=3x^2$$

即

$$(x^3)'=3x^2$$

一般的,对任意实数 α,幂函数 $y=x^\alpha$ 的导数公式

$$(x^\alpha)'=\alpha x^{\alpha-1}$$

都成立.

【例 3.3】 求正弦函数 $y=\sin x$ 的导数.

【解】 因为 $\Delta y=\sin(x+\Delta x)-\sin x=2\cos(x+\frac{\Delta x}{2})\sin\frac{\Delta x}{2}$

$$\frac{\Delta y}{\Delta x}=\cos(x+\frac{\Delta x}{2})\frac{\sin\frac{\Delta x}{2}}{\frac{\Delta x}{2}}$$

所以

$$y'=\lim_{\Delta x\to 0}\frac{\Delta y}{\Delta x}=\lim_{\Delta x\to 0}\cos(x+\frac{\Delta x}{2})\frac{\sin\frac{\Delta x}{2}}{\frac{\Delta x}{2}}=\cos x$$

即

$$(\sin x)'=\cos x$$

3.1.4 导数的几何意义

由切线斜率问题的讨论及导数定义可知:函数 $y=f(x)$ 在点 x_0 处的导数 $f'(x_0)$ 的几何意义是曲线 $y=f(x)$ 在点 $M(x_0,y_0)$ 处的切线斜率,即

$$f'(x_0)=\tan\alpha$$

式中,α 是切线的倾斜角. 根据导数的几何意义及直线的点斜式方程可得,曲线 $y=f(x)$ 在给定点 $M(x_0,y_0)$ 处的切线方程是

$$y-y_0=f'(x_0)(x-x_0)$$

过切点 $M(x_0,y_0)$ 且与切线垂直的直线叫做曲线 $y=f(x)$ 在点 $M(x_0,y_0)$ 的法线. 如果 $f'(x_0)\neq 0$,则法线方程为

$$y-y_0=-\frac{1}{f'(x_0)}(x-x_0)$$

【例 3.4】 求过曲线 $y=3x^2$ 上点(2,12)的切线方程与法线方程.

【解】 因为

$$f'(x)=(3x^2)'=6x$$

所以

$$f'(2)=12$$

于是过点(2,12)的切线方程为

$$y-12=12(x-2)$$

即

$$12x-y-12=0$$

法线方程为

$$y-12=-\frac{1}{12}(x-2)$$

即

$$x+12y-146=0$$

3.1.5 函数可导性与连续性的关系

设函数 $y=f(x)$ 在点 x_0 处可导,即极限 $\lim\limits_{\Delta x\to 0}\frac{\Delta y}{\Delta x}=f'(x_0)$ 存在.

由函数极限存在与无穷小的关系知

$$\frac{\Delta y}{\Delta x}=f'(x_0)+\alpha(\alpha\text{ 是当 }\Delta x\to 0\text{ 时的无穷小})$$

上式两端同乘以 Δx,得 $\Delta y=f'(x_0)\Delta x+\alpha\Delta x$,不难看出,当 $\Delta x\to 0$ 时,$\Delta y\to 0$. 这就是说,函数 $y=f(x)$ 在点 x_0 处是连续的.

所以,如果函数 $y=f(x)$ 在点 x_0 处可导,则函数在该点处必连续.

【注】 如果函数 $y=f(x)$ 在某一点处连续,却不一定在该点处可导.

【例 3.5】 证明:函数 $y=\sqrt[3]{x}$ 在点 $x=0$ 处连续,但在 $x=0$ 处不可导.

【解】 因为在 $x=0$ 点处有 $y=0$,且 $\lim\limits_{\Delta x\to 0}\sqrt[3]{x}=0$,所以 $y=\sqrt[3]{x}$ 在点 $x=0$ 处连续.

因为在点 $x=0$ 处有

$$\frac{\Delta y}{\Delta x}=\frac{\sqrt[3]{0+\Delta x}-\sqrt[3]{0}}{\Delta x}=\frac{1}{\sqrt[3]{(\Delta x)^2}}$$

而当 $\Delta x\to 0$ 时,$\frac{\Delta y}{\Delta x}\to+\infty$,即导数为无穷大,即不可导. 所以这种情况表示曲线 $y=\sqrt[3]{x}$ 在原点具有垂直 x 轴的切线.

【例 3.6】 证明函数 $y=\begin{cases}\sin x, & x\geqslant 0\\ x, & x<0\end{cases}$ 在点 $x=0$ 处连续、可导.

【证明】 因为

$$\lim_{\Delta x\to 0^+}\frac{\Delta y}{\Delta x}=\lim_{\Delta x\to 0^+}\frac{\sin(\Delta x)}{\Delta x}$$

$$\lim_{\Delta x\to 0^-}\frac{\Delta y}{\Delta x}=\lim_{\Delta x\to 0^-}\frac{\Delta x}{\Delta x}=1$$

所以

$$\lim_{\Delta x\to 0}\frac{\Delta y}{\Delta x}=1$$

即

$$f'(x_0) = 1$$

即函数$f(x)$在$x=0$处可导. 根据函数可导与函数连续的关系知,函数在$x=0$处连续.

习题3-1

1. 设质点的运动方程是$s=2t^2-t+2$,计算从$t=2$到$t=2+\Delta t$之间的平均速度,并计算当$\Delta t=0.1$时的平均速度,再计算$t=2$时的瞬时速度.

2. 根据导数的定义,求下列函数的导函数和导数值:

(1)已知$f(x)=5+2x$,求$f'(x)$,$f'(-5)$;

(2)已知$y=x^2-1$,求y',$y'|_{x=2}$.

3. 求下列函数的导数:

(1)$y=x^{1.8}$;　　(2)$y=\frac{1}{\sqrt{x}}$;　　(3)$y=3^x$;　　(4)$y=\frac{1}{x^2}$.

4. 已知曲线$y=2x^3$.

(1)求该曲线在$x=1$处的切线的斜率;

(2)求该曲线在$x=1$处的切点的坐标及切线方程.

5. 求双曲线$y=\frac{1}{x}$在$x=1$处的切线方程和法线方程.

6. 求曲线$y=\ln x$在$x=\mathrm{e}$处的切线方程.

3.2　函数的求导法则

上一节由定义出发,求出了一些简单函数的导数. 对于一般函数的导数,当然也可以按定义来求,但比较繁琐. 本节引入一些求导法则,采用这些求导法则,可以迅速准确的求出函数的导数.

3.2.1　函数的和、差、积、商的求导法则

法则3.1　若函数$u=u(x)$和$v=v(x)$在点x处可导,则函数$u(x)\pm v(x)$也在x处可导,且

$$[u(x)\pm v(x)]'=u'(x)\pm v'(x)$$

【证明】　设函数$u=u(x)$和$v=v(x)$都在点x处可导,当点x取得增量Δx时,对应的函数$y=u(x)\pm v(x)$的增量为

$$\begin{aligned}\Delta y&=[u(x+\Delta x)\pm v(x+\Delta x)]-[u(x)\pm v(x)]\\&=[u(x+\Delta x)-u(x)]\pm[v(x+\Delta x)-v(x)]\\&=\Delta u\pm\Delta v\end{aligned}$$

两端同除以 Δx，得

$$\frac{\Delta y}{\Delta x}=\frac{\Delta u}{\Delta x}\pm\frac{\Delta v}{\Delta x}$$

于是

$$y'=\lim_{\Delta x\to 0}\frac{\Delta y}{\Delta x}=\lim_{\Delta x\to 0}\left[\frac{\Delta u}{\Delta x}\pm\frac{\Delta v}{\Delta x}\right]$$

由于 $u=u(x)$ 和 $v=v(x)$ 在点 x 处可导，所以

$$y'=\lim_{\Delta x\to 0}\frac{\Delta u}{\Delta x}\pm\lim_{\Delta x\to 0}\frac{\Delta v}{\Delta x}=u'(x)\pm v'(x)$$

即

$$[u(x)\pm v(x)]'=u'(x)\pm v'(x)$$

法则 3.2 若函数 $u=u(x)$ 和 $v=v(x)$ 在点 x 处可导，则函数 $u(x)v(x)$ 在 点 x 处也可导，且

$$[u(x)v(x)]'=u'(x)v(x)+u(x)v'(x)$$

特别地，令 $v(x)=c$（常数），由于 $c'=0$，所以有 $[cu(x)]'=cu'(x)$.

法则 3.3 若函数 $u=u(x)$ 和 $v=v(x)$ 在点 x 处可导，且 $v(x)\neq 0$，则函数 $\frac{u(x)}{v(x)}$ 在点 x 处也可导，且

$$\left[\frac{u(x)}{v(x)}\right]'=\frac{u'(x)v(x)-u(x)v'(x)}{[v(x)]^2}$$

【例 3.7】 求函数 $y=3x^3+x^2+5$ 的导数.

【解】 $y'=(3x^3+x^2+5)'=9x^2+2x$

【例 3.8】 求函数 $y=x^2\sin x$ 的导数.

【解】

$$\begin{aligned}y'&=(x^2\sin x)'=(x^2)'\sin x+x^2(\sin x)'\\&=2x\sin x+x^2\cos x\end{aligned}$$

【例 3.9】 求函数 $y=x\ln x+6x^2+\cos x$ 的导数.

【解】

$$\begin{aligned}y'&=(x\ln x+6x^2+\cos x)'=(x\ln x)'+(6x^2)'+(\cos x)'\\&=x'\ln x+x(\ln x)'+12x-\sin x\\&=\ln x+x\times\frac{1}{x}+12x-\sin x\\&=\ln x+1+12x-\sin x\end{aligned}$$

【例 3.10】 求函数 $y=\frac{x-1}{x+1}$ 的导数.

【解】

$$\begin{aligned}y'&=\left(\frac{x-1}{x+1}\right)'=\frac{(x-1)'(x+1)-(x-1)(x+1)'}{(x+1)^2}\\&=\frac{x+1-(x-1)}{(x+1)^2}=\frac{2}{(x+1)^2}\end{aligned}$$

3.2.2 复合函数的求导法则

法则 3.4 如果函数 $u=\varphi(x)$ 在点 x 处可导，且 $y=f(u)$ 在对应点 $u=u(x)$ 处可导，

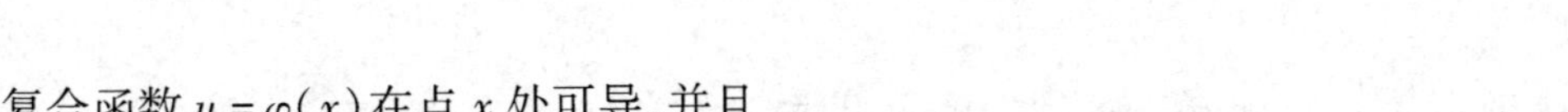

那么复合函数 $u=\varphi(x)$ 在点 x 处可导，并且

$$\frac{\mathrm{d}y}{\mathrm{d}x}=\frac{\mathrm{d}y}{\mathrm{d}u}\frac{\mathrm{d}u}{\mathrm{d}x}$$

或

$$f'(x)=f'(u)\varphi'(x)$$

法则 3.4 可以推广到有限个中间变量可导函数的复合函数的情况.

例如，$y=f(u)$，$u=\varphi(v)$，$v=\psi(x)$，都是可导函数，则复合函数 $y=f\{\varphi[\psi(x)]\}$ 的导函数是 $\frac{\mathrm{d}y}{\mathrm{d}x}=\frac{\mathrm{d}y}{\mathrm{d}u}\frac{\mathrm{d}u}{\mathrm{d}v}\frac{\mathrm{d}v}{\mathrm{d}x}$.

利用导数定义及其他求导方法，可以求得基本初等函数的导数公式：

(1) $(C)'=0$(为常数)；

(2) $(x^{\alpha})'=\alpha x^{\alpha-1}$（$\alpha$ 为任意实数）；

(3) $(a^x)'=a^x\ln a$；

(4) $(\mathrm{e}^x)'=\mathrm{e}^x$；

(5) $(\log_a x)'=\frac{1}{x\ln a}$；

(6) $(\ln x)'=\frac{1}{x}$；

(7) $(\sin x)'=\cos x$；

(8) $(\cos x)'=-\sin x$；

(9) $(\tan x)'=\sec^2 x$；

(10) $(\sec x)'=\sec x\tan x$；

(11) $(\cot x)'=-\csc^2 x$；

(12) $(\csc x)'=-\csc x\cot x$；

(13) $(\arcsin x)'=\frac{1}{\sqrt{1-x^2}}$；

(14) $(\arccos x)'=-\frac{1}{\sqrt{1-x^2}}$；

(15) $(\arctan x)'=\frac{1}{1+x^2}$；

(16) $(\mathrm{arccot}\, x)'=-\frac{1}{1+x^2}$.

这些公式是对基本初等函数的求导（求导数的简称），十分有用，读者应尽量熟记.

【例 3.11】 求函数 $y=(2x+3)^2$ 的导数.

【解】 设 $y=u^2$，$u=2x+3$，则

$$y'=(u^2)'(2x+3)'=2u\times 2=4u=4(2x+3)$$

【例 3.12】 求函数 $y=\ln(x^2+3)$ 的导数.

【解】 设 $y=\ln u$，$u=x^2+3$，则

$$y'=(\ln u)'(x^2+3)'=\frac{1}{u}2x=\frac{2x}{x^2+3}$$

【例 3.13】 求函数 $y=(5x^2-4)\sqrt[3]{1-x}$ 的导数.

【解】

$$\begin{aligned}y'&=(5x^2-4)'(1-x)^{\frac{1}{3}}+(5x^2-4)[(1-x)^{\frac{1}{3}}]'\\&=10x(1-x)^{\frac{1}{3}}+(5x^2-4)\frac{1}{3}(1-x)^{-\frac{2}{3}}(-1)\\&=10x\sqrt[3]{1-x}-\frac{1}{3}(5x^2-4)\frac{1}{\sqrt[3]{(1-x)^2}}\end{aligned}$$

【例 3.14】 求函数 $y=\cos^2 3x$ 的导数.

【解】

$$\begin{aligned}y'&=(\cos^2 3x)'=2\cos 3x(\cos 3x)'=2\cos 3x(-3\sin 3x)\\&=-6\sin 3x\cos 3x=-3\sin 6x\end{aligned}$$

【例 3.15】 求函数 $y=(x+\sin^2)^4$ 的导数.

【解】

$$
\begin{aligned}
y' &= 4(x+\sin^2x)^3(x+\sin^2x)' \\
&= 4(x+\sin^2x)^3[x'+(\sin^2x)'] \\
&= 4(x+\sin^2x)^3(1+2\sin x\cos x) \\
&= 4(x+\sin^2x)^3(1+\sin 2x)
\end{aligned}
$$

3.2.3 隐函数的求导法则

前面讨论函数求导方法所涉及的函数 y 已写成自变量 x 的明显表达式 $y=f(x)$ 的形式,这样的函数叫做显函数. 但有时候还会遇到另一类函数,即由一个含有 x 和 y 的方程 $F(x,y)=0$ 来确定的函数 y. 例如,$x^2+y^2=4$,$xy=e^{x+y}$,等,这样的函数叫做隐函数.

下面来讨论隐函数的求导问题. 如果一个隐函数能够转化为显函数,其导数可以用以前学过的方法求得. 但是,有的隐函数很难或是根本不能转化为显函数,在这种情况下,隐函数的求导方法是:

(1)将方程 $F(x,y)=0$ 的两边对 x 求导,在求导过程中把 y 看成 x 的函数,y 的函数看成是 x 的复合函数;

(2)求导后,解出 y' 即可(式子中允许有 y 出现).

【例 3.16】 已知隐函数方程 $x^2+y^2=25$,求$\frac{dy}{dx}$.

【解】 将方程两边同时对 x 求导,并注意到 y 是 x 的函数,y^2 是 x 的复合函数,从而得

$$2x+2yy'=0$$

再解出 y',得 $y'=-\frac{x}{y}$,即$\frac{dy}{dx}=-\frac{x}{y}$. 在这个结果中,分母 y 仍然是由方程 $x^2+y^2=25$ 确定的 x 的函数.

【例 3.17】 已知隐函数方程 $y=\sin(x+y)$,求$\frac{dy}{dx}$.

【解】 将方程的两边同时对 x 求导,得

$$\frac{dy}{dx}=\cos(x+y)\left(1+\frac{dy}{dx}\right)$$

所以

$$\frac{dy}{dx}=\frac{\cos(x+y)}{1-\cos(x+y)}$$

【例 3.18】 求函数 $y=x^x$ 的导数.

【解】 两边取自然对数,得

$$\ln y=x\ln x$$

两边对 x 求导,得

$$\frac{y'}{y}=\ln x+x\frac{1}{x}=\ln x+1$$

所以

$$y' = x^x(\ln x + 1)$$

例3.18的解法叫做对数求导法，即先对函数式两端直接取对数得到隐函数，再按隐函数求导法则对式子两边求导，这种方法对于幂指函数和有较复杂的乘除运算的函数很有效.

3.2.4 反函数的求导法则

法则3.5 设函数 $x=\varphi(y)$ 在区间 D 内单调，在 y 处可导，且 $\varphi'(y)\neq 0$，则其反函数 $y=f(x)$ 在 $x=\varphi(y)$ 处也可导，且

$$\frac{dy}{dx} = \frac{1}{\frac{dx}{dy}} \text{ 或 } f'(x) = \frac{1}{\varphi'(y)}$$

【例3.19】 求函数 $y=\arcsin x$ 的导数.

【解】 由 $y=\arcsin x$ 得 $x=\sin y$，两边对 x 求导，得 $1=\cos y\cdot y'$，

所以

$$y' = \frac{1}{\cos y} = \frac{1}{\sqrt{1-\sin^2 y}} = \frac{1}{\sqrt{1-x^2}}$$

即

$$(\arcsin x)' = \frac{1}{\sqrt{1-x^2}}$$

类似的，可以求得

$$(\arccos x)' = -\frac{1}{\sqrt{1-x^2}}$$

【例3.20】 求函数 $y=\arctan x$ 的导数.

【解】 由 $y=\arctan x$ 得 $x=\tan y$，两边对 x 求导，得 $1=\sec^2 y\cdot y'$

所以

$$y' = \frac{1}{\sec^2 y} = \frac{1}{1+\tan^2 y} = \frac{1}{1+x^2}$$

即

$$(\arctan x)' = \frac{1}{1+x^2}$$

类似的，可以求得

$$(\text{arccot}\, x)' = -\frac{1}{1+x^2}$$

3.2.5 参数方程所确定的函数的导数

在实际应用中，函数 y 与自变量 x 的关系常常通过某一参数变量 t 表示出来，即

$$\begin{cases} x = \varphi(t) \\ y = \psi(t) \end{cases}, t \text{ 为参数}$$

称为函数的参数方程.

因为 y 是参数 t 的函数,由 $x=\varphi(t)$ 知 t 是 x 的函数,所以 y 通过 t 确定为 x 的复合函数. 于是,由复合函数的求导法则及反函数的导数公式有

$$\frac{\mathrm{d}y}{\mathrm{d}x}=\frac{\mathrm{d}y}{\mathrm{d}t}\frac{\mathrm{d}t}{\mathrm{d}x}=\frac{\frac{\mathrm{d}y}{\mathrm{d}t}}{\frac{\mathrm{d}x}{\mathrm{d}t}}=\frac{\psi'(t)}{\varphi'(t)}$$

【例 3.21】 求参数方程 $\begin{cases}x=\dfrac{1}{t}\\ y=2t^2\end{cases}$ 确定的函数的导数 $\dfrac{\mathrm{d}y}{\mathrm{d}x}$.

【解】

$$\frac{\mathrm{d}y}{\mathrm{d}x}=\frac{\frac{\mathrm{d}y}{\mathrm{d}t}}{\frac{\mathrm{d}x}{\mathrm{d}t}}=\frac{4t}{-\frac{1}{t^2}}=-4t^3$$

【例 3.22】 求椭圆参数方程 $\begin{cases}x=a\cos t\\ y=b\sin t\end{cases}$ 在 $t=\dfrac{\pi}{4}$ 的导数.

【解】

$$\frac{\mathrm{d}y}{\mathrm{d}x}=\frac{\frac{\mathrm{d}y}{\mathrm{d}t}}{\frac{\mathrm{d}x}{\mathrm{d}t}}=\frac{(b\sin t)'}{(a\cos t)'}=\frac{b\cos t}{-a\sin t}$$

故

$$\frac{\mathrm{d}y}{\mathrm{d}x}\bigg|_{t=\frac{\pi}{4}}=\frac{\frac{\sqrt{2}}{2}b}{-\frac{\sqrt{2}}{2}a}=-\frac{b}{a}$$

习题 3-2

1. 求下列函数的导数:

(1) $y=2x^2-\dfrac{1}{x^3}+5x+1$;　　(2) $y=x^2\sin x$;

(3) $y=x\ln x+\dfrac{\ln x}{x}$;　　(4) $y=\dfrac{\sin x}{1+\cos x}$.

2. 求函数 $y=x\sin x+\dfrac{1}{2}\cos x$ 在 $x=\dfrac{\pi}{4}$ 及 $x=-\dfrac{\pi}{4}$ 处的导数.

3. 求曲线 $y=\dfrac{3x^2-2x+1}{x^2+2}$ 在点 $(-1,2)$ 的切线方程和法线方程.

4. 求下列函数的导数:

(1) $y=x^2+\mathrm{e}^{3x}-\ln 3$;　　(2) $y=\mathrm{e}^{\cos x}+\ln(1+x^2)$;

(3) $y=3\sin\left(2x-\dfrac{\pi}{3}\right)$;　　(4) $y=\cos(2^x)+\arcsin 2x$;

(5) $y=\sqrt{1-x^2}\cdot\arccos x$;

(6) $y=\ln\dfrac{x}{1-x}$.

5. 求下列隐函数的导数:

(1) $\dfrac{x^2}{9}+\dfrac{y^2}{16}=1$;

(2) $xy-e^x+e^y=0$;

(3) $x^3+y^3-xy=0$;

(4) $x^3+xy^2=y$.

6. 求下列参数方程所确定的函数的导数:

(1) $\begin{cases}x=4t\\y=8t^2\end{cases}$;

(2) $\begin{cases}x=3\cos^2 t\\y=2\sin^2 t\end{cases}$.

3.3 高阶导数

3.3.1 高阶导数的概念

一般来说,函数 $y=f(x)$ 的导数 $y'=f'(x)$ 仍是 x 的函数. 如果函数 $y'=f'(x)$ 仍是可导的,则把 $y'=f'(x)$ 的导数叫做函数 $y=f(x)$ 的二阶导数,记为 y'',$f''(x)$ 或 $\dfrac{d^2y}{dx^2}$.

相应地,$y'=f'(x)$ 叫做函数 $y=f(x)$ 的一阶函数.

类似地,$y=f(x)$ 的二阶导数 y'' 的导数 $y=f(x)$ 的三阶函数,三阶导数的导数叫做 $y=f(x)$ 的四阶导数……一般地,$f(x)$ 的 $n-1$ 阶导数的导数叫做 $y=f(x)$ 的 n 阶导数,分别记作

$$y''',y^{(4)},\cdots,y^{(n)} \quad 或 \quad f'''(x),f^{(4)}(x),\cdots,f^{(n)}(x) \quad 或$$

$$\frac{d^3y}{dx^3},\frac{d^4y}{dx^4},\cdots,\frac{d^ny}{dx^n}$$

二阶及二阶以上的导数统称为高阶导数.

【例 3.23】 求函数 $y=\cos x+\ln x+x^2$ 的二阶导数.

【解】 因为 $y'=-\sin x+\dfrac{1}{x}+2x$,所以

$$y''=-\cos x-\frac{1}{x^2}+2$$

【例 3.24】 求函数 $y=6x^3+3x^2+x+5$ 的二阶导数.

【解】

$$y'=18x^2+6x+1$$

$$y''=36x+6$$

【例 3.24】 求函数 $y=a^x$ 的二阶导数,并推导出函数的 n 阶导数公式.

【解】 $y'=a^x\ln a, y''=a^x(\ln a)^2, y'''=a^x(\ln a)^3,\cdots$

由此即得 $y^{(n)}=a^x(\ln a)^n$.

3.3.2 二阶导数的物理意义

设物体作变速直线运动，其运动方程为 $s=s(t)$，瞬时速度为 $v=s'(t)$，此时，若速度 v 仍是时间 t 的函数. 则可以求速度 v 对时间 t 的变化率：

$$v'(t)=(s'(t))'=s''(t)$$

在力学中把它叫做物体在给定时刻是加速度，用 a 表示. 也就是说，物体的加速度 a 是路程 s 对时间 t 的二阶导数，即

$$a=v'(t)=s''(t)=\frac{\mathrm{d}^2s}{\mathrm{d}t^2}$$

【例 3.25】 设物体的运动方程为 $s=2\sin(2t+3)$，求物体运动的加速度.

【解】 因为 $s=2\sin(2t+3)$，所以瞬时速度 $v=s'=4\cos(2t+3)$，加速度

$$a=s''=-8\sin(2t+3)$$

习题 3-3

1. 求下列函数的二阶导数：

(1) $y=x^6+2x^5+x^3$； (2) $y=2e^x+x^3$；

(3) $y=x^2\ln x$； (4) $y=(1+x^2)\arctan x$.

2. 验证 $y=e^x\sin x$ 是方程 $y''-2y'+2y=0$ 的解.

3. 求函数 $y=e^{2x}$ 的 n 阶导数.

4. 某物体的运动方程为 $s=2t^3+\frac{1}{2}gt^2$，求物体运动的加速度.

3.4 函数的微分

3.4.1 微分的定义

在实际生产实践中，有时需要考虑这样的问题：当自变量有一微小的增量时，函数的增量是多少？例如，一个边长为 x_0 的正方形金属薄片，当受冷热影响时，其边长由 x_0 变到 $(x_0+\Delta x)$，问此时薄片的面积的改变量是多少？

分析：设正方形薄片的边长为 x_0，面积为 y，则上面的问题就是函数 $y=x^2$ 当自变量由 x_0 变到 $(x_0+\Delta x)$ 时函数 y 的改变量 Δy，也就是面积的改变量.

$$\Delta y=(x_0+\Delta x)^2-x_0^2=2x_0\cdot\Delta x+(\Delta x)^2$$

例如，当 $x_0=10$，$\Delta x=0.1$ 时，面积的改变量为

$$\Delta y = 2 \times 10 \times 0.1 + 0.1^2 = 2.01$$

当 $x_0 = 10, \Delta x = 0.01$ 时,面积的改变量为

$$\Delta y = 2 \times 10 \times 0.01 + 0.01^2 = 0.2001$$

当 $x_0 = 10, \Delta x = 0.001$ 时,面积的改变量为

$$\Delta y = 2 \times 10 \times 0.001 + 0.001^2 = 0.020001$$

由此可见,当 $|\Delta x|$ 很小时, $(\Delta x)^2$ 的作用非常小,可以忽略不计.

因此,函数 $y = x^2$ 在 x_0 有微小改变量 Δx 时,函数的改变量 Δy 约为 $2x_0 \cdot \Delta x$,

$$\Delta y \approx 2x_0 \cdot \Delta x$$

当 $f(x) = x^2$ 时, $f'(x_0) = 2x_0$,因此 $\Delta y \approx 2x_0 \cdot \Delta x$ 可以写成

$$\Delta y \approx f'(x_0) \cdot \Delta x$$

因为 $f'(x_0) \cdot \Delta x$ 是 Δx 的线性函数,所以通常把 $f'(x_0) \cdot \Delta x$ 叫做 Δy 的线性主部. 一般地,对于给定的可导函数 $y = f(x)$,当自变量在 x_0 处有微小的改变量 Δx 时,函数 y 的改变量 Δy 可用下式近似计算,即

$$\Delta y \approx f'(x_0) \cdot \Delta x$$

把 $f'(x_0) \cdot \Delta x$ 称为函数 $y = f(x)$ 在点 $x = x_0$ 处的微分.

定义 3.3 如果函数 $y = f(x)$ 在点 x_0 处存在导数 $f'(x_0)$,那么 $f'(x_0) \cdot \Delta x$ 就叫做函数 $y = f(x)$ 在点 x_0 处的微分,记作 $\mathrm{d}y|_{x=x_0}$,即

$$\mathrm{d}y|_{x=x_0} = f'(x_0) \cdot \Delta x$$

若函数 $y = f(x)$ 在区间 (a, b) 内任一点 x 处都可导,则把它在点 x 处的微分叫做函数的微分,记作 $\mathrm{d}y$ 或 $\mathrm{d}f(x)$,即

$$\mathrm{d}y = f'(x_0) \cdot \Delta x$$

由定义可以知道,自变量的微分就是自变量的改变量,记作 $\mathrm{d}x$,即

$$\mathrm{d}x = \Delta x$$

于是

$$\mathrm{d}y = f'(x) \cdot \mathrm{d}x$$

由式上式两边同时除以 $\mathrm{d}x$ 可以得出

$$\frac{\mathrm{d}y}{\mathrm{d}x} = f'(x)$$

上式说明,导数 $f'(x)$ 是函数的微分 $\mathrm{d}y$ 与自变量微分 $\mathrm{d}x$ 的商. 因此导数也叫做微商. 今后把可导函数也称为可微函数.

【例 3.26】 求函数 $y = 2x^3 + 5x^2 + 6x$ 在 $x = 2$ 处的微分.

【解】

$$\begin{aligned}\mathrm{d}y|_{x=2} &= (2x^3 + 5x^2 + 6x)'|_{x=2}\Delta x = (6x^2 + 10x + 6)|_{x=2}\Delta x \\ &= 50\Delta x = 50\mathrm{d}x\end{aligned}$$

【例 3.27】 求函数 $y = \ln x + \cos x$ 的微分.

【解】 因为

$$y' = (\ln x + \cos x)' = \frac{1}{x} - \sin x$$

所以

$$dy = y'dx = \left(\frac{1}{x} - \sin x\right)dx$$

3.4.2 微分的运算

从函数微分的表达式

$$dy = f'(x) \cdot dx$$

可知，要计算函数的微分，只要求出函数的导数，再乘以自变量的微分即可. 因此，从导数的基本公式和运算法则就可以推出微分的基本公式和运算法则.

1. 微分的基本公式

(1) $d(C) = 0$ （C 为常数）

(2) $d(x^{\alpha}) = \alpha x^{\alpha-1}dx$

(3) $d(a^x) = a^x \ln a dx (a > 0, a \neq 0)$

(4) $d(e^x) = e^x dx$

(5) $d(\log_a x) = \frac{1}{x\ln a}dx (a > 0, a \neq 1)$

(6) $d(\ln x) = \frac{1}{x}dx$

(7) $d(\sin x) = \cos x dx$

(8) $d(\cos x) = -\sin x dx$

(9) $d(\tan x) = \sec^2 x dx$

(10) $d(\cot x) = -\csc^2 x dx$

2. 函数和、差、积、商的微分法则

由函数和、差、积、商的求导法则，可以得出函数和、差、积、商的微分法则：

(1) $d(u \pm v) = du \pm dv$.

(2) $d(uv) = udv + vdu$.

(3) $d(Cu) = Cdu$ (C 为常数).

(4) $d\left(\frac{u}{v}\right) = \frac{vdu - udv}{v^2} (v \neq 0)$.

3. 复合函数微分法则

若函数 $y = f(u)$ 及 $u = \varphi(x)$ 都可导，则复合函数 $y = f[\varphi(x)]$ 的微分为

$$dy = y'_x dx = f'(u)\varphi'(x)dx$$

因 $\varphi'(x)dx = du$，故上式为

$$dy = f'(u)du$$

所以复合函数的微分法则为

$$dy = f'(u)du$$

将这个公式与 x 为自变量的微分公式 $dy = f'(x)dx$ 相比较，可以发现它们的形式完全相同，这表明无论 u 是自变量还是中间变量（即自变量的函数），函数 $y = f(u)$ 的微分形式 $dy = f'(u)du$ 都保持不变，微分的这种性质叫做一阶微分形式的不变性.

【例 3.28】 求函数 $y = \ln(2x^2 + 1)$ 的微分.

【解】 $$dy = d[\ln(2x^2 + 1)] = \frac{1}{2x^2 + 1}d(2x^2 + 1) = \frac{4x}{2x^2 + 1}dx$$

3.4.3 微分在近似计算中的应用

函数 $y = f(x)$ 在 $x = x_0$ 处的增量 Δy，在 $|\Delta x|$ 很小时，可用微分 dy 来代替，即

$$\Delta y \approx dy = f'(x_0)\Delta x$$

于是

$$\Delta y = f(x_0+\Delta x) - f(x_0) \approx f'(x_0)\Delta x$$

或

$$f(x_0+\Delta x) \approx f(x_0) + f'(x_0)\Delta x$$

在上式中，令 $x_0=0,\Delta x=x$，得

$$f(x) \approx f(0) + f'(0)x$$

应用上式可推得几个工程上常用的近似公式（下面假定 $|x|$ 是很小的数值）：

(1) $\sqrt[n]{1+x}\approx 1+\frac{1}{n}x$；　(2) $\sin x\approx x$；　(3) $\tan x\approx x$；

(4) $\ln(1+x)\approx x$；　(5) $e^x\approx 1+x$.

【例 3.28】 计算 $e^{-0.0001}$ 的近似值.

【解】 应用近似公式 $e^x\approx 1+x$，得 $e^{-0.0001}\approx 1-0.0001=0.9999$

【例 3.29】 计算 $\ln(1+0.005)$ 的近似值.

【解】 应用近似公式 $\ln(1+x)\approx x$，得 $\ln(1+0.005)\approx 0.005$

习题 3－4

1. 求下列函数在给定条件下的增量和微分：

(1) $y=2x^2+4$，x 从 0 变到 0.01；

(2) $y=2x+3$，x 从 2 变到 1.99.

2. 求下列函数的微分：

(1) $y=x^3+2x^2$；　(2) $y=x^2-x^{\frac{1}{2}}$；

(3) $y=\frac{x^2+1}{x^2-1}$；　(4) $y=\cos 2x+\tan x$；

(5) $y=(x+2)^3$；　(6) $y=3^x$.

3. 计算下列函数的近似值：

(1) $\sqrt[5]{1.001}$；　(2) $\ln 1.02$；

(3) $\tan 0.01$；　(4) $e^{0.03}$.

4. 已知一正方体的棱长 $x=5\text{m}$，如果它的棱长增加 0.01m，求增加的体积的精确值与近似值.

复习题三

1. 求下列函数的导数：

(1) $y=x^2+2^x+\ln 2$；

(2) $y=e^{2x}\sin 3x$；

(3) $y=x^{\sin x}$；

(4) $y=\dfrac{x+1}{x-1}$；

(5) $y=\sin x+\arccos x$；

(6) $y=\ln x+\ln\ln x+\ln\ln\ln x$.

2. 求由下列方程所确定的隐函数 $y=y(x)$ 的导数：

(1) $2e^x-2\cos y-1=0$，求 $\left.\dfrac{dy}{dx}\right|_{\substack{x=0\\ y=\frac{\pi}{3}}}$；

(2) $e^{xy}-x^2-y^3=0$，求 $\left.\dfrac{dy}{dx}\right|_{\substack{x=0\\ y=1}}$；

(3) $y\sin x-\cos(x-y)=0$，求 $\dfrac{dy}{dx}$；

(4) $y=f(x+y)$，其中 $f(u)$ 可导，求 $\dfrac{dy}{dx}$.

3. 求下列参变量函数的导数：

(1) $\begin{cases}x=\ln t,\\ y=t^2,\end{cases}$ 求 $\left.\dfrac{dy}{dx}\right|_{t=1}$，$\left.\dfrac{d^2y}{dx^2}\right|_{t=1}$；

(2) $\begin{cases}x=\sec\theta,\\ y=\tan\theta,\end{cases}$ 求 $\dfrac{dy}{dx}$，$\dfrac{d^2y}{dx^2}$；

(3) $\begin{cases}x=t-\arctan t,\\ y=\ln(1+t^2),\end{cases}$ 求 $\dfrac{dy}{dx}$.

4. 求下列曲线在指定点的切线方程和法线方程：

(1) $y=e^x$，$x=0$；

(2) $xy+\ln y=1$，点 $(1,1)$；

(3) $\begin{cases}x=2\cos t,\\ y=\sqrt{3}\sin t,\end{cases}$ $t=\dfrac{\pi}{3}$.

5. 求由下列方程所确定的曲线在指定点处的切线方程：

(1) $x^2+xy+y^2=7$，点 $(3,-2)$；

(2) $\begin{cases}x=e^{2\theta}\cos\theta,\\ y=e^{2\theta}\sin\theta,\end{cases}$ $\theta=\dfrac{\pi}{2}$.

6. 求下列函数的微分 dy：

(1) $y=\sqrt{x-x^2}$；

(2) $y=1-\cos 2x$，并求 $dy\big|_{\substack{x=\pi/4\\ \Delta x=0.1}}$；

(3) $y=e^{ax}\sin bx$（a,b 为常数）；

(4) $y=\dfrac{\ln x}{x}$；

(5) $y=(\ln x)^x$.

7. 利用微分近似公式计算下列各式：

(1) $\sqrt[3]{1.001}$；　　(2) $e^{0.003}$；

(3) $\ln 0.008$；　　(4) $\sin 0.02$.

8. 下列各题中，设$f(u)$可导：

(1) 设 $y=f(x^3)+[f(x)]^3$，求$\frac{dy}{dx}$；

(2) 设 $y=xf(1-2x)$，求$\frac{dy}{dx}$；

(3) 设 $y=f(\sin x)+\sin f(x)$，求$\frac{dy}{dx}$.

9. 求下列函数的高阶导数：

(1) $y=x^5$，求 $y^{(5)}$，$y^{(6)}$；　　(2) $y=2^x$，求 y''，$y^{(n)}$；

(3) $y=(1+x^2)\arctan x$，求 y''；　　(4) $y=\ln(x+\sqrt{1+x^2})$，求 y''.

【数学大师链接5】

“智慧之神”—— 毕达哥拉斯

毕达哥拉斯(约公元前580—公元前500)，生于萨摩斯岛，古希腊著名哲学家、数学家、天文学家、音乐家、教育家，与我国孔子(公元前511—公元前479)、印度释迦摩尼(约公元前565—公元前486)基本同时. 在生前这位超凡的天才人物已经被人们神话，由于人们对它的智慧感到不可思议，又有人说他大腿上有一个金色胎记，以至人们相信他是太阳神阿波罗的儿子，其实毕达哥拉斯的智慧，一方面来自于他的天赋，一方面则与他后天的经历和自身的努力分不开.

他先到了埃及，在那里他不仅学习埃及人的几何学，而且成为学习埃及象形文字的第一个希腊人. 这位具有非凡人格魅力的人，甚至被准许出入寺庙中的密室，参加埃及人的神秘仪式，在埃及逗留了至少13年后，毕达哥拉斯到了古巴比伦，在那里他又获得了古巴比伦数学的全部知识. 或许后来他还到了更远的古印度. 不论到了哪里，毕达哥拉斯都不断向有学问的人请教，接受当地流传的天文学、数学等各方面知识，以丰富自己的见解. 重要的是，它不仅懂得刻苦学习，而且更善于认真思考. 在经过兼收并蓄，汲取百家之长后，毕达哥拉斯形成并完善了自己的思想.

公元前520年左右，为了摆脱家乡掌权者的暴政，毕达哥拉斯和母亲以及这位门徒一起离开萨摩斯岛，移居西西里岛，最后定居在克罗托内(意大利半岛南端). 在那里，他赢得了人们的信任与景仰，并得到当地有声望人物米洛的赞助，这位富有又喜欢研究哲学和数学的人，为毕达哥拉斯提供了足够的房间来建立学校，毕达哥拉斯的讲学逐渐吸引了大批的听众，包括一些女性，其中有米洛美丽的女儿西诺，后来两人缔结良缘.

毕达哥拉斯的听众分两等：一等是作为旁听者的外围成员，这部分普通听讲者是大多数，他们只能听讲，不能发问，更不能参加讨论，高深的知识也不向他们传授；另一等是内部人员，是能通过入会考验的旁听者，据说他的这类门徒有300余人（也有说600人的）．作为真正毕达哥拉斯学派的成员，他们被称为“获得较高深知识的人”．这个用语后来演化成“数学家”与“数学”．另外，“哲学”一词也是由毕达哥拉斯最早使用的．对他来说，哲学家是“献身于发现生活的意义和目的，和设法揭示自然的奥秘的人，他能热爱知识，视其为揭开自然界奥秘的钥匙”．毕达哥拉斯强调学习高于其他工作的重要性，他说“大多数男人和女人，天生就缺乏获得财富和权利的条件，但是他们都有学习知识的能力．”

毕达哥拉斯领导的学派在大希腊，赢得很高的声誉，产生了相当大的政治影响，但却引起敌对派的忌恨，后来受到民主运动风暴的冲击，毕达哥拉斯被迫移居梅塔蓬图姆，最终被暴徒杀害．毕达哥拉斯一手创建的宗教、政治、学术合一的毕达哥拉斯学派具有深远的历史意义，在毕达哥拉斯的领导下，该学派进行了多方面的研究工作，学派中有一种习惯，就是将一切发现都归于学派的领袖，而且秘而不宣，以致后人不知是何人在何时所发现的．但由于这个学派在毕达哥拉斯生前，是以他为精神灵魂的，因此可以相信当他在世时，学派做出的多数重大成果都一定凝聚着他的心血与智慧．可以说正是在他的领导下，该学院取得那多方面的巨大成就．在他死后，他所创立的学派仍然在其门徒的维持下延续到公元前4世纪中叶．

毕达哥拉斯本人并没有留下什么著作，而学派内部的发现又秘而不宣，因此外人鲜知其详．后来，组织渐渐分散，保密的教条被放弃，一些公开讲述这一学派教义的著作开始出现．于是，毕达哥拉斯及其学派思想和学说逐渐为人们所知．人们发现，他留给后人的是一份极为丰富的遗产．他是音乐理论的鼻祖，他用数学观点研究音乐，阐明了单弦的乐音与弦长的关系，从而为现代音乐理论奠定了基础，他关于旋律、节奏等的学说和对音响学的论证，对音乐科学的发展起了很大的推动作用．他是天才的教育家，在西方他是第一个把某些韵律和旋律用于教育的人，他通过音乐使学生的灵魂得以净化．在天文方面，他首创地圆说，认为日、月、五星及其他天体都呈球体．而他最重要的影响还是表现在数学发现及数学思想上．

【数学大师链接6】

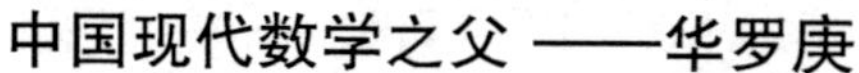

中国现代数学之父 ——华罗庚

华罗庚（1910年11月12日—1985年6月12日），出生于江苏常州，祖籍江苏丹阳；世界著名数学家，中国科学院院士，美国国家科学院外籍院士，第三世界科学院院士，联邦德国巴伐利亚科学院院士．他是中国解析数论、矩阵几何学、典型群、自守函数论与多元复变函数论等多方面研究的创始人和开拓者，也是中国在世界上最有影响力的数学家之一，被列为芝加哥科学技术博物馆中当今世界88位数学伟人之一．国际上以华氏命名的数学科研成果有“华氏定理”

“华氏不等式”“华—王方法”等.

一、人生经历

他1910年11月12日出生于江苏常州金坛区，幼时爱动脑筋，因思考问题过于专心常被同伴们戏称为“罗呆子”. 12岁从县城仁劬小学毕业后，他进入金坛县立初中，王维克老师发现其数学才能，并尽力予以培养. 1925年，初中毕业后，他就读上海中华职业学校，因拿不出学费而中途退学，退学回家帮助父亲料理杂货铺，故一生只有初中毕业文凭. 此后，他用5年时间自学完了高中和大学低年级的全部数学课程. 1930年春，华罗庚在上海《科学》杂志上发表《苏家驹之代数的五次方程式解法不能成立之理由》轰动数学界. 同年，清华大学数学系主任熊庆来，了解到华罗庚的自学经历和数学才华后，打破常规，让华罗庚进入清华大学图书馆担任馆员.

1931年，他在清华大学数学系担任助理. 他自学了英、法、德文、日文，在国外杂志上发表了3篇论文. 1933年，他被破格提升为助教，1934年9月，被提升为讲师. 1935年，数学家诺伯特·维纳(Norbert Wiener)访问中国，他注意到华罗庚的潜质，向当时英国著名数学家哈代极力推荐. 1936年，华罗庚前往英国剑桥大学，度过了关键性的两年. 这时他已经在华林问题(Waring's problem)上有了很多成果，而且在英国的哈代—李特伍德学派的影响下受益. 他至少有15篇文章是在剑桥的时期发表的. 其中一篇关于高斯的论文给他在世界上赢得了声誉. 1937年，他回到清华大学担任正教授，后来迁至昆明的国立西南联合大学直至1945年. 1939年到1941年，在昆明的一个吊脚楼上，写了20多篇论文，完成了第一部数学专著《堆垒素数论》. 1947年，《堆垒素数论》在苏联出版俄文版，又先后在各国被翻译出版了德、英、日、匈牙利和中文版. 1948年，被美国伊利诺依大学聘为正教授至1950年. 1976年，粉碎“四人帮”后，他被任命为中国科学院副院长. 他多年的著作成果相继正式出版. 1979年5月，到西欧作了七个月的访问，把自己的数学研究成果介绍给国际同行. 1984年4月，在华盛顿出席了美国科学院授予他外籍院士的仪式，成为第一位获此殊荣的中国人. 1985年6月12日下午4时，在东京大学数理学部讲演厅向日本数学界作主题为《理论数学及其应用》的演讲，由于突发急性心肌梗塞，于当日晚上10时9分逝世.

二、科学成就

华罗庚早年的研究领域是解析数论，国际间颇具盛名的“中国解析数论学派”即华罗庚开创的学派，该学派对于质数分布问题与哥德巴赫猜想做出了许多重大贡献. 华罗庚也是中国解析数论、矩阵几何学、典型群、自守函数论等多方面研究的创始人和开拓者. 华罗庚在多复变函数论，典型群方面的研究领先西方数学界10多年，是国际上有名的“典型群中国学派”. 开创中国数学学派，并带领达到世界一流水平. 培养出众多优秀青年，如王元、陈景润、万哲先、陆启铿、龚升等.

20世纪40年代，解决了高斯完整三角和的估计这一历史难题，得到了最佳误差阶估计；对G. H. 哈代与J. E. 李特尔伍德关于华林问题及E. 赖特关于塔里问题的结果作了重大的改进，三角和研究成果被国际数学界称为“华氏定理”. 在代数方面，证明了历史长久遗留的一维射影几何的基本定理；给出了体的正规子体一定包含在它的中心之中这个结果的一个简单而直接的证明，被称为嘉当－布饶尔－华定理. 与王元教授合作在近代数论

方法应用研究方面获重要成果，被称为“华－王方法”．华罗庚一生留下了十部巨著，已列入20世纪数学的经典著作之列．此外，还有学术论文150余篇，科普作品《优选法评话及其补充》《统筹法评话及补充》等，辑为《华罗庚科普著作选集》．华罗庚为中国数学发展作出的贡献，被誉为“中国现代数学之父”“中国数学之神”“人民数学家”．华罗庚先生作为当代自学成长的科学巨匠和誉满中外的著名数学家，一生致力于数学研究和发展，为数学科学事业的发展作出了卓越贡献，为祖国现代化建设付出了毕生精力．

第4章 导数的应用

数学是人类知识活动留下来最具威力的工具，是一些现象的根源. 数学是不变的，是客观存在的，上帝必以数学法则建造宇宙.

——笛卡尔

在自然科学与工程技术的所有领域几乎都有导数的应用，而且导数作为自然科学与工程技术的运算和理论工具显得越来越重要. 本章将在介绍微分学中值定理的基础上，引出计算未定式极限的方法——洛必达法则，并以导数为工具，讨论函数的极限、单调性及其图形的形态，在此基础上描绘函数的图像，并用导数解决一些常见的关于求最大值或最小值得应用问题.

4.1 微分中值定理

4.1.1 罗尔定理

定理 4.1 如果函数 $y=f(x)$ 在闭区间 $[a,b]$ 上连续，在开区间 (a,b) 内可导，且 $f(a)=f(b)$，那么在 (a,b) 内至少存在一点 ξ，使得 $f'(\xi)=0$.

罗尔定理的几何意义：对于在 $[a,b]$ 上每一点都有不垂直于 x 轴的切线的连续曲线 $f(x)$，且两端点的连线与 x 轴平行的不间断的曲线 $f(x)$ 来说，至少存在一点 c，曲线 $y=f(x)$ 在该点处的切线平行于 x 轴. 如图 4-1 所示.

【例 4.1】 验证罗尔定理对 $f(x)=x^3-2x-3$ 在区间 $[-1,3]$ 上的正确性.

【解】 显然 $f(x)=x^2-2x-3=(x-3)(x+1)$ 在 $[-1,3]$ 上连续，在 $(-1,3)$ 上可导，且 $f(-1)=f(3)=0$，又 $f'(x)=2(x-1)$，有点 $\xi=1$，$[1\in(-1,3)]$，满足 $f'(\xi)=0$.

【注】 若罗尔定理的三个条件中有一个不满足，其结论可能不成立；

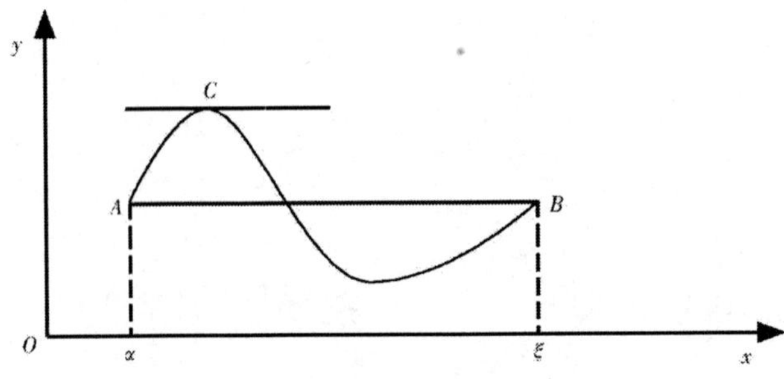

图 4－1

使得定理成立的 ξ 可能多于一个，也可能只有一个.

例如 $y=|x|, x\in[-2,2]$，在 $[-2,2]$ 上除 $f'(x)=0$ 不存在外，满足罗尔定理的一切条件，但在区间 $[-2,2]$ 内找不到一点能使 $f'(x)=0$.

罗尔定理的应用：

（1）可用于讨论方程只有一个根；

（2）可用于证明等式.

【例 4.2】 证明方程 $x^5-5x+1=0$ 有且仅有一个小于 1 的正实根.

证明 设 $f(x)=x^5-5x+1$，则 $f(x)$ 在 $[0,1]$ 上连续，且 $f(0)=1, f(1)=-3$. 由介值定理存在 $x_0\in(0,1)$ 使 $f(x_0)=0$，即 x_0 为方程的小于 1 的正实根. 设另有 $x_1\in(0,1), x_1\neq x_0$ 使 $f(x_1)=0$. 因为 $f(x)$ 在 x_0, x_1 之间满足罗尔定理的条件，所以至少存在一个 ξ（在 x_0, x_1 之间）使得 $f'(\xi)=0$. 但 $f'(x)=5(x^4-1)<0\ [x\in(0,1)]$，矛盾，所以 x_0 为方程的唯一实根.

在实际应用中，由于罗尔定理的条件中 $f(a)=f(b)$ 有时不能满足，使得其应用受到一定限制. 如果将条件 $f(a)=f(b)$ 去掉，就是下面要介绍的拉格朗日中值定理.

4.1.2 拉格朗日中值定理

定理 4.2 如果函数 $f(x)$ 满足：

（1）在闭区间 $[a,b]$ 上连续；

（2）在开区间 (a,b) 内可导，那么在 (a,b) 内至少有一点 ξ，使得等式

$$f'(\xi)=\frac{f(b)-f(a)}{b-a}$$

成立.

上式也可写成

$$f(b)-f(a)=f'(\xi)(b-a)$$

拉格朗日中值定理的几何意义，即对于在 $[a,b]$ 上每一点都有不垂直于 x 轴的切线的连续曲线 $f(x)$，至少存在一点 c，曲线 $y=f(x)$ 在该点处的切线平行于曲线两端点的连线. 如图 4－2 所示.

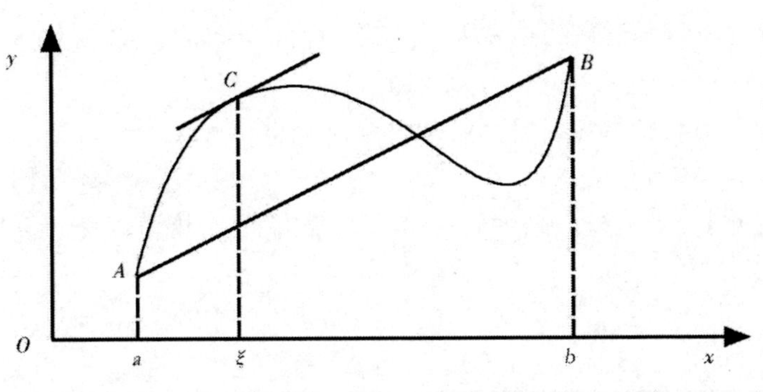

图 4－2

4.1.3 柯西中值定理

定理 4.3 如果函数 $f(x)$ 与 $g(x)$ 满足条件：在闭区间 $[a,b]$ 上连续，在开区间 (a,b) 内可导，$g'(x)$ 在 (a,b) 内每一点处均不为零，那么在 (a,b) 内至少有一点 ξ，使得等式 $\frac{f(b)-f(a)}{g(b)-g(a)}=\frac{f'(\xi)}{g'(\xi)}$ 成立.

【例 4.3】 函数 $f(x)=x^3-3x$ 在 $[0,2]$ 满足拉格朗日定理的条件吗？

如果满足请写出其结论.

【解】 显然 $f(x)$ 在 $[0,2]$ 上连续，在 $(0,2)$ 内可导，定理条件满足，且 $f'(x)=3x^2-3$.

所以有等式：

$$\frac{f(2)-f(0)}{2-0}=f'(\xi)$$

下面具体地来看一下，上式中 ξ 是多少？

由于 $f(2)=2, f(0)=0, f'(\xi)=3\xi^2-3$，$\xi$ 应满足 $3\xi^2-3=1$，且 $0<\xi<2$，因此可解得 $\xi=\frac{2}{\sqrt{3}}$.

推论 设 $f(x)$ 在 $[a,b]$ 上连续，若在 (a,b) 内的导数恒为零，则在 $[a,b]$ 上 $f(x)$ 为常数.

证明 取 $x_0\in[a,b]$，任取 $x\in[a,b]$，$x\neq x_0$，则 $\frac{f(x)-f(x_0)}{x-x_0}=f'(\xi)$，$\xi$ 介于 x_0 与 x 之间. 因 $f'(x)=0$，所以 $f'(\xi)=0$，即 $\frac{f(x)-f(x_0)}{x-x_0}=0$，故 $f(x)=f(x_0)$. 即函数 $f(x)$ 为常数.

【思考题】 试回答：拉格朗日中值定理与罗尔定理之间有何种关系？

习题 4－1

1. 函数 $f(x)=\sqrt[3]{x}$ 在闭区 $[-1,1]$ 上是否满足拉格朗日中值定理的条件？曲线 $f(x)=\sqrt[3]{x}\ (-1\leqslant x\leqslant 1)$ 上有无平行于连接此曲线两端点的弦的切线？

2. 设函数 $y=f(x)$ 在开区间 (a,b) 内可导，$x_1,x_2\in(a,b)$，在 x_1 与 x_2 之间是否至少存在一点 ξ，使得 $f(x_1)-f(x_2)=f'(\xi)(x_1-x_2)$？

3. 验证下列函数在指定区间上满足拉格朗日中值定理.

(1) $f(x)=e^x,[0,1]$　　　　(2) $f(x)=x^3,[1,4]$

4. 在曲线弧 $y=x^3-3x(-1\leqslant x\leqslant 1)$ 上求平行于连接曲线弧两端点的弦的切线的方程.

4.2 洛必达法则

如果两个函数 $f(x)$，$F(x)$ 当 $x\to x_0$（或 $x\to\infty$）时，都趋于零或无穷大，那么极限 $\lim\dfrac{f(x)}{F(x)}$ 可能存在，也可能不存在，而且不能用商的极限法则进行计算，我们把这类极限称为 $\dfrac{0}{0}$ 型或 $\dfrac{\infty}{\infty}$ 型未定式. 对于这类极限我们将根据柯西中值定理推导出一个简便且重要的方法，即洛必达法则.

定义 4.1 若当 $x\to a$（或 $x\to\infty$）时，函数 $f(x)$ 和 $F(x)$ 都趋于零（无穷大），则极限 $\lim\dfrac{f(x)}{F(x)}$ 可能存在也可能不存在，通常把此类问题称之为 $\dfrac{0}{0}$ 型和 $\dfrac{\infty}{\infty}$ 型未定式.

例如 $\lim\limits_{x\to0}\dfrac{\tan x}{x}\left(\dfrac{0}{0}型\right)$； $\lim\limits_{x\to0}\dfrac{\ln\sin ax}{\ln\sin bx}\left(\dfrac{\infty}{\infty}型\right)$.

定理 4.4 如果函数 $f(x)$ 即 $g(x)$ 满足如下条件：

(1) 当 $x\to a$ 时，函数 $f(x)$ 及 $g(x)$ 都趋于零；

(2) 在点 a 的某去心邻域内可导且 $g'(x)\neq0$；

(3) $\lim\limits_{x\to a}\dfrac{f'(x)}{g'(x)}$ 存在（或为无穷大）；

那么

$$\lim_{x\to a}\frac{f(x)}{g(x)}=\lim_{x\to a}\frac{f'(x)}{g'(x)}$$

这种在一定条件下通过分子、分母分别求导数再求极限来确定未定式的值得方法称为洛必达法则.

【证】 因为极限 $\lim\limits_{x\to a}\dfrac{f(x)}{g(x)}$ 与 $f(a)$ 及 $g(a)$ 无关，所以可以假定 $f(a)=g(a)=0$，于是由条件(1)及条件(2)知，$f(a)$ 及 $g(a)$ 在点 a 的某一邻域内是连续的. 设 x 是这邻域内的一点，那么在以 $[a,b]$ 为端点的区间上，柯西中值定理的条件均满足，因此有

$$\frac{f(x)}{g(x)}=\frac{f(x)-f(a)}{g(x)-g(a)}=\frac{f'(\xi)}{g'(\xi)}\qquad(在\ x\ 与\ a\ 之间)$$

令 $x\to a$，并对上式两端求极限，便可得到要证明的结论.

【注】 (1) 如果$\lim\limits_{x\to a}\dfrac{f'(x)}{g'(x)}$仍属于$\dfrac{0}{0}$型，且$f'(x)$和$g'(x)$满足洛必达法则的条件，可继续使用洛必达法则，即$\lim\limits_{x\to a}\dfrac{f(x)}{g(x)}=\lim\limits_{x\to a}\dfrac{f'(x)}{g'(x)}=\lim\limits_{x\to a}\dfrac{f''(x)}{g''(x)}=\cdots$，直至求出$\lim\limits_{(x\to x_0)}\dfrac{f(x)}{g(x)}$的极限或能确定此极限不存在；

(2) 当 $x\to\infty$ 时，该法则仍然成立，有$\lim\limits_{x\to\infty}\dfrac{f(x)}{g(x)}=\lim\limits_{x\to\infty}\dfrac{f'(x)}{g'(x)}$；

(3) 对 $x\to a$（或 $x\to\infty$）时的未定式$\dfrac{\infty}{\infty}$，也有相应的洛必达法则；

(4) 洛必达法则中条件是结论的充分条件；

(5) 如果数列极限也属于未定式的极限问题，须先将其转换为函数极限，然后使用洛必达法则，从而求出数列极限.

【例 4.4】 求$\lim\limits_{x\to 0}\dfrac{\tan x}{x}$ （$\dfrac{0}{0}$型）.

【解】 原式$=\lim\limits_{x\to 0}\dfrac{(\tan x)'}{(x)'}=\lim\limits_{x\to 0}\dfrac{\sec^2 x}{1}=1$

【例 4.5】 求$\lim\limits_{x\to 1}\dfrac{x^3-3x+2}{x^3-2x-1}$ （$\dfrac{0}{0}$型）.

【解】 原式$=\lim\limits_{x\to 1}\dfrac{3x^2-3}{3x^2-2x-1}=\lim\limits_{x\to 1}\dfrac{6x}{6x-2}=\dfrac{3}{2}$

【例 4.6】 求$\lim\limits_{x\to\frac{\pi}{2}}\dfrac{\cos 5x}{\cos 3x}$ $\left(\dfrac{0}{0}\text{型}\right)$.

【解】 原式$=\lim\limits_{x\to\frac{\pi}{2}}\dfrac{-5\sin 5x}{-3\sin 3x}=-\dfrac{5}{3}$

【例 4.7】 求$\lim\limits_{x\to+\infty}\dfrac{\dfrac{\pi}{2}-\arctan x}{\dfrac{1}{x}}$ （$\dfrac{0}{0}$型）.

【解】 原式$=\lim\limits_{x\to+\infty}\dfrac{-\dfrac{1}{1+x^2}}{-\dfrac{1}{x^2}}=\lim\limits_{x\to+\infty}\dfrac{x^2}{1+x^2}=1$

【例 4.8】 求$\lim\limits_{x\to 0}\dfrac{\ln\sin ax}{\ln\sin bx}$ （$\dfrac{\infty}{\infty}$型）.

【解】 原式$=\lim\limits_{x\to 0}\dfrac{a\cos ax\sin bx}{b\cos bx\sin ax}=\lim\limits_{x\to 0}\dfrac{\cos bx}{\cos ax}=1$

【例 4.9】 求$\lim\limits_{x\to\frac{\pi}{2}}\dfrac{\tan x}{\tan 3x}$ （$\dfrac{\infty}{\infty}$型）.

【解】

$$原式 = \lim_{x \to \frac{\pi}{2}} \frac{\sec^2 x}{3\sec^2 3x} = \frac{1}{3}\lim_{x \to \frac{\pi}{2}} \frac{-6\cos 3x\sin 3x}{-2\cos x\sin x}$$

$$= \lim_{x \to \frac{\pi}{2}} \frac{\sin 6x}{\sin 2x} = \lim_{x \to \frac{\pi}{2}} \frac{6\cos 6x}{2\cos 2x} = 3$$

【注】 洛必达法则是求未定式的一种有效方法，但最好能与其他求极限的方法结合使用. 例如：能化简时应尽可能先化简，可以应用等价无穷小代替或重要极限时，应尽可能应用，这样可以使运算简捷.

【例 4.10】 求$\lim\limits_{x \to 0} \frac{\tan x - x}{x^2 \tan x}$.

【解】 原式 $= \lim\limits_{x \to 0} \frac{\tan x - x}{x^3} = \lim\limits_{x \to 0} \frac{\sec^2 x - 1}{3x^2} = \frac{1}{3}\lim\limits_{x \to 0} \frac{\tan^2 x}{x^2} = \frac{1}{3}$

【例 4.11】 求 $\lim\limits_{x \to 0^+} x^n \ln x (n > 0)$.

【解】 $\lim\limits_{x \to 0^+} x^n \ln x = \lim\limits_{x \to 0^+} \frac{\ln x}{x^{-n}} = \lim\limits_{x \to 0^+} \frac{\frac{1}{x}}{-nx^{-n-1}} = 0$

【例 4.12】 求$\lim\limits_{x \to \frac{\pi}{2}} (\sec x - \tan x)$.

【解】 $\lim\limits_{x \to \frac{\pi}{2}} (\sec x - \tan x) = \lim\limits_{x \to \frac{\pi}{2}} \frac{1 - \sin x}{\cos x} = \lim\limits_{x \to \frac{\pi}{2}} \frac{-\cos x}{\sin x} = 0$

【例 4.13】 求 $\lim\limits_{x \to +0} x^x$

【解】 $\lim\limits_{x \to +0} x^x = \lim\limits_{x \to +0} e^{x\ln x} = e^0 = 1$

最后，需要指出是，本节定理给出的是求未定式的一种方法. 当定理条件满足时，所求的极限当然存在（或为∞），但定理条件不满足时，所求极限却不一定不存在.

【思考题】 如何求 1^∞ 型不定式的极限？

习题 4－2

1. 若函数 $f(x)$ 和 $g(x)$ 可导，且 $g'(x) \neq 0$ 又$\lim\limits_{x \to a} f(x) = 0$，$\lim\limits_{x \to a} g(x) = 0$，$\lim\limits_{x \to a} \frac{f(x)}{g(x)}$存在，是否必有$\lim\limits_{x \to a} \frac{f(x)}{g(x)} = \lim\limits_{x \to a} \frac{f'(x)}{g'(x)}$？

2. 求下列极限.

(1) $\lim\limits_{x \to 0} \frac{\sin(\sin x)}{x}$；

(2) $\lim\limits_{x \to 0} \frac{e^x - 1}{xe^x + e^x - 1}$；

(3) $\lim\limits_{x \to \frac{\pi}{4}} \frac{\sin x - \cos x}{\tan^2 x - 1}$；

(4) $\lim\limits_{x \to 0} \frac{x}{\tan x - \sin x}$；

(5) $\lim\limits_{x \to \pi} \frac{\sin 3x}{\tan 5x}$；

(6) $\lim\limits_{x \to 0} \frac{\arctan x}{x}$；

(7) $\lim\limits_{x \to 0} \left(\frac{1}{x} - \frac{1}{e^x - 1} \right)$；

(8) $\lim\limits_{x \to 0^+} \ln x \ln(1 + x)$；

(9) $\lim\limits_{x\to\infty} x\sin\dfrac{a}{x}$；　　(10) $\lim\limits_{x\to 0^+}\dfrac{\ln\left(1+\dfrac{1}{x}\right)}{\ln\left(1+\dfrac{1}{x^2}\right)}$；

(11) $\lim\limits_{x\to 0}\dfrac{x(x-1)}{\sin x}$；　　(12) $\lim\limits_{x\to +\infty}\dfrac{x^2+\ln x}{x\ln x}$；

(13) $\lim\limits_{x\to 0^+}\dfrac{\ln\sin 3x}{\ln\tan x}$；　　(14) $\lim\limits_{x\to 0}\left(\dfrac{1}{x}-\dfrac{1}{\sin x}\right)$.

4.3 函数的单调性及其极值

4.3.1 函数单调的判定法

如果函数 $y=f(x)$ 在 $[a,b]$ 上单调增加(单调减少)，那么它的图形是一条沿 x 轴正向上升(或下降)的曲线. 这时曲线的各点处的切线斜率是非负的(或非正的)，即 $y'=f'(x)\geqslant 0$ [或 $y'=f'(x)\leqslant 0$] 由此可见，函数的单调性与导数的符号有着密切的关系. 如图 4-3、图 4-4 所示.

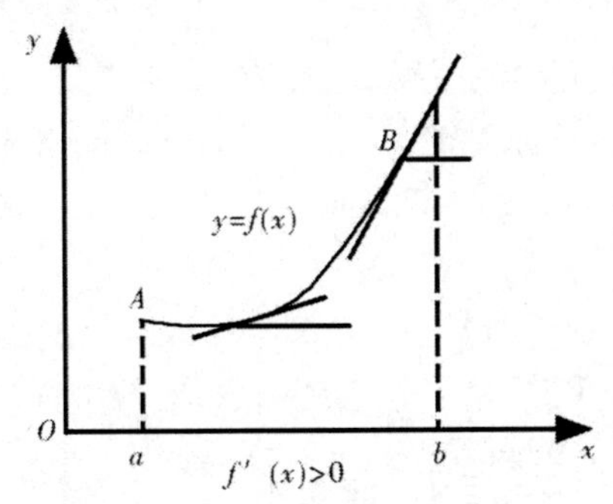

图 4-3

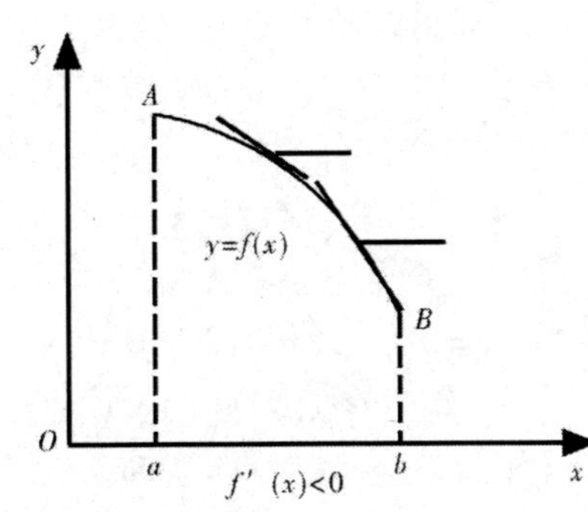

图 4-4

反过来，能否用导数的符号来判定函数的单调性呢？

定理 4.5 （函数单调性的判定法）设函数 $y=f(x)$ 在 $[a,b]$ 上连续，在 (a,b) 内可导.

(1) 如果在 (a,b) 内 $f'(x)>0$，那么函数 $y=f(x)$ 在 $[a,b]$ 上单调增加；

(2) 如果在 (a,b) 内 $f'(x)<0$，那么函数 $y=f(x)$ 在 $[a,b]$ 上单调减少.

【证】 只证(1)，(2)可类似证得.

在 $[a,b]$ 上任取两点 x_1,x_2，$(x_1<x_2)$，应用拉格朗日中值定理，得到

$$f(x_2)-f(x_1)=f'(\xi)(x_2-x_1),(x_1<\xi<x_2)$$

由于在上式中 $x_2-x_1>0$，因此，如果在 (a,b) 内导数 $f'(x)$ 保持正号，即 $f'(x)>0$，那么也有 $f'(x)<0$，于是

$$f(x_2)-f(x_1)=f'(\xi)(x_2-x_1)>0$$

从而$f(x_1)<f(x_2)$,因此函数$y=f(x)$在$[a,b]$上单调增加.

【注】 判定法中的闭区间可换成其他各种类型区间.

根据上述定理可知,确定某个函数的单调性的一般步骤是:

(1)确定函数的定义域;

(2)求出使$f'(x)=0$和$f'(x)$不存在的点;

(3)确定$f'(x)$在各个子区间内的符号,判定出$f(x)$在各个子区间内的单调性.

【例 4.14】 判定函数$y=x-\sin x$在$[0,2\pi]$上的单调性.

【解】 因为在$(0,2\pi)$内$y'=1-\cos x>0$,所以由判定法可知函数$y=x-\sin x$在$[0,2\pi]$上单调增加.

【例 4.15】 讨论函数$y=\mathrm{e}^x-x-1$的单调性.

【解】 由于$y'=\mathrm{e}^x-1$且函数$y=\mathrm{e}^x-x-1$的定义域为$(-\infty,+\infty)$,令$y'=0$,得$x=0$. 因为在$(-\infty,0)$内$y'<0$,所以函数$y=\mathrm{e}^x-x-1$在$(-\infty,0)$上单调减少;又在$(0,+\infty)$内$y'>0$,所以函数$y=\mathrm{e}^x-x-1$在$[0,+\infty]$上单调增加.

【例 4.16】 讨论$y=\sqrt[3]{x^2}$函数的单调性.

【解】 显然函数的定义域为$(-\infty,+\infty)$,而函数的导数为$y'=\dfrac{2}{3\sqrt[3]{x}}(x\neq 0)$,所以函数在$x=0$处不可导. 因为$x<0$时,$y'<0$,所以函数在$(-\infty,0]$上单调减少;因为$x>0$时,$y'>0$,所以函数在$[0,+\infty)$上单调增加.

【注】 如果函数在定义区间上连续,除去有限个导数不存在的点外导数存在且连续,那么只要用方程$f'(x)=0$的根及导数不存在的点来划分函数$f(x)$的定义区间,就能保证$f'(x)$在各个部分区间内保持固定的符号,因而函数$f(x)$在每个部分区间上单调.

【例 4.17】 确定函数$f(x)=2x^3-9x^2+12x-3$的单调区间.

【解】 该函数的定义域为$(-\infty,+\infty)$.

而$f'(x)=6x^2-18x+12=6(x-1)(x-2)$,令$f'(x)=0$,得$x_1=1,x_2=2$,又因在区间$(-\infty,1]$和$[2,+\infty)$内有$f'(x)>0$,在区间$[1,2]$上$f'(x)<0$,故函数$f(x)$在区间$(-\infty,1]$和$[2,+\infty)$内单调增加,在区间$[1,2]$上单调减少.

【例 4.18】 讨论函数$y=x^3$的单调性.

【解】 函数的定义域为$(-\infty,+\infty)$. 函数的导数为$y'=3x^2$. 除$x=0$时,$y'=0$外,在其余个点处均有$y'>0$,所以函数在$[-\infty,0)$及$[0,+\infty)$上都是单调增加的. 从而在整个定义域$(-\infty,+\infty)$内$y=x^3$是单调增加的. 其在$x=0$处曲线有一水平切线.

【注】 一般地,如果$y'(x)$在某区间内的有限个点处为零,在其余各点处均为正(或负)时,那么$f(x)$在该区间上仍旧是单调增加(或单调减少)的.

【例 4.19】 证明:当$x>1$时,$2\sqrt{x}-(3-\dfrac{1}{3})$.

【证】 令$f(x)=2\sqrt{x}-(3-\dfrac{1}{3})$,则$f'(x)=\dfrac{1}{\sqrt{x}}-\dfrac{1}{x^2}=\dfrac{1}{x^2}(x\ \sqrt{x}-1)$.

因为当$x>1$时,$f'(x)>0$. 因此$f(x)$在$[1,+\infty)$上单调增加,从而当$x>1$时,$f(x)>$

$f(1)$. 又由于 $f(1)=0$，故 $f(x)>f(1)=0$，即 $2\sqrt{x}-(3-\frac{1}{x})>0$，也就是 $2\sqrt{x}>(3-\frac{1}{x})(x>1)$.

4.3.2 函数的极值及其求法

定义 4.2 设函数 $f(x)$ 在 x_0 的某一邻域 $U(x_0)$ 内有定义，如果对于去心邻域 $U^o(x_o)$ 内的任一 x，有 $f(x)<f(x_o)$ ($f(x)>f(x_o)$) 或，则称 $f(x_0)$ 是函数 $f(x_0)$ 是函数 $f(x)$ 的一个极大值(或极小值).

函数的极大值与极小值统称为函数的极值，使函数取得极值的点称为极值点，需要说明的是：函数的极大值和极小值概念是局部性的. 如果 $f(x_0)$ 是函数 $f(x)$ 的一个极大值，那只是就 x_0 附近的一个局部范围来说，$f(x_0)$ 是 $f(x)$ 的一个最大值；如果就 $f(x)$ 的整个定义域来说，$f(x_0)$ 不一定是最大值. 对于极小值情况类似.

定理 4.6 (必要条件)设函数 $f(x)$ 在点 x_0 处可导，且在 x_0 处取得极值，那么函数在 x_0 处的导数为零，即 $f'(x_0)=0$.

使导数为零的点，我们称为函数 $f(x)$ 的驻点.

上述定理可叙述为：可导函数 $f(x)$ 的极值点必定是函数的驻点. 但是反过来，函数 $f(x)$ 的驻点却不一定是极值点.

考察函数 $f(x)=x^3$ 在 $x=0$ 处的情况. 显然 $x=0$ 是函数 $f(x)=x^3$ 的驻点，但 $x=0$ 却不是函数 $f(x)=x^3$ 的极值点.

定理 4.7 (第一种充分条件)设函数 $f(x)$ 在点 x_0 处连续，在 x_0 的某去心邻域 $\overset{0}{U}(x_0,\delta)$ 内可导.

(1)若 $x\in(x_0-\delta,x_0)$ 时，$f'(x)>0$，而 $x\in(x_0,x_0+\delta)$ 时，$f'(x)<0$，则函数 $f(x)$ 在 x_0 处取得极大值；

(2) 若 $x\in(x_0-\delta,x_0)$ 时，$f'(x)<0$，而 $x\in(x_0,x_0+\delta)$ 时，$f'(x)>0$，则函数 $f(x)$ 在 x_o 处取得极小值；

(3)如果 $x\in\overset{0}{U}(x_0,\delta)$ 时，$f'(x)$ 不改变符号，则函数 $f(x)$ 在 x_0 处没有极值.

上述定理也可简单地叙述为：当 x 在 x_0 的邻近渐增地经过 x_0 时，如果 $f'(x)$ 的符号由负变正，那么 $f(x)$ 在 x_0 处取得极大值；如果 $f'(x)$ 的符号由正变负，那么 $f(x)$ 在 x_0 处取得极小值；如果 $f'(x)$ 的符号并不改变，那么 $f(x)$ 在 x_0 处没有极值.

运用极值的第一充分条件可知，求极值点的一般步骤是：

(1)求出导数 $f'(x)$；

(2)求出 $f(x)$ 的全部驻点和不可导点；

(3)列表判断(考察 $f'(x)$ 的符号在每个驻点和不可导点的左右邻近的情况，以便确定该点是否是极值点，如果是极值点，还要按定理 4.2 确定对应的函数值是极大值还是极小值)；

(4)确定出函数的所有极值点和极值.

【例 4.20】 求出函数 $f(x)=x^3-3x^2-9x+5$ 的极值.

【解】 $f'(x)=3x^2-6x-9=3(x+1)(x-3)$,令 $f'(x)=0$,得驻点 $x_1=-1,x_2=3$.

当 x 在 -1 的左侧邻近时,$x+1<0,x-3<0$,所以 $f'(x)>0$;

当 x 在 -1 的左侧邻近时,$x+1>0,x-3<0$,所以 $f'(x)<0$.

因而,按定理 4.2,函数 $f(x)$ 在 $x=-1$ 处取得极大值. 同理,在 $x=3$ 处取得极小值.

所以极大值 $f(-1)=10$,极小值 $f(3)=-22$.

【例 4.21】 求函数 $f(x)=(x-4)\sqrt[3]{(x+1)^2}$ 的极值.

【解】 显然函数 $f(x)$ 在 $(-\infty,+\infty)$ 内连续,除 $x=-1$ 外处处可导,且

$$f'(x)=\frac{5(x-1)}{3\sqrt[3]{x+1}},$$

令 $f'(x)=0$,得驻点为 $x=1$,$x=-1$ 为 $f(x)$ 的不可导点.

所以极大值为 $f(-1)=0$,极小值为 $f(1)=-3\sqrt[3]{4}$. 如果 $f(x)$ 存在二阶导数且驻点处的二阶导数不为零,则有如下定理.

定理 4.8 (第二充分条件)设函数 $f(x)$ 在点 x_0 处具有二阶导数且 $f'(x_0)=0$, $f''(x_0)\neq0$,那么

(1)当 $f''(x_0)<0$ 时,函数 $f(x)$ 在 x_0 处取得极大值;

(2)当 $f''(x_0)>0$ 时,函数 $f(x)$ 在 x_0 处取得极小值.

说明:如果函数 $f(x)$ 在驻点 x_0 处的二阶导数 $f''(x_0)\neq0$,那么该点 x_0 一点是极值点,并可以按 $f''(x_0)<0$ 的符号来判定 $f(x_0)$ 是极大值还是极小值. 如果 $f''(x_0)=0$,定理 4.4 就不能应用.

例如,讨论函数 $f(x)=x^4$,$g(x)=x^3$ 在点 $x=0$ 是否有极值?

因为 $f'(x)=4x^3$,$f''(x)=12x^2$,所以 $f'(0)=0$,$f''(0)=0$ 但当 $x<0$ 时 $f'(x)>0$,当 $x>0$ 时 $f'(x)>0$,所以 $f(0)$ 为极小值. 而 $g'(x)=3x^2$,$g''(x)=6x$,所以 $g'(0)=0$,$g''(0)=0$. 但 $g(0)$ 不是极值.

运用极值的第二种充分条件可知,求函数极值的第二种方法的一般步骤是:

(1)确定定义域,并求出所给函数的全部驻点;

(2)考察函数的二阶导数在驻点处的符号,确定极值点;

(3)求出极值点出的函数值,得到极值.

【例 4.22】 求出函数 $f(x)=x^3+3x^2-24x-20$ 的极值.

【解】 $f'(x)=3x^2+6x-24=3(x+4)(x-2)$

令 $f'(x)=0$,得驻点 $x_1=-4,x_2=2$,由于 $f''(x)=6x+6$,

由于 $f''(-4)=-18<0$,所以极大值 $f(-4)=60$,

而 $f''(2)=18>0$,所以极小值 $f(2)=-48$.

【注】 当 $f''(x_0)=0$ 时,$f(x)$ 在点 x_0 处不一定取得极值,此时仍用定理 4.2 判断.

需要指出的是函数的不可导点,也可能是函数极值点,也可用定理 4.2 判断.

【例 4.23】 求出函数 $f(x)=1-(x-2^{\frac{2}{3}})$ 的极值.

【解】 由于 $f'(x)=-\frac{2}{3}(x-2)^{-\frac{1}{3}}(x\neq2)$,所以 $x=2$ 时函数 $f(x)$ 的导数 $f'(x)$ 不

存在.

但当 $x<2$ 时,$f'(x)>0$;当 $x>2$ 时,$f'(x)<0$. 所以 $f(2)=1$ 为 $f(x)$ 的极大值.

【例 4.24】 求函数 $f(x)=(x^2-1)^3+1$ 的极值.

【解】 $f'(x)=6x(x^2-1)^2$,令 $f'(x)=0$,求得驻点 $x_1=-1,x_2=0,x_3=1$. 又 $f''(x)=6(x^2-1)^2(5x^2-1)$,所以 $f''(0)=6>0$.

因此 $f(x)$ 在 $x=0$ 处取得极小值,极小值为 $f(0)=0$.

因为 $f''(-1)=f''(1)=0$,所以用定理3无法判别. 而 $f(x)$ 在 $x=-1$ 处的左右邻域内 $f'(x)<0$,所以 $f(x)$ 在 $x=-1$ 处没有极值;同理,$f(x)$ 在 $x=1$ 处也没有极值.

【思考题】 回忆以往根据函数单调性的定义讨论函数单调性的方法,与根据定理讨论单调性的方法比较,那种方法更为简便?

习题 4-3

1. 判定下列函数在定义域区间内的单调性.

(1) $f(x)=x+\operatorname{arccot}x$;　　(2) $f(x)=e^{-\sqrt{x}}$;

(3) $f(x)=\ln\left(x+\sqrt{1+x^2}\right)$;　　(4) $f(x)=2x^3-6x^2-18x-7$;

(5) $f(x)=2-(x^2-2)^{\frac{2}{3}}$;　　(6) $f(x)=x+\sqrt{1-x}$.

2. 讨论下列各函数的单调性,确定单调区间.

(1) $f(x)=2x^3-9x^2+12x-3$;　　(2) $y=x^4-2x^2-5$;

(3) $y=x+\sqrt{1-x}$;　　(4) $y=2x^2-\ln x$;

(5) $\ln(1+x)>\dfrac{\arctan x}{1+x}(x>0)$ $y=\ln(x+\sqrt{1+x^2})$.

3. 证明不等式:

$$\ln(1+x)>\frac{\arctan x}{1+x}(x>0).$$

4. 证明当 $0<x<\dfrac{\pi}{2}$ 时,$\tan x+\sin x>2x$.

5. 求函数 $y=2x^3-6x^2-18x-17$ 的极值.

6. 求函数 $f(x)=e^x\cos x$ 的极值.

7. 设函数 $f(x)=(x-5)^{\frac{4}{3}}$,求函数的极值.

8. 已知函数 $f(x)=a\ln x+bx^2+x$ 在 $x=1$ 与 $x=2$ 处有极限,试求常数 a,b 之值.

9. 求下列各题中函数的极值点与极值.

(1) $y=x-\ln(x+1)$;　　(2) $y=\arctan x-\dfrac{1}{2}\ln(1+x^2)$;

(3) $y=2e^x+e^{-x}$;　　(4) $y=\dfrac{x}{1+x^2}$;

(5) $y=x+\sqrt{1-x}$.

4.4 函数的最大值和最小值

函数的极值是函数在局部的最大或最小值. 本节讨论的是函数在其定义域或指定范围上的最大值或最小值.

4.4.1 极值与最值的关系

若函数$f(x)$在闭区间$[a,b]$上连续,则函数的最大值和最小值一定存在. 函数的最大值和最小值有可能在区间的端点取得,如果最大值不在区间的端点取得,则必在开区间(a,b)内取得. 在这种情况下,最大值一定是函数的极大值. 因此,函数在闭区间$[a,b]$上的最大值一定是函数的所有极大值和函数在区间端点的函数值中最大值. 同理,函数在闭区间$[a,b]$上的最小值一定是函数的所有极小值和函数在区间端点的函数值中最小者.

4.4.2 最大值和最小值的求法

设$f(x)$在(a,b)内的驻点和不可导点(它们是可能的极值点)为$x_1,x_2,\cdots,x_n$,则比较$f(a),f(x_1),f(x_2),\cdots,f(x_n),f(b)$的大小,其中最大的便是函数$f(x)$在$[a,b]$上的最大值,最小的便是函数$f(x)$在$[a,b]$上的最小值.

根据以上讨论求最大值和最小值时,应该先求出$f(x)$在(a,b)内的全部驻点处的值及$f(a)$和$f(b)$,如果函数还有不可导的点,还要算出不可导点的函数值. 将它们加以比较,其中最大者即为函数$f(x)$在$[a,b]$上的最大值,最小者为$f(x)$在$[a,b]$的最小值.

综上所述求最大值和最小值的一般步骤是:

(1)求驻点和不可导点;

(2)求区间端点及驻点和不可导点的函数值,比较大小,其中最大的就是最大值,最小的就是最小值.

特别注意的是:如果函数在区间内只有一个极值,则这个极值就是最值(最大值或最小值).

如果函数$f(x)$在一个区间(有限或无限,开或闭)内可导且只有一个驻点x_0,且该驻点x_0是函数$f(x)$的极值点,那么当$f(x_0)$是极大值时,$f(x_0)$就是该区间上的最大值;当$f(x_0)$是极小值时,$f(x_0)$就是在该区间上的最小值. 如图4-6、图4-7所示.

【例4.25】 求函数$f(x)=(x-2)^2(x+1)^{\frac{2}{3}}$在闭区间$[-2,3]$上最大值及最小值.

【解】 指定的区间为$[-2,3]$,

$$f'(x)=2(x-2)(x+1)^{\frac{2}{3}}+\frac{2}{3}(x-2)^2(x+1)^{-\frac{1}{3}}$$

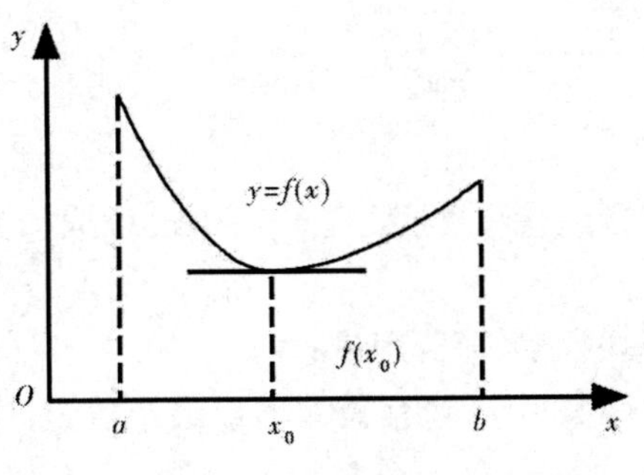

图 4－6

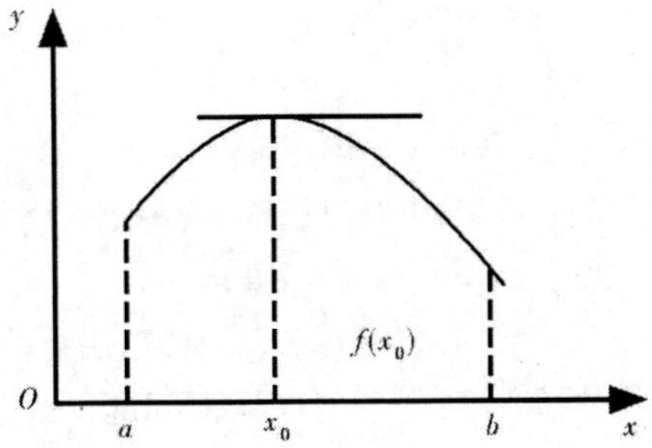

图 4－7

$$= \frac{2(x-2)(4x+1)}{3\sqrt[3]{x+1}}$$

驻点：$x=2,-\frac{1}{4}$. $f'(x)$不存在的点：$x=-1$.

$$f(-1)=0, f(-\frac{1}{4})=(\frac{9}{4})^2(\frac{3}{4})^{\frac{2}{3}}$$

$$f(2)=0, f(-2)=16, f(3)=4^{\frac{2}{3}}$$

比较可得：

$$M=f(-2)=16, m=f(-1)=f(2)=0.$$

【例 4.26】 求函数 $y=2x^3+3x^2-12x+14$ 在$[-3,4]$上的最大值和最小值.

【解】 $f'(x)=6x^2+6x-12$，解方程式$f'(x)=0$，得 $x_1=-2, x_2=1$

由于$f(-3)=23, f(-2)=34, f(1)=7, f(4)=142$

因此函数 $y=2x^3+3x^2-12x+14$ 在$[-3,4]$上的最大值为$f(4)=142$，最小值为$f(1)=7$.

4.4.3 最大值、最小值的应用

【例 4.27】 在甲、乙两个工厂，甲厂位于一直线河岸的岸边 A 处，乙厂位于离河岸 40km 的 B 处，乙厂到岸边的垂足 D 与 A 相距 50km，两厂要在此岸边合建一个供水站 C，从供水站到甲厂和乙厂的水管费用分别为每千米 $3a$ 元和 $5a$ 元，问供水站 C 建在岸边何处才能使水管费用最省？

分析：根据题设条件作出图形，分析各已知条件之间的关系，借助图形的特征，合理选择这些条件间的联系方式，适当选定变化，构造相应的函数关系.

【解】 根据题意知，只有点 C 在线段 AD 上某一适当位置，才能使总费用最省，设 C 点距 D 点 x(km)，则

∵ $$BD=40, AC=50-x,$$

∴ $$BC=\sqrt{BD^2+CD^2}=\sqrt{x^2+40^2}$$

又设总的水管费用为 y 元，依题意有：

$$y=30(5a-x)+5a\sqrt{x^2+40^2} \quad (0<x<50)$$

$$y' = -3a + \frac{5ax}{\sqrt{x^2 + 40^2}}$$

令 $y' = 0$，解得 $x = 30$

在 $(0,50)$ 上，y 只有一个极值点，根据实际问题的意义，函数在 $x = 30\text{km}$ 处取得最小值，此时 $AC = 50 - x = 20\text{km}$.

所以供水站建在 A 和 D 之间距甲厂 20km 处，可使水管费用最省.

在实际问题中往往根据问题的性质可以断定函数 $f(x)$ 确有最大值或最小值，且一定在定义区间内部取得. 这时如果 $f(x)$ 在定义区间内部只有一个驻点 x_0，那么不必讨论 $f(x_0)$ 是否是极值就可断定 $f(x_0)$ 是最大值或最小值.

【例 4.28】 设计一个建筑模型. 它下部的形状是高为 10cm 的正六棱柱，上部的形状是侧棱长为 30cm 的正六棱锥. 试问当建筑模型的顶点 O 到底面中心 O_1 的距离为多少时，建筑模型的体积最大？

【解】 设模型顶点 O 到底面中心 O_1 的距离 OO_1 为 $x(\text{cm})$，则 $10 < x < 40$.

由题设可得正六棱锥底面边长为

$$\sqrt{30^2 - (x-10)^2} = \sqrt{800 + 20 - x^2}$$

故底面正六边形的面积为

$$6 \times \frac{\sqrt{3}}{4}\left(\sqrt{800 + 20x - x^2}\right)^2 = \frac{3\sqrt{3}}{2}(800 + 20x - x^2)$$

建筑模型的体积为

$$\begin{aligned} V(x) &= \frac{3\sqrt{3}}{2}(800 + 20x - x^2)\left[\frac{1}{3}(x-10) + 10\right] \\ &= \frac{\sqrt{3}}{2}(16000 + 1200 - x^3) \end{aligned}$$

求导得

$$V'(x) = \frac{\sqrt{3}}{2}(1200 - 3x^2)$$

令 $V'(x) = 0$，解得 $x = -20$（不合题意，舍去），所以 $x = 20$.

当 $10 < x < 20$ 时，$V'(x) > 0$，$V(x)$ 为增函数；

当 $20 < x < 40$ 时，$V'(x) < 0$，$V(x)$ 为减函数.

所以　当 $x = 20$ 时，$V(x)$ 最大.

因此，建筑模型的顶点 O 到底面中心 O_1 的距离 OO_1 为 20 cm 时，模型的体积最大，最大体积为 $16\,000\sqrt{3}\text{cm}^3$.

【例 4.29】 某房地产公司有 50 套公寓要出租，当租金定为每月 180 元时，公寓会全部租出去. 当租金每月增加 10 元时，就有一套公寓租不出去，而租出去的房子每月需花费 20 元的整修维护费. 试问房租定为多少可获得最大收入？

【解】 设房租为每月 x 元，租出去的房子有 $\left(50 - \frac{x-180}{10}\right)$ 套，每月总收入为

$$R(x) = (x-20)\left(50 - \frac{x-180}{10}\right)$$

$$R(x) = (x-20)\left(68 - \frac{x}{10}\right)$$

$$R'(x) = \left(68 - \frac{x}{10}\right) + (x-20)\left(-\frac{1}{10}\right) = 70 - \frac{x}{5}$$

$$R'(x) = 0 \Rightarrow x = 350\text{(唯一驻点)}$$

故每月每套租金为 350 元时收入最高. 最大收入为

$$R(x) = (350-20) \times \left(68 - \frac{350}{10}\right) = 10\ 890\text{ 元}$$

通过以上讨论可以看出,实际问题求最值步骤:

(1)建立目标函数;

(2)求最值.

【思考题】 是否存在这样的函数$f(x)$,它在某区间有极小值和极大值,但$f(x)$在该区间内既没有最小值也没有最大值.

习题4-4

1. 求下列各函数在相应区间上的最大值和最小值:

(1)$f(x)=x^3-3x+3,\left[-3,\frac{3}{2}\right]$;

(2)$f(x)=x\mathrm{e}^{-x},(-\infty,+\infty)$;

(3)$f(x)=x+2\sqrt{x},[0,4]$;

(4)$f(x)=\sqrt{5-4x},[-1,1]$;

(5)$f(x)=x^x,[0.1,+\infty]$;

(6)$y=\sin^3x+\cos^3x,\left[-\frac{\pi}{4},\frac{3}{4}\pi\right]$;

(7)$y=\arctan\frac{1-x}{1+x},[0,1]$;

(8)$y=x+\sqrt{1-x},[-5,1]$.

2. 在位于第一象限中的椭圆弧$\frac{x^2}{8}+\frac{y^2}{18}=1\ (x\geqslant 0,y\geqslant 0)$上找一点,使该点的切线与椭圆弧及两坐标轴所围成的图形的面积最小.

3. 把一根长为a的铅丝切成两段,一段围成圆形,一段围成正方形. 问:这两段铅丝各多长时,圆形面积与正方形面积之和最小?

4. 用面积为A的一块铁皮做一个有盖圆柱形油桶. 问:油桶的直径为多长时,油桶的容积最大? 这时油桶的高是多少?

5. 造一个容积为V的有盖圆柱形油桶. 问:油桶的底半径和高各为多少时,用料最少?

6. 要制作一个下部为矩形,上部为半圆形的窗户,半圆的直径等于矩形的宽,要求窗户的周长为l,问矩形的宽和高各为多少时,窗户的面积最大?

*4.5 曲线的凹凸及函数图形的描绘

为了准确地描绘函数的图像,仅理解函数的单调性和极值是不够的,还应知道它的弯曲方向以及不同弯曲方向的分界点,即曲线的凹凸性和拐点.

4.5.1 凹凸性的概念

观察图 4-8、图 4-9,看到,曲线向下弯曲的弧段位于该弧段上任意一点的切线的上方;而向上弯曲的弧段位于该弧段上任意一点的切线的下方. 据此,给出如下定义.

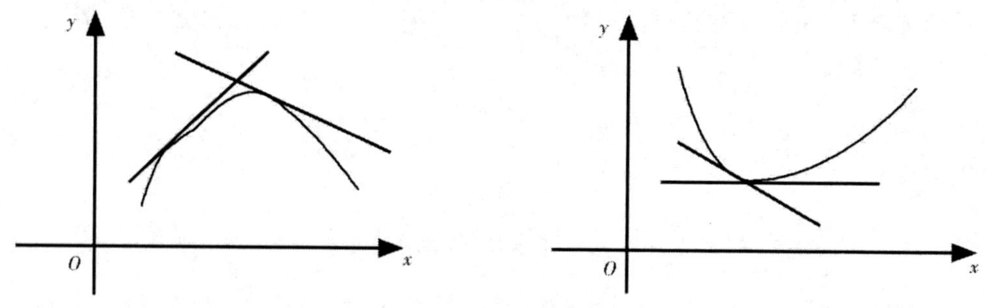

图 4-8　　　　图 4-9

定义 4.3　设函数 $y=f(x)$ 在某区间内连续,如果在该区间内,函数的曲线位于其上任意一点切线的上方(见图 4-8),则称该曲线在这个区间内是凹的;如果在该区间内,函数的 y 曲线位于其上任意一点切线的下方(见图 4-9),则称该曲线在这个区间内是凸的.

4.5.2 曲线凹凸性的判定

定理 4.7　设函数 $f(x)$ 在区间 $[a,b]$ 上连续,在 (a,b) 内二阶可导,对于任意 $x\in(a,b)$,

(1)若 $f''(x)>0$,对应的曲线 $y=f(x)$ 为 (a,b) 上的凹曲线;

(2)若 $f''(x)<0$,对应的曲线 $y=f(x)$ 为 (a,b) 上的凸曲线.

【例 4.30】　判定曲线 $f(x)=3x^2-x^3$ 的凹凸性.

【解】　函数 $f(x)=3x^2-x^3$ 的定义域为 $(-\infty,+\infty)$ $f'(x)=6x-3x^2$,$f''(x)=6-6x$,当 $x<1$ 时 $f''(x)>0$,所以曲线 $f(x)$ 在 $(-\infty,1)$ 内是凹的;当 $x>1$ 时,$f''(x)<0$,所以曲线 $f(x)$ 在 $(1,+\infty)$ 内是凸的.

定义 4.4　连续曲线 $y=f(x)$ 上凹的曲线弧与凸的曲线弧的分界点叫曲线的拐点.

【注】　拐点是指曲线上的点,故应写为 $(x_0,f(x_0))$,而不能称拐点为 x_0. 由上面的讨

论可知,拐点产生于$f''(x_0)=0$及$f''(x)$不存在的点.

定理 4.8 (拐点的必要条件)若函数$y=f(x)$在x_0处二阶导数$f''(x_0)$存在,且点$y=f(x)$为曲线$y=f(x)$的拐点,则$f''(x_0)=0$.

【注】 $f''(x_0)=0$是点$(x_0,f(x_0))$为拐点的必要条件,而非充分条件. 例如$y=x^4$,则$y''=12x^2$,当$x=0$时,$y''=0$,但$(0,0)$不是曲线$y=x^4$的拐点,因为点$(0,0)$两侧二阶导数不变号.

此外,如果函数$y=f(x)$在x_0处的二阶导数$f''(x_0)$不存在,$(x_0,f(x_0))$也可能是曲线的拐点.

由此确定曲线$y=f(x)$的凹凸区间和拐点的步骤:

(1)确定函数$y=f(x)$的定义域;

(2)求出二阶导数$f''(x)$;

(3)求使二阶导数为零的点和使二阶导数不存在的点;

(4)判断或列表判断,确定出曲线凹凸区间的拐点.

【例 4.31】 判断曲线$y=x^3$的凹凸性.

【解】 因为$y'=3x^2,y''=6x$. 令$y''=0$得$x=0$

当$x<0$时,$y''<0$,所以曲线在$(-\infty,0]$内为凸的.

当$x>0$时,$y''>0$,所以曲线在$[0,+\infty)$内为凹的.

【例 4.32】 求曲线$y=2x^3+3x^2-12x+14$的拐点.

【解】 $y'=6x^2+6x-12,y''=12x+6=6(2x+1)$.

令$y''=0$,得$x=-\dfrac{1}{2}$.

因为当$x<-\dfrac{1}{2}$时,$y''<0$;当$x>-\dfrac{1}{2}$时,$y''>0$,所以点$\left(-\dfrac{1}{2},\dfrac{41}{2}\right)$是曲线的拐点.

4.5.3 渐进线

在中学里学过双曲线,知道双曲线有两条渐近线,并且根据双曲线的这两条渐近线可了解双曲线在无穷远处的伸展性质,对于一般地曲线,也想了解其在无穷远处的变化趋势.

定义 4.5 当曲线$y=f(x)$上的一动点P沿曲线移向无穷远时,如果点P到某定直线L的距离趋向于零,那么直线L就称为曲线$y=f(x)$的一条渐进线.

1. 铅直渐近线(垂直于x轴的渐进线)

定义 4.6 如果$\lim\limits_{x\to x_0^+}f(x)=\infty$,$\lim\limits_{x\to x_0^-}f(x)=\infty$,那么$x=x_0$就是曲线$y=f(x)$的一条铅直渐近线.

例如,曲线$y=\dfrac{1}{(x+2)(x-3)}$有两条铅直渐近线$x=-2,x=3$.

2. 水平渐近线(平行于x轴的渐近线)

定义 4.7 如果$\lim\limits_{x\to+\infty}f(x)=b$或$\lim\limits_{x\to-\infty}f(x)=b$($b$为常数),那么$y=b$就是曲线$y=$

$f(x)$的一条水平渐近线.

例如：对于曲线 $y=\mathrm{e}^x$ 来说，因为 $\lim\limits_{x\to-\infty}\mathrm{e}^x=0$，所以直线 $y=0$ 即 x 轴为 $y=\mathrm{e}^x$ 的一条水平渐近线.

【例 4.33】 求曲线 $f(x)=\dfrac{2(x-2)(x+3)}{x-1}$ 的渐近线.

【解】 因为 $\lim\limits_{x\to1^+}f(x)=-\infty$，$\lim\limits_{x\to1^-}f(x)=+\infty$，所以 $x=1$ 是铅直渐近线.

4.5.4 描绘函数图形的一般步骤

描点法是作函数图像的基本方法，由于不能取很多的点，因此不能准确做出函数的图像，现在通过对函数的单调性、奇偶性、周期性、凹凸性、极值点、拐点、渐近线等函数性质的讨论，就能有选择地描绘出反映函数变化特征的点，这样就可以较准确地描绘出函数的图像，因此描绘函数图形的一般步骤如下：

(1)确定函数的定义域，并求函数的一阶和二阶导数；

(2)求出一阶、二阶导数为零的点，并求出一阶、二阶导数不存在的点；

(3)列表分析，确定曲线的单调性和凹凸性；

(4)确定曲线的渐进线；

(5)确定并描出曲线上极值对应的点、拐点、坐标轴的交点、其他特殊点；

(6)根据需要可适当再描出一些点，如曲线与坐标轴的交点等，列表，连接这些点并画出函数的图形.

【思考题】 函数的极值与最值有何关系？

习题 4－5

1. 求下列各函数的凹凸区间及拐点：

(1) $y=x^3-6x^2+x-1$；　(2) $y=\dfrac{x}{x-1}+x$；

(3) $y=x\mathrm{e}^{-x}$；　(4) $y=a-\sqrt[3]{x-b}$；

(5) $y=\ln(x^2-1)$；　(6) $y=\sqrt{1+x^2}$.

2. 求下列曲线的水平渐近线或垂直渐近线：

(1) $y=x\sin\dfrac{1}{x}$；　(2) $y=\dfrac{1}{1-\mathrm{e}^{-x^2}}$.

3. 已知函数 $y=ax^2+bx^2+cx+d$ 有拐点$(-1,4)$，且在 $x=0$ 处有极大值 2. 求 a,b,c,d.

4. 描绘下列各函数的图形：

(1) $y=\dfrac{x^2}{x+1}$；　(2) $y=1+\dfrac{1-2x}{x^2}$；

(3) $y=\dfrac{1+x^2}{x}$；　(4) $y=\dfrac{x}{1+x^2}$.

复习题四

一、填空题

1. 函数的极值点可能是(　　　)和(　　　).

2. 设$f(x)=(x-1)^2$在$[0,2]$上满足罗尔定理的条件,当$\xi=($　　$)$时,$f'(\xi)=0$.

3. 曲线$y=\dfrac{e^{-x}}{x}$的水平渐近线为(　　),垂直渐近线为(　　).

4. 曲线$y=x^3-3x^2+3x$的拐点为(　　).

5. 函数$y=\sin x^2$在区间$\left[-\dfrac{\pi}{2},\dfrac{\pi}{2}\right]$上满足罗尔定理,公式中的$\xi=($　　$)$.

6. 曲线$y=xe^{-x}$的拐点坐标为(　　).

7. 设$y=2x^2+ax+3$在$x=1$时取得极小值,则$a=($　　$)$.

8. 函数$y=2^{x^2}$的单调增加区间为(　　).

9. 曲线$y=1-\sqrt[3]{x-2}$的拐点是(　　).

10. 曲线$y=\dfrac{x}{x^2+1}-3$的水平渐近线为(　　).

11. 函数$y=e^{-\frac{1}{x}}$的单调增加区间是(　　　).

12. $f(x)=x(x-1)(x-2)(x-3)$,则方程$f'(x)=0$有(　　)个实根.

13. 当$a=($　　$)$时,函数$f(x)=a\sin x+\dfrac{1}{3}$在$x=\dfrac{\pi}{3}$处有极值.

二、选择题

1. 若x_0为函数$y=f(x)$的极值点,则下列命题正确的是(　　).

A. $f'(x_0)=0$　　B. $f''(x_0)=0$

C. $f'(x_0)=0$或$f'(x_0)$不存在　　D. $f'(x_0)$不存在

2. 设$f(x)$在$[0,1]$上连续,在$(0,1)$内可导,$f'(x)>0$且$f(0)<0,f(1)>0$,则$f(x)$在$(0,1)$内(　　).

A. 至少有两个零点　　B. 有且仅有一个零点

B. 没有零点　　D. 零点个数不能确定

3. 设$a<x<b,f'(x)<0,f''(x)<0$,则在区间(a,b)内曲线弧$y=f(x)$的图形(　　).

A. 沿X轴正向下降且凸　　B. 沿X轴正向下降且凹

C. 沿X轴正向上升且凸　　D. 沿X轴正向下降且凹

4. 曲线$y=x\sin\dfrac{1}{x}$(　　).

A. 仅有水平渐近线　　B. 既有水平渐近线,又有垂直渐近线

C. 仅有垂直渐近线　　D. 既无水平渐近线,又无垂直渐近线

5. 曲线 $y=x^2(x-6)$ 在区间 $(4,+\infty)$ 内是(　　).

A. 单调增加且凸　　B. 单调增加且凹

C. 单调减少且凸　　D. 单调减少且凹

6. 如果 $f'(x_0)=f''(x_0)=0$,则下列结论中正确的是(　　).

A. x_0 是极大值　　B. $(x_0,f(x_0))$ 是拐点

C. x_0 是极小值点　　D. 可能 x_0 是极值点,也可能 $(x_0,f(x_0))$ 是拐点

7. 当 $x>0$ 时,曲线 $y=\dfrac{1}{x+1}$(　　).

A. 有且仅有水平渐近线　　B. 有且仅有垂直渐进线

C. 既有水平渐近线,又有垂直渐近线　　D. 既无水平渐近线,有无垂直渐近线

8. 设 $f(x)=|\ln x|$,则 $x=1$ 是 $f(x)$ 的(　　).

A. 驻点　　B. 极大值点

C. 极小值点　　D. 可导点

三、解答题

1. 求 $\lim\limits_{x\to 0}\dfrac{x-\arctan x}{\ln(1+x^3)}$.

2. 若 $\lim\limits_{x\to\pi}f(x)$ 存在,且 $f(x)=\dfrac{\sin x}{x-\pi}+2\lim\limits_{x\to\pi}f(x)$,求 $\lim\limits_{x\to\pi}f(x)$.

3. 设 $f(x)=a\ln x+bx^2+x$ 在 $x=1$ 与 $x=2$ 处有极值,求常数 a 和 b 的值.

4. 设 $y=ax^3-6ax^2+b$ 在 $[-1,2]$ 上的最大值为 3,最小值为 -29. 又 $a>o$,求 a,b.

5. 求 $y=(x=1)(x-1)^3$ 的单调区间.

6. 当 a,b 为何值时,点 $(1,-2)$ 是曲线 $y=ax^3+bx^2$ 的拐点.

7. 已知函数 $y=ax^3+bx^2+cx+d$ 有拐点 $(-1,4)$,且在 $x=0$ 处有极小值 2,求 a,b,c,d,并画出图形.

【数学大师链接 7】

“高冷数学天才”——柯西

柯西(Cauchy, Augustin Louis 1789—1857 年)出生于巴黎. 父亲是法国波旁王朝的官员,精通古典文学,对语法、诗歌、历史、拉丁文和古希腊文都很有研究,并且将他的这些研究教给了柯西,据说,柯西很小就已经会写法语诗. 在 13 岁以前,柯西的教育都被他父亲“老柯西”承包了. 到了 13 岁的时候,柯西就直接上了中学,还多次在拉丁文和希腊文的竞赛上获奖,当然,数学成绩也十分优异. 柯西在文学上有如此高的造诣不仅仅是因为“老柯西”的教导,还有一个重要原因是数学家拉

格朗日和拉普拉斯的教导.

据说,小柯西经常跟着老柯西出入法国参议院,而小柯西就是这样被拉格朗日"相中"了,拉格朗日是这样评价小柯西的:"这小孩以后必成大器,并且会超过我们之间的任何一个人."然而,拉格朗日还叮嘱老柯西:"不过,他现在身体太单薄,在他16岁之前最好不要让他碰数学(当然这里是指高等数学)!要赶快给他一种坚实的文学教育."

1805年,柯西考入了综合工科学校,在那里,他主要学习了数学和力学. 1807年,柯西进入了桥梁公路学校,并于1810年以优异成绩毕业,前往瑟堡参加海港建设工程. 据说,柯西从家里出发去瑟堡时,共带了4本书:拉格朗日的《解析函数论》和拉普拉斯的《天体力学》,外加两本文学作品(对文学念念不忘). 不过,这4本书当然是不够看的,柯西便在当地借了一些数学书,还有从巴黎寄过来一些书,在工作之余潜心研究,并分别于1811、1812年向科学院提交了两篇论文,在当时数学界引起巨大反响.

不过,柯西在瑟堡同时忙于工程建设和数学研究,经不起折腾的柯西病倒了,并于1812年回到巴黎家中休养. 这时,拉格朗日得知了柯西去参与工程建设竟然病倒了,赶紧去劝柯西放弃工程师,专心搞数学. 而柯西听从了拉格朗日的建议,打算以后致力于纯数学的研究. 从此,柯西便开启了开挂模式,一路赶超众多前辈大师,直逼高斯,可谓是一人之下,万人之上. 1821年,柯西提出了极限定义的方法,进而给出了无穷级数收敛的判定准则,极大地推动了数学的进程. 柯西等人关于极限、连续、导数、收敛等概念的定义一直沿用至今.

柯西是仅次于欧拉的多产数学家,发表论文800篇以上,其中纯数学约占65%,几乎涉及当时所有数学分支;数学物理(力学、光学、天文学)约占35%. 从1882年起,法国巴黎科学院开始出版《柯西全集》,把他的论文按所登载的期刊分类,同一种期刊上的则按发表时间顺序排列, 直到1974年才出齐最后一卷.

关于柯西的高产,还有一个有趣的故事,就是"巴黎纸贵". 柯西写的文章不仅数量多,还特别长,导致了数学杂志都没有办法刊登他的文章. 然后柯西一怒之下就自己办了个定期刊物《数学演习》,专门登自己的文章. 后来,柯西去了法国科学院,就在学院的院刊上发表自己的论文,由于柯西写论文速度惊人,因此自从柯西来了之后,学院的院刊就从月刊变成了周刊.

不过,在学术成就上让人佩服的柯西,在性格上却是十分"不可爱"的. 在学校读书期间,柯西简直是聪明到没朋友. 因为他平常总是静静地不说话,如果说了什么,也很简短,令人摸不着头绪,于是就有了一个"苦瓜"的外号. 后来,柯西拿着拉格朗日的数学书与灵修书籍《效法基督》来读,同学们看见了,又给他起了个外号"脑筋劈哩啪啦叫的人",即神经病. 天才的道路总是孤独的,之后,来到科学院的柯西,也是继续保持"高冷",与科学院中的同事关系十分冷淡.

在柯西留下的学术成果里,包括了很多伟大的数学教本《分析教程第一编·代数分析》《微积分概要》《微积分在几何学中的应用教程》和《微分学教程》等等,他的分析教程都是以严谨著称. 事实上,柯西当初踏入数学研究这一行,离不开拉格朗日、拉普拉斯和泊松的帮助. 然而,柯西对后起之秀却不甚热心,有时甚至冷漠无情,庞斯列、阿贝尔和伽罗瓦都表示曾在柯西这里栽了大跟头. 傅里叶与伽罗瓦也经历了同样的事情,并且还更糟.

伽罗瓦两篇关于代数方程解的论文手稿在提交给柯西审查的时候，不仅没有得到任何评论，两份手稿还被遗失了，至今都未能找到！

后来，有人写文章这样评论柯西：他的呆板苛刻以及对刚踏上科学道路的年轻人的冷漠，使他成为最不可爱的科学家之一.

【数学大师链接 8】

"数学皇帝"——丘成桐

当代数学大师丘成桐，是美国哈佛大学客座教授，浙江大学数学中心主任，中科院晨兴数学中心主任，中国香港中文大学数学研究所所长. 1976 年，年仅 27 岁的丘成桐证明了卡拉比猜想，在世界上引起轰动. 1983 年，他获得世界最高数学奖——菲尔兹奖，这是世界数学领域的诺贝尔奖，直到今天，他和陶哲轩(2006 年获奖)还是仅有两位华人获奖者. 1994 年，他获得了瑞典皇家科学院为弥补诺贝尔奖没有设数学奖的"缺憾"而专门设立的国际大奖"克雷福特奖"，这是七年颁发一次的世界级大奖. 有人动情地说，丘成桐与其他科学家不同，他把数学推向中国，推向整个华人世界，这是他的伟大之处. 丘成桐培养的 50 位博士大部分是中国人，其中许多人已成为国际上的知名学者，或成为我国科学院校的教学和研究的领军人物.

在事业臻于巅峰时，他把大量时间和精力放到影响自己研究的行政和社交活动上. 这些举动源于它的一个梦——让中国成为数学强国. 作为一个华夏子孙，丘成桐有着强烈的民族自尊心和爱国心. 经历数十年的海外生活，丘成桐痛感民族落后受歧视，迫切希望祖国强大起来. 科技强则国强，而数学是科技之母. 发达国家都是数学大国，中国想要成为经济强国，首先是数学强国. 而要数学强，必须有第一流的人才. 多年来，丘成桐为了振兴中华数学研究事业，利用自己的学术地位和世界性影响，创立国际数学研究机构，培养年轻数学家和战略科学家，挑战世界性数学难题，设立全球性数学大奖以激励年轻数学家，创办世界华人数学家大会，以帮助年轻数学家了解国际学术动态，交流研究成果，号召一大批国际杰出青年数学家回国服务. 它促进了国内外数学家的融合和团结，而他创立的数学则促进了数学学科和其他学科的融合.

"陈省身提出的中国成为数学大国的愿望已实现，中华数学事业已进入丘成桐时代，中国将成为世界数学强国！"丘成桐把全球华人数学家团结在一起，提携后辈，培养人才，他以一颗华夏子孙的赤子之心，为了中华民族数学事业的崛起无私奉献. 在他的统帅下，外邦俊彦，九州豪士，个个怀瑾握瑜，这支海内外交融的世界级数学兵团正士气浩荡地向着世界数学的高峰挺进.

附：

基础科学研究需要哲学滋养*

现代科技进步日新月异，不断拓展人类认知和活动的边界，广泛影响社会生产生活的各个方面. 比如，高铁、飞机大大方便了人们出行，火箭升空不断探索宇宙奥秘，人造卫星绕地球运行并传递亿万讯息. 现在，无人飞机、无人驾驶汽车和机器人等的发展都远远超出了人们以往的想象. 这些重大科技成果并不是一蹴而就的，背后有无数人孜孜不倦地贡献着聪明才智：有的人在硬件方面作出杰出贡献，有的人在软件方面作出伟大创新. 但无论在哪一方面作出贡献，其根基都是基础科学.

基础科学有别于科技，它是科技持续发展进步的基石. 有时候，人们可以很快见到基础科学的应用，电磁学就是一个例子. 在19世纪法拉第和麦克斯韦发现电磁方程后不久，爱迪生等人就将它应用到日常生活中. 但是，有些基础科学研究要等很久才能得到应用. 比如，数论中有很多深奥的理论，一直被认为是纸上谈兵. 但近20年来，密码学研究开始大量运用数论的前沿理论. 可见，科技进步离不开基础科学发展. 历史和现实都表明，哪个国家能够引领科技发展，哪个国家就将变得强大；哪个国家能够引领基础科学发展，哪个国家的强大就会历久不衰. 基础科学发展又与哲学有着密切关系. 基础科学是研究所有和宇宙中物理现象有关问题的学问，必须对大自然有一个宏观的看法，因此需要哲学思想作为支撑. 这一哲学思想应有助于人类了解大自然并懂得如何与大自然和谐相处. 近代基础科学家中就有不少是思想家，他们的学问和思想可以影响科学界达数个世纪之久，其中的佼佼者有牛顿、欧拉、高斯、爱因斯坦、薛定谔等人. 如果人们认真阅读他们的著作，就会发现他们都有一套哲学思想.

事实上，影响深远的科学研究必先有概念的突破，而概念的突破可能受到观察事物后所得到的想法的影响，但更多的是科学家的哲学观在左右他们的想法，从而影响他们的研究方向. 魏晋南北朝时期，中国的基础科学研究达到很高水平，也产生了相当出色的基础科学家. 刘徽作《九章算术注》、祖冲之父子计算圆周率和球体积、《孙子算经》的剩余定理等，都是杰出的数学成就. 但受传统哲学思想的影响，中国人对"定量"的重视程度不够，影响了这些方面的进一步探究. 可见，有了哲学的帮助，基础科学才能不断创新发展. 基础科学的精神在于穷理. 基础科学研究需要经过刻苦训练、需要有深度的看法，才会有新的结果、好的创意. 因此，基础科学研究不经过旷日持久的付出，很难有成功的机会. 有些人因而认为，与其如此辛苦，不如等别人做好基础科学研究后拿过来用. 但持此观点的人忘记了一点：只有自己体悟出来的理论，才最了解其长短，才能掌握其中的精髓，应用起来才能得心应手. 树立穷理的精神，也需要哲学的滋养. 毕竟，科学家也是有血有肉的人，有哲学精神和素养的支撑，才能塑造科学家的气质和意志.

基础科学发展水平直接反映一个国家的科学实力，是提升国家原始创新能力和国际竞争力的基础. 发达国家纷纷加大对基础科学研究的投入力度，就是为了抢占国际竞争的

---

* 作者：丘成桐. 摘自《人民日报》.

制高点. 今天,我国从事基础科学研究的科学家有成就的不少,但堪称领袖、成一家之言的不多. 达到这样地位的学者,必须能够创造新的学问,能够穷究真理的本源. 所以,全面提高基础科学研究水平,需要注重哲学滋养.

第5章 不定积分及其性质

数学毕竟是人类思想独立与经验之外的产物,它怎么会如此美妙地适应于各种现实目的呢?

——爱因斯坦

积分学的起源要比微积分学的起源要早的多. 自古以来面积和体积的计算一直是数学家们所感兴趣的问题. 在古代希腊、中国和印度数学家们的著述中,不乏用无限小求和来计算特殊形状的面积,体积和曲线长的例子,他们的工作是建立在一般微积分学的基础. 在欧洲,对此类问题的研究兴起于17世纪,其中德国的莱布尼兹接受了意大利数学家卡瓦列里(1598—1647年)不可分量的原理,将曲边形看成了无穷多个宽度为无穷小的矩形之和,从而导致了积分的产生. 牛顿从另一途径引出了积分概念,他从确定了面积的变化率(即倒数)入手,通过求变化率的逆过程(即反倒数)来计算面积,两人都得到了解决特殊形状的面积问题的普遍算法——积分计算法,几乎又同时独立地得出了积分和微积分的互逆关系,由此创立了积分学. 但是,他们的积分概念缺少逻辑基础,严格的定积分的定义是由19世纪的柯西和黎曼建立的.

5.1 原函数和不定积分的概念

引例5.1 假设某产品的边际成本函数为 $C'(q)=2q+3$(万元)(其中 q 是产量),已知生产该产品的固定成本为2万元,求该产品的成本函数 $C(q)$.

5.1.1 原函数

在经济和管理中的许多问题,由于经济函数 $y=F(x)$ 未知,不可能求它的边际,即不能进行微积分计算(倒数或微积分),但有可能得到这个经济函数的边际 $F'(x)$ 或微分 $\mathrm{d}F$

(x)，并通过它们来寻求经济函数 $y=F(x)$.

定义 5.1 【原函数】 设函数 $f(x)$ 在区间 (a,b) 上有定义，若存在函数 $F(x)$，使得对任意的 $x\in(a,b)$，都有

$$F'(x)=f(x) \quad \text{或} \quad \mathrm{d}F(x)=f(x)\mathrm{d}x$$

则称 $F(x)$ 为 $f(x)$ 在 (a,b) 上的一个原函数.

【例 5.1】 求函数 $f(x)=\sin x$ 的原函数.

【解】 因为 $(-\cos x)'=\sin x$，根据定义 5.1 知，$-\cos x$ 是 $\sin x$ 的一个原函数，又因为 $(-\cos x+1)'=\sin x$，$(-\cos x-1)'=\sin x$，则 $-\cos x+1$ 与 $-\cos x-1$ 也是 $\sin x$ 的原函数. 一般的，$-\cos x+C$（其中 C 为任意常数）都是 $\sin x$ 的原函数.

因此，如果 $F(x)$ 是 $f(x)$ 的一个原函数，则 $F(x)+C$ 也是 $f(x)$ 的原函数.

5.1.2 不定积分

引进了原函数的概念后，上述问题可以简单描述为，已知原函数 $f(x)$，要求出原函数 $F(x)$. 求给定函数的原函数是积分学的基本问题，也是本章的基本问题.

【注】 关于原函数概念要把握两点：

(1) 原函数个数问题：如果 $f(x)$ 的原函数 $F(x)$ 存在，则原函数有无穷多个；

(2) 原函数的一般表达式：如 $F(x)$ 是 $f(x)$ 的一个原函数，则 $f(x)$ 的全部函数可以表示成 $F(x)+C$，其中 C 为任意常数.

定义 5.2 若 $f(x)$ 有原函数，则称 $f(x)$ 的全体原函数为 $f(x)$ 的不定积分，记作 $\int f(x)\mathrm{d}x$ 其中，$f(x)$ 称为被积函数，$f(x)\mathrm{d}x$ 称为被积表达式，x 称为积分变量，C 成为积分常数，$\int$ 称微积分号. 它们的关系如下

$$\int f(x)\mathrm{d}x = F(x)+C$$

由定义 5.2 知，求函数 $f(x)$ 的不定积分，只需要求出 $f(x)$ 的一个原函数，然后加上积分常数 C 即可.

【例 5.2】 求 $\int x^2\mathrm{d}x$.

【解】 因为 $\left(\frac{1}{3}x^3\right)'=x^2$，所以 $\int x^2\mathrm{d}x = \frac{1}{3}x^3+C$.

【例 5.3】 求函数 e^{-x} 的不定积分.

【解】 因为 $(-\mathrm{e}^{-x})'=\mathrm{e}^{-x}$，所以 $\int \mathrm{e}^{-x} = -\mathrm{e}^{-x}+C$.

【注】 已知函数 $y=F(x)$ 的导数 $y'=f(x)$，求该函数 y 的关键在于利用：

$$y'=f(x)$$

则

$$y=\int f(x)\mathrm{d}x = F(x)+C$$

【例 5.4】 设曲线通过点 (1,2) 且其任意一点的切线斜率等于该点的横坐标的 2 倍，求此曲线的方程.

【解】 设此曲线方程为 $y=F(x)$，依题意，曲线上任意一点 $M(x,y)$ 处的切线斜率为

$$y' = 2x$$

可得 $$y = f(x) = \int 2x\mathrm{d}x = x^2 + C$$

由于曲线过(1,2)，故 $$2=1+C$$

得 $C=1$，则所求曲线为 $$y=x^2+1$$

【例5.5】 引例5.1的不定积分求解.

【解】 已知 $C'(q)=2q+3$，由不定积的定义

$$C(q) = \int(2q+3)\mathrm{d}q = q^2 + 3q + C$$

又 $C(0)=2$，得 $C=2$.

因此，设该产品的成本函数为 $C(q)=q^2+3q+C$.

5.1.3 不定积分的性质与基本积分公式

1. 不定积分的性质

性质1 $\left[\int f(x)\mathrm{d}x\right]' = f(x)$ 或 $\mathrm{d}\int f(x)\mathrm{d}x = f(x)\mathrm{d}x$.

先积分后求导(微分)，结果两种计算抵消.

性质2 $\int F'(x)\mathrm{d}x = F(x) + C$ 或 $\int \mathrm{d}F(x) = F(x) + C$.

先求导(微分)后积分，结果相差一个常数.

2. 不定积分的几何意义

$f(x)$ 的一个原函数 $F(x)$ 所确定的曲线称为函数的积分曲线，它的方程是 $y=F(x)$. 由 $f(x)$ 的不定积分 $\int f(x)\mathrm{d}x = F(x)+C$，根据 C 不同取值可以得到相应的积分曲线. 因此，不定积分 $\int f(x)\mathrm{d}x$ 表示 $f(x)$ 的一簇积分曲线. 又因为 $[F(x)+C]' = f(x)$，所以积分曲线上横坐标相同的点处切线斜率 $F'(x)$ 均相等，即这些切线是相互平行的(见图5-1).

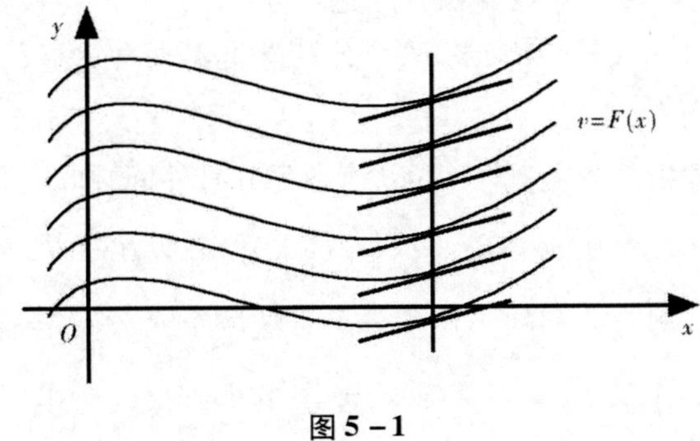

图5-1

3. 基本积分公式

由于求不定积分的运算的逆运算是微分运算，因此从基本初等函数的导数公式可以

得到相应的不定积分公式,例如,$(\frac{x^{\alpha+1}}{\alpha+1})'=x^{\alpha}$,所以有

$$\int x^{\alpha}\mathrm{d}x=\frac{x^{\alpha+1}}{\alpha+1}+C\quad(\alpha\neq-1)$$

对于常数和其他基本初等函数,类似地可以得到其积分公式如下:

(1) $\int k\mathrm{d}x=kx+C$ (k 为常数);

(2) $\int x^{\alpha}\mathrm{d}x=\frac{x^{\alpha+1}}{\alpha+1}+C$ ($\alpha\neq-1$,α 为常数);

(3) $\int\frac{1}{x}\mathrm{d}x=\int\frac{\mathrm{d}x}{x}=\ln|x|+C$;

(4) $\int \mathrm{e}^{x}\mathrm{d}x=\mathrm{e}^{x}+C$;

(5) $\int a^{x}\mathrm{d}x=\frac{a^{x}}{\ln a}+C$ ($a>0,a\neq1$,a 为常数);

(6) $\int\sin x\mathrm{d}x=-\cos x+C$;

(7) $\int\cos x\mathrm{d}x=\sin x+C$;

(8) $\int\sec^{2}x\mathrm{d}x=\tan x+C$;

(9) $\int\csc^{2}x\mathrm{d}x=-\cot x+C$;

(10) $\int\csc x\cot x\mathrm{d}x=-\csc x+C$;

(11) $\int\frac{\mathrm{d}x}{\sqrt{1-x^{2}}}=\arcsin x+C$;

(12) $\int\frac{\mathrm{d}x}{1+x^{2}}=\arctan x+C$.

基本积分公式是求不定积分最基本公式,必须牢记且学会熟练运用它们去求一些简单的不定积分,并由此解决更复杂的积分问题.

【思考题】 观察基本积分公式表,列举出哪些基本初等函数没有基本公式,为什么?

4. 不定积分的运算性质

性质1 被积函数中的常数因子,可以移到积分号外面,即

$$\int kf(x)\mathrm{d}x=k\int f(x)\mathrm{d}x\quad(k\neq0)$$

性质2 两个函数的代数和的不定积分等于这两个函数不定积分的代数和,即

$$\int[f(x)\pm g(x)]\mathrm{d}x=\int f(x)\mathrm{d}x\pm\int g(x)\mathrm{d}x$$

上式可推广到有限多个函数的代数和的情况,即

$$\int[f_1(x)\pm f_2(x)\pm\cdots\pm f_n(x)]\mathrm{d}x=\int f_1(x)\mathrm{d}x\pm\int f_2(x)\mathrm{d}x\pm\cdots\pm\int f_n(x)\mathrm{d}x$$

习题 5－1

1. 填空题

(1) ________$'=3$，　　$\int 3\mathrm{d}x=$________；

(2) ________$'=3x^2$，　　$\int 3x^2\mathrm{d}x=$________；

(3) ________$'=\sin x$，　　$\int \sin x\mathrm{d}x=$________；

(4) ________$'=\frac{1}{x^2}$，　　$\int \frac{1}{x^2}\mathrm{d}x=$________；

(5) x^3 的原函数是________________；

(6) 在积分曲线簇 $\int x\mathrm{d}x$ 中，过点 $(0,1)$ 的积分曲线是________.

2. 选择题

(1) 函数 $f(x)$，$g(x)$ 在区间 (a,b) 内可导，$f'(x)=g'(x)$，则（　　）.

A. $f(x)=g(x)$　　B. $f(x)=g(x)+c$

C. $f(x)=g(x)=R$（常数）　　D. 不能确定

(2) $\int(\cos x-\sin x)\mathrm{d}x=$________$+C$.

A. $\sin x+\cos x$　　B. $\sin x-\cos x$

C. $-\sin x+\cos x$　　D. $-\sin x-\cos x$

5.2 直接积分法

直接利用基本积分公式和不定积分的性质，可以计算一些比较简单的不定积分，这种方法称为直接积分法.

【例 5.6】 求 $\int\frac{\mathrm{d}x}{x^3}$.

【解】 $\int\frac{1}{x^3}\mathrm{d}x=\int x^{-3}\mathrm{d}x=\frac{x^{-3+1}}{-3+3}+C=-\frac{1}{2x^2}+C.$

【例 5.7】 求 $\int(x^2-x+2)\mathrm{d}x$.

【解】 $\int(x^2-x+2)\mathrm{d}x=\int x^2\mathrm{d}x-\int x\mathrm{d}x+\int 2\mathrm{d}x=\frac{x^3}{3}-\frac{x^2}{2}+2x+C.$

【例 5.8】 求 $\int(\mathrm{e}^x-3\cos x)\mathrm{d}x$.

【解】 $\int(e^x-3\sin x)dx=\int e^x dx-3\int \sin x dx=e^x+3\cos x+C.$

【例5.9】 求$\int\left(\frac{x-1}{x}+\sin x\right)dx$.

【解】 $\int\left(\frac{x-1}{x}+\sin x\right)dx=\int\left(1-\frac{1}{x}+\sin x\right)dx=\int dx-\int\frac{1}{x}dx+\int \sin x dx$

$$=x-\ln|x|-\cos x+C$$

【例5.10】 求$\int\sin^2\frac{x}{2}dx$.

【解】 $$\int\sin^2\frac{x}{2}dx=\int\frac{1-\cos x}{2}dx=\frac{1}{2}\int(1-\cos x)dx$$

$$=\frac{1}{2}\left(\int 1dx-\int\cos x dx\right)$$

$$=\frac{1}{2}(x-\sin x)+C$$

【例5.11】 求$\int\frac{1-x^2}{1+x^2}dx$.

【解】 $$\int\frac{1-x^2}{1+x^2}dx=\int\frac{2-(1+x^2)}{1+x^2}dx=2\int\frac{1}{1+x^2}dx-\int 1dx$$

$$=2\arctan x-x+C$$

【例5.12】 求$\int 2^x e^x dx$.

【解】 $$\int 2^x e^x dx=\int(2e)^x dx=\frac{1}{\ln 2e}(2e)^x=\frac{2^x e^x}{1+\ln 2}+C$$

习题5－2

1. 求下列不定积分

(1) $\int\frac{1}{x^2}dx$；

(2) $\int\sqrt{x}dx$；

(3) $\int\frac{1}{x\sqrt{x}}dx$；

(4) $\int 5x^4 dx$；

(5) $\int(3x^2-2x+1)dx$；

(6) $3\int(x+1)^2 dx$；

(7) $\int(x+\sqrt{x}+1)(\sqrt{x}-1)dx$；

(8) $\int\frac{1-x^2}{x}dx$；

(9) $\int\left(2e^x-\frac{3}{x}\right)dx$；

(10) $\int a^x e^x dx$.

2. 求下列不定积分

(1) $\int\left(3\cos x-\frac{2}{\sqrt{x}}+\frac{5}{x^2}\right)$；

(2) $\int\frac{2x^3-x^2+1}{x^3}dx$；

(3) $\int \frac{1}{\sqrt{2gh}} dh$;　　(4) $\int (1 - \frac{1}{\sqrt[3]{y}}) dy$;

(5) $\int \cos^2 \frac{x}{2} dx$;　　(6) $\int \frac{x^4}{1 + x^2} dx$.

3. 应用题

(1) 已知一曲线过点(1,2)，且任意一点的切线斜率为 $3x'^2$，求此曲线方程.

(2) 某工厂生产某种产品的边际成本函数 $C'(q) = 14q - 280$(单位:元/件)，已知该产品的固定成本为 4 300 元，求该产品的成本函数 $C(q)$.

(3) 某工厂生产某种产品，每日生产的产品的成本 $C(q)$ 的变化率(边际成本)是产量 q 的函数 $C'(q) = 7 + \frac{25}{\sqrt{q}}$，已知固定成本为 1 000 元，求成本函数.

5.3 凑微分法(第一类换元积分法)

仅仅利用基本积分公式和不定积分的性质，所能求出的不定积分是很有限的，由复合函数求导法则，可以得到求不定积分的最为灵活和最为重要的积分法：凑微分法(第一换元法).

5.3.1 积分的本质公式

(1) $\int u^\alpha du = \frac{u^{\alpha+1}}{\alpha + 1} + C \ (\alpha \neq -1)$;

(2) $\int \frac{1}{u} du = \ln|u| + C$;

(3) $\int e^u du = e^u + C$,　　$\int a^u du = \frac{a^u}{\ln a} + C$;

(4) $\int \sin u du = -\cos u + C$,　　$\int \cos u du = \sin u + C$;

(5) $\int \frac{1}{\cos^2 u} du = \int \sec^2 u du = \tan u + C$;

(6) $\int \frac{1}{\sin^2 u} du = \int \csc^2 u du = -\cot u + C$;

(7) $\int \frac{du}{\sqrt{1 - u^2}} = \arcsin u + C$.

考察积分的本质公式(3)：$\int e^u du = e^u + C$

注意公示中的变量 u，当 $u = 2x$，下列式子自然成立：

$$\int e^{2x}d(2x)=e^{2x}+C.$$

利用微积分公式可知 $d(e^{2x})=e^{2x}d(2x)=e^{2x}(2x)'dx$，即

$$\int e^{2x}(2x)'dx=\int e^{2x}d(2x)=e^{2x}+C$$

【例 5.13】 求 $\int e^{2x}dx$.

【解】

$$\int e^{2x}dx=\int e^{2x}\cdot\frac{1}{2}(2x)'dx=\frac{1}{2}\int e^{2x}(2x)'dx$$

$$=\frac{1}{2}\int e^{2x}d(2x)=\frac{1}{2}e^{2x}+C$$

定理 5.1【复合函数的积分】 若 $u=\varphi(x)$ 在 $[a,b]$ 内可导，且 $a\leqslant\varphi(x)\leqslant b$，如果对于任意的 $u\in[a,b]$，有 $\int f(u)du=F(u)+C$ ，则

$$\int f[\varphi(x)]\varphi'(x)dx=F[\varphi(x)]+C$$

从例 5.13 可以看出，使用凑微分法求积分，就是把 $\int g(x)dx$ 中的被积表达式"凑" 成另一个微分形式 $\int f(u)du$ ，其中 $u=\varphi(x)$，目标是使 $\int f(u)du$ 能够用基本积分公式积出来，此方法熟练后，可省去换元的步骤，略去中间变量 u，写为

$$\int g(x)dx=\int f[\varphi(x)]\varphi'(x)dx=\int f[\varphi(x)]d[\varphi(x)]=F[\varphi(x)]+C$$

其中，$F(u)$ 是 $f(u)$ 的原函数.

【例 5.14】 求 $\int\cos 2x dx$.

【解】

$$\int\cos 2x dx=\int\cos 2x\cdot\frac{1}{2}\cdot(2x)'dx$$

$$=\frac{1}{2}\int\cos 2x d(2x)=\frac{1}{2}\sin 2x+C$$

【例 5.15】 求 $\int e^{-3x}dx$.

【解】

$$\int e^{-3x}dx=\int e^{-3x}\cdot\left(-\frac{1}{3}\right)\cdot(-3x)'dx$$

$$=-\frac{1}{3}\int e^{-3x}d(-3x)=-\frac{1}{3}e^{-3x}+C$$

【例 5.16】 求 $\int\sqrt{2x-1}dx$.

【解】

$$\int\sqrt{2x-1}dx=\int(2x-1)^{\frac{1}{2}}\cdot\frac{1}{2}\cdot(2x-1)'dx$$

$$=\frac{1}{2}\int(2x-1)^{\frac{1}{2}}d(2x-1)$$

$$=\frac{1}{2}\cdot\frac{2}{3}(2x-1)^{\frac{3}{2}}+C$$

$$= \frac{1}{3}(2x-1)^{\frac{3}{2}} + C$$

【例 5.17】 求 $\int \frac{1}{ax+b}dx$.

【解】

$$\int \frac{1}{ax+b}dx = \int \frac{1}{ax+b} \cdot \frac{1}{a} \cdot (ax+b)'dx$$

$$= \frac{1}{a}\int \frac{1}{ax+b}d(ax+b)$$

$$= \frac{1}{a}\ln|ax+b| + C$$

【例 5.18】 求 $\int 2xe^{x^2}dx$.

【解】

$$\int 2xe^{x^2}dx = \int e^{x^2} \cdot (x^2)'dx = \int e^{x^2}d(x^2)$$

$$= e^{x^2} + C$$

【例 5.19】 求 $\int x\sqrt{1+x^2}dx$.

【解】

$$\int x\sqrt{1+x^2}dx = \int (1+x^2)^{\frac{1}{2}} \cdot \frac{1}{2} \cdot (1+x^2)'dx$$

$$= \frac{1}{2}\int (1+x^2)^{\frac{1}{2}}d(1+x^2)$$

$$= \frac{1}{2} \cdot \frac{2}{3}(1+x^2)^{\frac{3}{2}} + C = \frac{1}{3}(1+x^2)^{\frac{3}{2}} + C$$

【例 5.20】 求 $\int \tan x dx$.

【解】

$$\int \tan x dx = \int \frac{\sin x}{\cos x}dx = \int \frac{1}{\cos x} \cdot (-\cos x)'dx$$

$$= -\int \frac{1}{\cos x}d(\cos x) = -\ln|\cos x| + C$$

【例 5.21】 求 $\int \frac{1}{x(1+2\ln x)}dx$.

【解】

$$\int \frac{1}{x(1+2\ln x)}dx = \int \frac{1}{1+2\ln x} \cdot \frac{1}{2} \cdot (1+2\ln x)'dx$$

$$= \frac{1}{2}\int \frac{1}{(1+2\ln x)}d(1+2\ln x) = \frac{1}{2}\ln|1+2\ln x| + C$$

为了熟练地掌握不定积分的凑微分法，总结应用凑微分法的常见积分类型：

(1) $\int f(ax+b)dx = \frac{1}{a}\int f(ax+b)d(ax+b)$

(2) $\int xf(ax^2+b)dx = \frac{1}{2a}\int f(ax^2+b)d(ax^2+b)$

(3) $\int e^x f(e^x)dx = \int f(e^x)d(e^x)$

(4) $\int \frac{1}{x}f(\ln x)\,dx = \int f(\ln x)\,d(\ln x)$

(5) $\int \cos x f(\sin x)\,dx = \int f(\sin x)\,d(\sin x)$

$\int \sin x f(\cos x)\,dx = -\int f(\cos x)\,d(\cos x)$

(6) $\int \frac{1}{\cos^2 x}f(\tan x)\,dx = \int f(\tan x)\,d(\tan x)$

$\int \frac{1}{\sin^2 x}f(\cot x)\,dx = \int f(\cot x)\,d(\cot x)$

(7) $\int \frac{1}{\sqrt{1-x^2}}f(\arcsin x)\,dx = \int f(\arcsin x)\,d(\arcsin x)$

$\int \frac{1}{1+x^2}f(\arctan x)\,dx = \int f(\arctan x)\,d(\arctan x)$

【例 5.22】 求 $\int \frac{1}{x^2+a^2}dx$.

【解】

$$\int \frac{1}{x^2+a^2}dx = \frac{1}{a^2}\int \frac{1}{1+(\frac{a}{x})^2}\,dx = \frac{1}{a^2}\int \frac{1}{1+(\frac{a}{x})^2}\cdot a\cdot(\frac{a}{x})'dx$$

$$= \frac{1}{a}\int \frac{1}{1+\left(\frac{x}{a}\right)^2}\,d\left(\frac{x}{a}\right) = \frac{1}{a}\arctan x + C$$

【例 5.23】 求 $\int \frac{1}{x^2-a^2}dx$.

【解】 先对被积函数进行恒等变形

$$\frac{1}{x^2-a^2} = \frac{1}{2a}\left(\frac{1}{x-a} - \frac{1}{x+a}\right)$$

于是

$$\int \frac{1}{x^2-a^2}dx = \frac{1}{2a}\int\left(\frac{1}{x-a} - \frac{1}{x+a}\right)dx = \frac{1}{2a}\left(\int \frac{1}{x-a}dx - \int \frac{1}{x+a}dx\right)$$

$$= \frac{1}{2a}\left(\int \frac{1}{x-a}\cdot(x-a)'dx - \int \frac{1}{x+a}\cdot(x+a)'dx\right)$$

$$= \frac{1}{2a}\left[\int \frac{1}{x-a}d(x-a) - \int \frac{1}{x+a}d(x+a)\right]$$

$$= \frac{1}{2a}(\ln|x-a| - \ln|x+a|)$$

$$= \frac{1}{2a}\ln\left|\frac{x-a}{x+a}\right| + C$$

习题5-3

求下列不定积分：

(1) $\int(x+3)^5\mathrm{d}x$；

(2) $\int(3x-1)^3\mathrm{d}x$；

(3) $\int\frac{1}{(2x-3)^2}\mathrm{d}x$；

(4) $\int\frac{1}{1-2x}\mathrm{d}x$；

(5) $\int\cos(2x+1)\mathrm{d}x$；

(6) $\int x\sin x^2\mathrm{d}x$；

(7) $\int\frac{1}{x\ln x}\mathrm{d}x$；

(8) $\int\frac{1}{x^2}\mathrm{e}^{\frac{1}{x}}\mathrm{d}x$；

(9) $\int\cos^3x\mathrm{d}x$；

(10) $\int\frac{\cos x}{1+\sin x}\mathrm{d}x$.

5.4 第二类换元积分法

用凑微分法解决了一些不定积分，但有些不定积分，如 $\int\frac{\mathrm{d}x}{1+\sqrt[3]{x}}$，$\int\frac{\mathrm{d}x}{\sqrt{x^2+a^2}}$ $(a\neq0)$ 等，就难以用凑微分法来解决，下面通过变量代换 $x=\Phi(t)$，即换元法来求解.

【例5.24】 求 $\int\frac{1}{1+\sqrt{1+x}}\mathrm{d}x$.

【解】 令 $\sqrt{1+x}=t$，则 $x=t^2-1$，$\mathrm{d}x=2t\mathrm{d}t$，于是

$$\begin{aligned}\int\frac{1}{1+\sqrt{1+x}}\mathrm{d}x&=\int\frac{2t}{1+t}\mathrm{d}t=2\int\frac{t+1-1}{1+t}\mathrm{d}t\\&=2\left(\int1\mathrm{d}t-\int\frac{1}{1+t}\mathrm{d}t\right)=2t-2\ln|1+t|+C\\&=\sqrt{1+x}-2\ln(1+\sqrt{1+x})+C\end{aligned}$$

【例5.25】 求 $\int\frac{x^2}{\sqrt{1-x^2}}\mathrm{d}x$.

【解】 $x=\sin t$，则 $\mathrm{d}x=\cos t\mathrm{d}t$，当$\frac{\pi}{2}<t<\frac{\pi}{2}$时，$x=\sin t$ 存在反函数，且 $\cos t>0$，则

$$\begin{aligned}\int\frac{x^2}{\sqrt{1-x^2}}\mathrm{d}x&=\int\frac{\sin^2t\cos t}{\cos t}\mathrm{d}t=\int\sin^2t\mathrm{d}t=\int\frac{1-\cos2t}{2}\mathrm{d}t\\&=\frac{1}{2}\int1\mathrm{d}t-\frac{1}{4}\int\cos2t\mathrm{d}(2t)\end{aligned}$$

$$= \frac{1}{2}t - \frac{1}{4}\sin 2t + C$$

$$= \frac{1}{2}t - \frac{1}{2}\sin t\cos t + C.$$

为了将 $\sin t$, $\cos t$ 换成 x 的函数,可根据 $x = \sin t$ 作出辅助直角三角形,如图 5-2 所示. 则

$$t = \arcsin x, \qquad \cos t = \sqrt{1 - x^2}$$

从而有
$$\int \frac{x^2}{\sqrt{1 - x^2}}\mathrm{d}x = \frac{1}{2}\arcsin x - \frac{x}{2}\sqrt{1 - x^2} + C$$

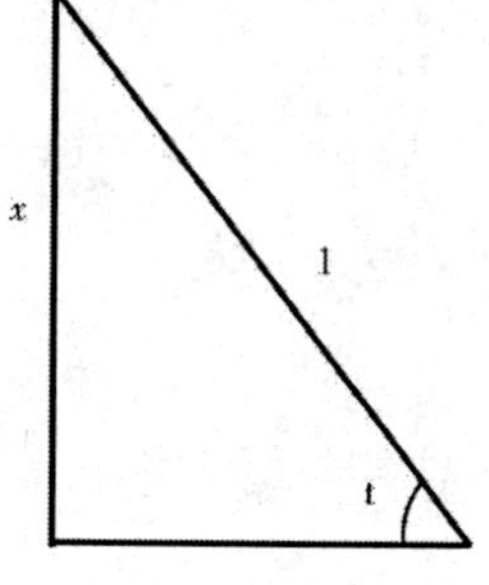

图 5-2

习题 5-4

求下列不定积分

(1) $\int x\sqrt{2 + x^2}\mathrm{d}x$;

(2) $\int \frac{x + 1}{\sqrt{x^2 + 2x + 3}}\mathrm{d}x$;

(3) $\int \frac{\sin\sqrt{t}}{\sqrt{t}}\mathrm{d}t$;

(4) $\int \frac{1}{\mathrm{e}^t + \mathrm{e}^{-t}}\mathrm{d}t$;

(5) $\int \frac{\sin(2\sqrt{t} - 1)}{\sqrt{t}}\mathrm{d}t$;

(6) $\int \frac{1}{\sqrt{a^2 - x^2}}\mathrm{d}x$.

5.5 分部积分法

5.5.1 分部积分法公式

定理 5.2 若 $u = u(x)$ 和 $v = v(x)$ 都可导,且不定积分 $\int v(x)\mathrm{d}u(x)$ 存在,则 $\int u(x)\mathrm{d}v(x)$ 存在,且

$$\int u(x)\mathrm{d}v(x) = u(x)v(x) - \int v(x)\mathrm{d}u(x) \tag{5-1}$$

式(5-1)称为分部积分法公式.

事实上,由两个函数积分微分公式即可推出分部积分公式. 在积分法中,该方法具有独特的作用.

因为 $u = u(x)$ 和 $v = v(x)$ 都可导(可微),所以根据微分的乘法公式

$$d(uv) = udv + vdu$$
$$udv = d(uv) - vdu.$$
对上式两边积分,可得式(5－1),常简写作
$$\int udv = uv - \int vdu \tag{5-2}$$

5.5.2 如何正确使用分部积分公式

应用式(5－1)的关键是 u 和 dv,一般原则如下:

(1)由 dv 能求出 v;

(2) 新积分$\int v(x)du(x)$ 要比原积分$\int u(x)dv(x)$ 容易求得.

下面通过例题说明分部积分公式的运算过程.

【例 5.26】 求 $\int xe^x dx$.

【解】 令 $u=x, dv=e^x dx$,则 $du=x, v=e^x$. 由分部积分公式,得
$$\int xe^x dx = \int x de^x = xe^x - \int e^x dx = xe^x - e^x + C$$
倘若令 $u=e^x, dv=xdx$,则 $du=e^x, v=\frac{1}{2}x^2$.

由分部积分公式,得
$$\int xe^x dx = \int e^x d(\frac{1}{2}x^2) = \frac{1}{2}x^2e^x - \int \frac{1}{2}x^2 de^x$$

这样,上式右端的积分比原积分更难求解. 可见,如果 u 与 dv 选择不恰当,用分部积分法反而会把积分求解变得更复杂,一般要考虑:

(1)被积表达式$f(x)dx$ 可以写成 $u(x)dv(x)$,即
$$\int f(x)dx = \int u(x)d[v(x]$$

(2)分部积分公式中,等式右边的积分$\int u(x)d[v(x]$ 容易求解.

【例 5.27】 求 $\int x\ln x dx$.

【解】 令 $u=\ln x, dv=xdx$,则
$$du = d(\ln x) = (\ln x)'dx = \frac{1}{x}dx, \quad v = \frac{1}{2}x^2$$
$$\int dv = \int xdx = \frac{1}{2}x^2 + C$$
由分部积分公式,得
$$\int x\ln x dx = \int \ln x d(\frac{1}{2}x^2) = \frac{1}{2}x^2\ln x - \frac{1}{2}\int x^2 d(\ln x)$$
$$= \frac{1}{2}x^2\ln x - \frac{1}{2}\int xdx$$

$$= \frac{1}{2}x^2\ln x - \frac{1}{4}x^2 + C$$

【例 5.28】 求 $\int x\cos x\mathrm{d}x$.

【解】 令 $u = x, \mathrm{d}v = \cos x\mathrm{d}x$，则

$$\mathrm{d}u = \mathrm{d}x, \quad v = \sin x, \quad \int \mathrm{d}v = \int \cos x\mathrm{d}x = \sin x + C$$

由分部积分公式，得

$$\int x\cos x\mathrm{d}x = \int x\mathrm{d}(\sin x) = x\sin x - \int \sin x\mathrm{d}x$$
$$= x\sin x + \cos x + C$$

【例 5.29】 求 $\int \ln x\mathrm{d}x$.

【解】
$$\int \ln x\mathrm{d}x = x\ln x - \int x\mathrm{d}(\ln x) = x\ln x - \int x \cdot \frac{1}{x}\mathrm{d}x$$
$$= x\ln x - \int 1\mathrm{d}x = x\ln x - x + C$$

【例 5.30】 求 $\int x^2 e^x \mathrm{d}x$.

【解】
$$\int x^2 e^x \mathrm{d}x = \int x^2 \mathrm{d}(e^x) = x^2 e^x - \int e^x \mathrm{d}(x^2)$$
$$= x^2 e^x - 2\int x e^x \mathrm{d}x \qquad \text{（再次使用分部积分公式）}$$
$$= x^2 e^x - 2\int x\mathrm{d}(e^x)$$
$$= x^2 e^x - 2\left(x e^x - \int e^x \mathrm{d}x\right) = x^2 e^x - 2x e^x + 2e^x + C$$

【例 5.31】 求 $\int x^2 \sin 2x\mathrm{d}x$.

【解】
$$\int x^2 \sin 2x\mathrm{d}x = -\frac{1}{2}\int x^2 \mathrm{d}(\cos 2x) = -\frac{1}{2}\left[x^2\cos 2x - \int \cos 2x\mathrm{d}(x^2)\right]$$
$$= -\frac{x^2}{2}\cos 2x + \int x\cos 2x\mathrm{d}x \qquad \text{（再次使用分部积分公式）}$$
$$= -\frac{x^2}{2}\cos 2x + \frac{1}{2}\int x\mathrm{d}(\sin 2x)$$
$$= -\frac{x^2}{2}\cos 2x + \frac{1}{2}\left[x\sin 2x - \int \sin 2x\mathrm{d}x\right]$$
$$= -\frac{x^2}{2}\cos 2x + \frac{x}{2}\sin 2x + \frac{1}{4}\cos 2x + C$$

下面列出应用分部积分法的常见积分形式及 $u, \mathrm{d}v$ 的选取方法：

(1) $\int x^m \ln x\mathrm{d}x, \int x^m \arcsin x\mathrm{d}x, \int x^m \arctan x$（$m \neq -1$，且 m 为整数）应使用分部积分法计算. 一般，设 $\mathrm{d}v = x^m\mathrm{d}x$ 而被积表达式的其余部分设为 u；

(2) $\int x^n \sin ax\mathrm{d}x$, $\int x^n \cos ax\mathrm{d}x$, $\int x^n \mathrm{e}^{ax}$($n>0$,且 n 为整数)应利用分部积分法计算. 一般,设 $u=x^n$,被积表达式的其余部分设为 $\mathrm{d}v$.

习题5-5

求下列不定积分:

(1) $\int x\mathrm{e}^{3x}\mathrm{d}x$;

(2) $\int x^2\mathrm{e}^{-x}\mathrm{d}x$;

(3) $\int x\sin x\mathrm{d}x$;

(4) $\int \ln x\mathrm{d}x$;

(5) $\int x\ln(x+1)\mathrm{d}x$;

(6) $\int (x^2-1)\sin x\mathrm{d}x$.

复习题五

1. 求下列不定积分:

(1) $\int (4x^{\frac{3}{2}}-x^{\frac{1}{2}})\mathrm{d}x$;

(2) $\int (2^x-\frac{1}{x})\mathrm{d}x$;

(3) $\int \sqrt{x\sqrt{x}}\mathrm{d}x$;

(4) $\int \frac{1}{(3+5x)^2}\mathrm{d}x$;

(5) $\int \frac{2x}{1+x^2}\mathrm{d}x$;

(6) $\int \frac{(\sqrt{x}+1)^5}{\sqrt{x}}\mathrm{d}x$;

(7) $\int x\mathrm{e}^{-2x^2}\mathrm{d}x$;

(8) $\int \frac{1}{\sqrt{x}+1}\mathrm{d}x$;

(9) $\int \mathrm{e}^{2\sqrt{x}}\mathrm{d}x$;

(10) $\int \cos\sqrt{t}\mathrm{d}t$.

2. 已知函数 $y=f(x)$ 的导函数为 $\sin x+\cos x$,且当 $x=\frac{\pi}{2}$ 时,$y=2$,求此函数.

3. 设曲线在任意一点 $x(x>0)$ 处的切线斜率为 $\frac{1}{\sqrt{x}}+3$,且过(1,5)点,求该曲线方程.

4. 设某函数 $y=f(x)$ 当 $x=1$ 时有极小值,当 $x=-1$ 时有极大值4,又知其导数具有形式 $y=3x^2+ax+b$,求此函数.

5. 设 $f(x)=\int(1+\sin x)\mathrm{d}x$,求 $f(x)$ 在闭区间 $[0,2\pi]$ 上的最大值和最小值之差.

【数学大师链接9】

“神级数学家”——黎曼

他是过劳而死的天才数学家，一生只发表了10篇论文，钻研了15年数学，却名震天下，他就是波恩哈德·黎曼. 1826年，黎曼作为家中的老二在德国汉诺威的布雷斯伦茨村出生了. 他的父亲是村里的牧师，母亲是法官的女儿，但他的家庭生活却十分困难. 虽然家里穷，但是黎曼的父亲并没有放弃孩子们的教育. 而黎曼从小就表现出很强的学习欲望，深受父母的喜爱. 一年后，黎曼开始学算术，很快就显露出他天生的数学才能：他不仅解决了所有留给他的问题，还会出一些更难的题来捉弄他的兄弟姐妹.

虽然黎曼一直按照父亲的意思学习神学和哲学方面的知识，但是他在中学时就迷上了数学，并且还能轻松理解对于当时的他来说比较高深的数学知识. 1846年，黎曼成为了哥廷根大学的学生，为了能尽快得到一个有报酬的工作，以便在经济上支援家庭，他选择了研读哲学和神学. 然而，他的心思仍然扑在数学上，为了兼顾两边而废寝忘食着，他父亲不忍心看他学得那么辛苦，最终让他转到数学专业. 1847年，他跑到柏林大学求学，并遇到了两位对他人生有极大影响的数学家：雅克比和狄利克雷，在他们的指引下，他不仅收获了很多数学知识，还学到了一个人如何坚持“自信”. 两年后，学有所成的黎曼回到了哥廷根，并开始准备他的博士论文. 1851年11月，在高斯的指导下，他终于完成了论文《复变函数论的一般理论的基础》，即现在的柯西－黎曼方程，还奠定了函数几何理论的基础.

黎曼成功毕业了，但还是个困难户. 为了谋生，他希望能成为讲师，而想要成为讲师，不但要提交论文，还得给学院的教授做一个资格演讲. 于是在1853年，黎曼提交了一份求职论文. 论文中推广了保证傅里叶展开式成立的狄利克雷条件，即关于三角级数收敛的黎曼条件，研究出三角级数收敛的准则，并定义了黎曼积分，对完善分析理论产生深远的影响. 黎曼其实能够轻易就通过演讲的，只是他遗忘了一点，那就是当时的系主任是高斯，而高斯压根不知道这个规矩，然后黎曼悲剧了. 黎曼准备了他很熟悉的两个主题，但照例他提交了三个题目，而作为陪衬的最后一个题目正是“论作为几何基础的假设”. 结果高斯一看到第三个题目如此充满挑战性，就毫不犹豫地选了这道题. 演讲当天，他讲起了经常思考的课题——另类几何. 整个过程中，他特别指出了日常生活中不适用欧几里得规则的例子，比如球面. 在球面上所有经线都与赤道相交呈90°，因此这些经线会彼此平行，却在极点相交. 就这样，一个小时的“论作为几何基础的假设”演讲成为了数学史上发表的内容最丰富的长篇论文，而且在表述方面也堪称典范，勾勒出一个截然不同的几何世界. 这次的演讲不但发扬了高斯关于曲面的微分几何研究，建立了黎曼空间的概念，还开创了黎曼几何，为爱因斯坦的广义相对论提供了数学基础. 因此高斯兴奋不已，顺利让黎曼获得了讲师职位.

虽然黎曼成为了讲师，日子过得很苦，但是黎曼坚持一边授课一边研究数学煎熬着，

直到1859年接替去世的狄利克雷成为教授，生活才得到改善.1857年，黎曼发表了关于阿贝尔函数的论文，文中引出黎曼曲面的概念，并从拓扑、分析等角度深入研究，阐明了黎曼－罗赫定理，使得阿贝尔积分与阿贝尔函数的理论进入了新的转折点和创造了对代数拓扑发展影响深远的多个概念.1859年8月，他被选为柏林科学院通讯院士，为了表达自己的感激之情，他决定将研究素数分布而写的论文《论小于已知数的素数的个数》献给柏林科学院.不过，尴尬的是这篇论文仅仅只有8页，里面的内容极为精炼，该有的性质证明都没有，搞得很多数学家直接被气炸了，只好一点一点证明他论文中提出的断言，直至今天，还差黎曼猜想没有得到解决.

其实，黎曼虽然发表的论文不多，也就11篇，但是他除了黎曼几何、复变函数论、解析理论、微积分理论等方面有着极为重要的贡献外，还对数学物理、微分方程等方面有所研究，如热学，电磁非超距作用和激波理论等.对冲击波作数学处理，黎曼是第一个人.他试图将引力与光统一起来，并研究人耳的数学结构，还将物理问题抽象出的常微分方程、偏微分方程进行定论研究.1857年，他发表的论文《对可用高斯级数表示的函数的理论的补充》中，他处理了超几何微分方程和讨论带代数系数的阶线性微分方程.这是关于微分方程奇点理论的重要文献.而他在1858年—1859年发表的论文，创造性的提出解波动方程初值问题的新方法，简化了许多物理问题的难度，还推广了格林定理，并对关于微分方程解的存在性的狄里克雷原理作了杰出的工作.虽然硕果累累，但是实际上黎曼的创造在当时并未能得到数学界的一致公认.这也是由于他的思想过于深邃，当时很多数学家都无法理解，如无自由移动概念的非常曲率的黎曼空间，直到广义相对论出现，才让那些数学家认可他的成果.

【数学大师链接10】

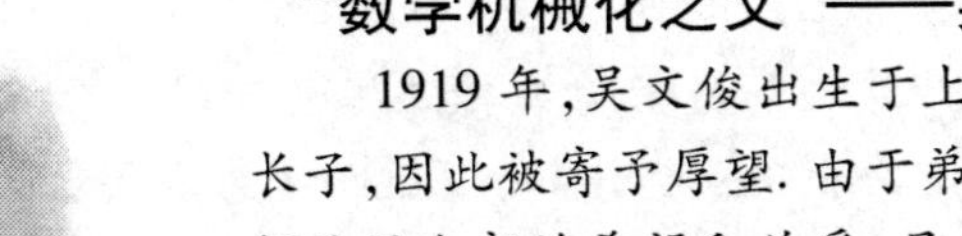

“数学机械化之父”——吴文俊

1919年，吴文俊出生于上海的一个知识分子家庭，是家中的长子，因此被寄予厚望.由于弟弟妹妹的夭折，因此家里更是对他倾注了全部的希望和关爱，吴文俊大部分时间都是待在家里，长期以往就形成了孤僻的性格.好在父亲书房里有大量的藏书，吴文俊很快就从这些书中找到了乐趣，后来还会对这些书进行分析和鉴赏，由此养成了极强的阅读和自学能力.小学时候的吴文俊成绩平平，并没有表现出优异的数学天赋，上了6年小学之后，家里还是不太放心他去上初中，于是，便让他再读多一年.不过在这一年，吴文俊也开始学习中学的课程，接触到了代数和英语，英语学得不错，对代数却没什么感觉.

1931年，吴文俊进入私立铁华中学，结果因为这间学校的教学质量太差，最后，他在一场大病之后便插班到私立民智中学去了.初中三年，影响吴文俊最深的只有国文课，因为授课老师的古典文学修养极深，加之他对国文课比较感兴趣，这为后来他研究中国数学史打下了很好的语文基础.1932年，吴文俊被送回浙江嘉兴老家，躲避战乱.半年后，才返回上海继续读书，不过，吴文俊的课就跟不上了，数学考了0分，这对吴文俊打击很大.

1933 年，吴文俊来到了正始中学，开始了他的正规读书生涯. 在这里，吴文俊打下了良好的数学基础，英语能力也取得了极大的提高，能够做到读写自如. 不过，吴文俊最喜欢还是物理，在临近毕业的一次非常难的物理考试中，他成绩很出色，然而，他的物理老师赵贻经却认为，他之所以能在物理考试中有如此优异的成绩是得益于数学能力强，因此建议他学习数学，而父母也要求他必须留在上海，因此，吴文俊最终选择了上海交通大学数学系，就此确定了人生的走向.

在上海交大的前两年，由于数学系的教材教法比较落后薄弱，因此吴文俊学起来尤其轻松，再加上对物理一直念念不忘，于是，便渐渐对数学失去了兴趣，甚至还有了转系的念头. 终于在大三迎来了转机，武崇林老师开设了实变函数论这一门课程，而且还讲得特别好，这引起了吴文俊极大的兴趣，从此变得一发不可收拾. 还自学了老师没讲到的实变函数论的内容，通过阅读大量数学家的著作，了解到了集合论，并开始沉迷于拓扑学的研究. 1945 年，抗日战争胜利后，吴文俊也迎来了人生的转折，先后结识了数学家朱公谨、周炜良、陈省身. 可以说，陈省身是在吴文俊数学事业上影响最大的一个人. 有了陈省身这位引路人，吴文俊得以进入到中央数学研究所，施展他的数学才能. 在拓扑学研究方面，吴文俊攻克了当时数学界的一大难题——他用了不到一年的时间，就给出了惠特尼乘积公式的简单证明.

1947 年，吴文俊留学法国之后，一直持续进行拓扑学方面的研究，并在 1949—1950 年在示性类方面的成果，震惊了整个拓扑学界，他的示性类和示嵌类研究被国际数学界称为“吴公式”，“吴示性类”，“吴示嵌类”，至今仍被国际同行广泛引用. 1974 年以后，吴文俊开始研究中国数学史. 作为一位有战略眼光的数学家，他一直在思索数学应该怎样发展，并终于在对中国数学史的研究中得到启发. 在研究中国数学史的过程中，吴文俊发现贯穿中国古代数学的思想其实就是机械化的思想，因为古代数学是为解决实际问题而生的，所以方法必然是“机械”的. 因此，吴文俊在数学研究上实现了一次战略性的转移，开始研究数学机械化. 吴文俊曾在计算机工厂劳动，看到了计算机的巨大力量，并意识到计算机将会带来巨大的变革. 他认为计算机作为新的工具必将大范围地介入到数学研究中来，使数学家的聪明才智得到尽情发挥，机械化数学的发展必将为中国数学的发展做出巨大贡献.

1977 年，吴文俊通过手算，用他提出的计算机证明几何定理的方法，证明了第一个几何定理，从此开创了中国数学机械化研究. 后来，吴文俊研究出了公式自动推理与发现的算法、代数方程组的投影算法、偏微分代数方程组的整序算法等等，并且身体力行地参与到应用研究中. 他在平面机构运动学和曲面拟合的研究，对于后面的数学机械化研究产生了重要的影响. 他曾经用自己的方法成功从开普勒定理推导出牛顿定理，成为了机器证明的范例，而他对于机构学－机器人的研究更是成为了数学机械化应用研究的一大主要方向，至今仍在继续. 吴文俊开创的机器证明，以代数几何为基础，走的是几何代数化的路，具有巨大的原始性创新. 他的工作被称为自动推理领域的先驱性工作，并于 1997 年获得了自动推理界的最高奖——“厄布朗自动推理杰出贡献奖”，而吴文俊对于几何定理自动推理的研究，将这个领域变成了最成功的领域之一，是极具划时代的贡献，同时使得我国的数学机械化研究领域处于国际领先地位.

第6章 定积分及其应用

虽然不允许我们看透自然界本质的秘密,从而认识现象的真实原因,但仍可能发生这样的情形:一定的虚构假设足以解释许多现象.

——欧　拉

不定积分是微积分法逆运算的一个侧面,本章介绍的定积分则是它的另一个侧面. 不定积分和定积分既有区别,又有联系. 17 世纪中叶,牛顿和莱布尼兹先后提出了定积分的概念——和式极限,后又发现了积分和微分之间的内在联系,提供了计算定积分的一般方法. 自此,定积分成为了解决实际问题的有力工具,而原本各自独立的微分学和积分学则紧密的联系在一起,构成理论体系完整的微积分学.

17 世纪下半叶,欧洲科学技术迅猛发展,由于生产力的提高和社会各方面的迫切需要,经各国科学家的努力与历史的积累,建立在函数与极限概念的基础上的微积分理论应运而生了. 定积分起源于求解图形的面积和几何体的体积等实际问题. 古希腊阿基米德(公元前 287—公元前 212)用"穷竭法",我国的刘徽用"割圆术",都曾计算过一些图形的面积和几何体的体积,这些均为定积分的锥形.

一、穷竭法

总量问题是积分学的中心问题. 积分的起源可追溯到 2500 年前的古希腊,那时的希腊人在计算一些图形的面积时,使用了所谓的"穷竭法". 当时他们已经能计算出多边形的面积:先把多边形分成若干个三角形,然后把这些三角形的面积累加起来. 然而在计算曲边形的面积时,这种方法就不适用了. 后来,古希腊人利用"穷竭法"计算曲边形的面积:先计算曲边形的内接正多边形和外切正多边形的面积,然后让多边形的变数不断增加,逼近曲边形的面积. 设 A_n 为圆的内接正 n 边形的面积,当 n 不断增加时,显然 A_n 变得越来越接近于圆的面积 A.

这时,就说圆的面积是它的内接正 n 边形的面积极限,并记作 $\lim\limits_{n\to\infty}A_n$. 古希腊人不是明确地使用极限概念,而是通过间接推理求曲边形的面积,其中,欧多克斯(公元前 5 世纪)

使用“穷竭法”证得的了的面积公式：$A=\pi r^2$.

二、割圆术

我国魏晋时期的数学家刘徽使用了“割圆术”来推算圆的面积，他从圆内接正六边形开始割圆，然后每次边数倍增，直至计算出正 192 边形的面积，求得 $\pi\approx\frac{157}{50}\approx3.14$ 称为“徽率”. 后来祖冲之使用刘徽的方法，正确地计算出圆内接正 3 072 边形的面积，从而得到了精确度很高的圆周率近似值$\frac{3\ 927}{1\ 250}$，精确到小数点后四位，即 3. 141 6.

6.1 定积分的概念

6.1.1 定积分的意义

定义 6.1 设函数$f(x)$在区间$[a,b]$上连续，若$F(x)$是$f(x)$的任意一个原函数，则称函数$f(x)$在区间$[a,b]$上可积分，称积分值$F(b)-F(a)$为函数$f(x)$在区间$[a,b]$上的定积分，记作

$$\int_a^b f(x)\mathrm{d}x = F(b) - F(a) \tag{6-1}$$

式中，$f(x)$ 称为被积函数，$f(x)\mathrm{d}x$ 称为被积表达式，x 称为积分变量，$[a,b]$称为积分区间，a 与 b 分别称为积分下限与积分上限，符号$\int_a^b f(x)\mathrm{d}x$ 读作“从 a 到 b 上，$f(x)$ 对 x 的积分”.

微积分基本公式（牛顿－莱布尼兹公式）

$$\int_a^b f(x)\mathrm{d}x = F(b) - F(a)$$

【注】 关于定积分的说明：

（1）定积分$\int_a^b f(x)\mathrm{d}x$ 是$f(x)$ 的原函数$F(x)$ 在 $x=b$ 和 $x=a$ 处的函数值之差$F(b)-F(a)$，它表示一个数值，这个数值只取决于被积函数、积分下限和积分上限，而与积分变量采用什么字母来表示是无关的，例如

$$\int_a^b f(x)\mathrm{d}x = \int_a^b f(t)\mathrm{d}t$$

（2）关于定积分的次序，定积分的上限与下限互换时，定积分变号，即

$$\int_a^b f(x)\mathrm{d}x = -\int_b^a f(x)\mathrm{d}x$$

特别地,当 $a=b$ 时,有

$$\int_a^a f(x)\,\mathrm{d}x = 0$$

【例 6.1】 一辆小轿车在踩刹车制动后第 2 秒末停下. 已知在这一制动过程中汽车的速度为 $v=10-5t$(秒/米),求从开始制动到停下来,汽车滑行的距离.

【解】 根据定义,汽车滑行的距离可表示为

$$s = \int_0^2 v(t)\,\mathrm{d}t = \int_0^2 (10-5t)\,\mathrm{d}t = \left(10t - \frac{5}{2}t^2\right)\bigg|_0^2$$

$$= 10\times 2 - \frac{5}{2}\times 2^2 - 0 = 10 \text{ 米}.$$

6.1.2 定积分的几何意义

设函数 $f(x)$ 在区间 $[a,b]$ 上的定积分为 $\int_a^b f(x)\,\mathrm{d}x$,当 $f(x)\geqslant 0$ 时,其积分值等于曲线 $y=f(x)$ 与直线 $x=a$,$x=b$ 在 x 轴上方所围成的平面图形(曲边梯形)的面积.

【例 6.2】 利用定积分 $\int_0^2 \sqrt{4-x^2}\,\mathrm{d}x$ 的几何意义求值.

【解】 函数 $y=\sqrt{4-x^2}\,(0\leqslant x\leqslant 2)$ 表示圆周 $x^2+y^2=4$ 在第一象限的部分,而圆 $x^2+y^2=4$ 的面积为 $S=4\pi$. 所以

$$\int_0^2 \sqrt{4-x^2}\,\mathrm{d}x = \pi$$

6.1.3 定积分的性质

(1)【常倍数】 $\int_a^b kf(x)\,\mathrm{d}x = k\int_a^b f(x)\,\mathrm{d}x$ (k 为常数)

(2)【和与差】 $\int_a^b [f(x)\pm g(x)]\,\mathrm{d}x = \int_a^b f(x)\,\mathrm{d}x \pm \int_a^b g(x)\,\mathrm{d}x$

可推广到有限项的情况,即

$$\int_a^b [f_1(x)\pm f_2(x)\pm\cdots\pm f_n(x)]\,\mathrm{d}x = \int_a^b f_1(x)\,\mathrm{d}x \pm\cdots\pm \int_a^b f_n(x)\,\mathrm{d}x$$

(3)【估值定理】 如果函数 $f(x)$ 在区间 $[a,b]$ 上连续,对任意的 $x\in[a,b]$,恒有 $m\leqslant f(x)\leqslant M$,则

$$m(b-a)\leqslant \int_a^b f(x)\,\mathrm{d}x \leqslant M(b-a)$$

(4)【积分的区间可加性】 如果 $a<c<b$,则

$$\int_a^b f(x)\,\mathrm{d}x = \int_a^c f(x)\,\mathrm{d}x + \int_c^b f(x)\,\mathrm{d}x$$

事实上,对任意 $c\in\mathbf{R}$,上式成立.

(5)【积分的比较性质】 如果在区间 $[a,b]$ 上有 $f(x)\geqslant g(x)$,则

$$\int_a^b f(x)\,\mathrm{d}x \geqslant \int_a^b g(x)\,\mathrm{d}x$$

特殊情形：如果在区间$[a,b]$上有$f(x)\geqslant 0$，则$\int_a^b f(x)\mathrm{d}x \geqslant 0$.

例如，在区间$[0,1]$上，有$x\geqslant x^2$，则$\int_0^1 x\mathrm{d}x \geqslant \int_0^1 x^2\mathrm{d}x$.

(6)【积分的中值定理】 如果函数$f(x)$在闭区间$[a,b]$上连续，则在区间$[a,b]$上至少存在一点ξ，使得

$$\int_a^b f(x)\mathrm{d}x = f(\xi)(b-a)$$

6.1.4 如何求定积分 $\int_a^b f(x)\mathrm{d}x$ 的值

根据定积分的定义，求$\int_a^b f(x)\mathrm{d}x$的步骤如下：

(1)求$f(x)$的原函数$F(x)$，即根据$f(x)$的不定积分$F(x)+C$，选择$F(x)$.

(2)计算$F(b)-F(a)$，其值就是$\int_a^b f(x)\mathrm{d}x$.

【例 6.3】 求$\int_0^{\pi}\sin x\mathrm{d}x$.

【解】 $\int_0^{\pi}\sin x\mathrm{d}x = (-\cos x)\big|_0^{\pi} = (-\cos\pi)-(-\cos 0) = 1+1 = 2.$

【思考题】 试画图考察例 6.3 中$\int_0^{\pi}\sin x\mathrm{d}x$表示的面积.

【例 6.4】 求$\int_{-1}^{3}(x^2+1)\mathrm{d}x$.

【解】
$$\int_{-1}^{3}(x^2+1)\mathrm{d}x = \left(\frac{1}{3}x^3+x\right)\Big|_{-1}^{3} = \left(\frac{1}{3}\times 3^3+3\right)-\left[\frac{1}{3}\times(-1)^3+(-1)\right]$$
$$= 12+\frac{4}{3} = \frac{40}{3}$$

【例 6.5】 求$\int_1^3 |2-x|\mathrm{d}x$.

【解】
$$\int_1^3 |2-x|\mathrm{d}x = \int_1^2(2-x)\mathrm{d}x + \int_2^3(x-2)\mathrm{d}x$$
$$= \left(2x-\frac{1}{2}x^2\right)\Big|_1^2 + \left(\frac{1}{2}x^2-2x\right)\Big|_2^3 = \frac{1}{2}+\frac{1}{2} = 1$$

习题 6－1

1. 用定积分表示抛物线$y=x^2+1$与直线$x-1$，$x=2$以及x轴所围成的图形的面积.

2. 用曲边梯形的面积说明下列定积分.

(1) $\int_1^2 0\mathrm{d}x$； (2) $\int_a^b 1\mathrm{d}x\ (a<b)$；

(3) $\int_a^b f(x)\mathrm{d}x\ (a<b)$； (4) $\int_0^1 x^2\mathrm{d}x$；

(5) $\int_{-\pi}^{\pi}\sin x\mathrm{d}x$;　　(6) $\int_{-1}^{1}\sqrt{1-x^2}\mathrm{d}x$.

3. 利用定积分的性质,比较下列各题中两个积分值的大小:

(1) $\int_0^1 x\mathrm{d}x$ 与 $\int_0^1 x^3\mathrm{d}x$;　　(2) $\int_1^2 x^2\mathrm{d}x$ 与 $\int_1^2 x^3\mathrm{d}x$;

(3) $\int_0^{\frac{\pi}{2}}\sin x\mathrm{d}x$ 与 $\int_0^{\frac{\pi}{2}}\sin^2 x\mathrm{d}x$;　　(4) $\int_0^1 \mathrm{e}^x\mathrm{d}x$ 与 $\int_0^1 \mathrm{e}^{2x}\mathrm{d}x$;

(5) $\int_1^{\mathrm{e}}\ln x\mathrm{d}x$ 与 $\int_1^{\mathrm{e}}\ln^2 x\mathrm{d}x$;　　(6) $\int_{\mathrm{e}}^3\ln x\mathrm{d}x$ 与 $\int_{\mathrm{e}}^3\ln^2 x\mathrm{d}x$.

4. 用牛顿-莱布尼兹公式计算下列定积分:

(1) $\int_0^2(2x-5)\mathrm{d}x$;　　(2) $\int_1^2\frac{1}{\sqrt{x}}\mathrm{d}x$;

(3) $\int_1^3(3x^2-x+1)\mathrm{d}x$;　　(4) $\int_0^1 x\sqrt{1-x^2}\mathrm{d}x$;

(5) $\int_0^{\frac{\pi}{2}}\cos^3 x\sin x\mathrm{d}x$;　　(6) $\int_1^2\left(x+\frac{1}{x}\right)^2\mathrm{d}x$;

(7) $\int_{-1}^{0}\frac{1}{\sqrt{1-x}}\mathrm{d}x$;　　(8) $\int_0^2|1-x|\mathrm{d}x$.

5. 设 $f(x)=\begin{cases}\mathrm{e}^x, & x<0\\ 1+x^2, & x\geqslant 0\end{cases}$,计算定积分 $\int_{-1}^{2}f(x)\mathrm{d}x$.

6.【下落的距离】 某一物体从距离地面400m的高空自由下落,速度为 $v=9.8t$(米/秒). 试用定积分表示物体从1~2s间下落的距离 h.

7.【汽车刹车时的加速度】 一辆汽车以90km/h的速度行驶,假设司机看到距离前方50m处发生事故,司机立即刹车. 问汽车至少应以多大的加速度行驶才能避开前方事故?

6.2 定积分的一般计算方法

6.2.1 定积分的换元积分法

在第5章中,学习了不定积分的凑微分法(换元法),在某些条件下换元法也可以用在定积分的计算上.

下面先用凑微分法求原函数来计算定积分.

【例6.6】 计算 $\int_0^{\ln 3}\mathrm{e}^x(1+\mathrm{e}^x)^2\mathrm{d}x$.

【解】

$$\int_0^{\ln3} e^x(1+e^x)^2dx = \int_0^{\ln3}(1+e^x)^2(1+e^x)'dx = \int_0^{\ln3}(1+e^x)^2d(1+e^x)$$

$$= \frac{1}{3}(1+e^x)^3\Big|_0^{\ln3} = \frac{1}{3}[(1+e^{\ln3})^3-(1+e^0)^3]$$

$$= \frac{56}{3}$$

实际上,定积分的计算方法也有类似的换元法. 从以下定理来说明这一点.

定理 6.1 设函数 $f(x)$ 在 $[a,b]$ 上连续,令 $x=\varphi(t)$,则有

$$\int_a^b f(x)dx = \int_\alpha^\beta f[\varphi(t)]\varphi'(t)dt$$

其中函数 $\varphi(t)$ 应满足以下三个条件:

(1) $\varphi(a)=\alpha, \varphi(b)=\beta$;

(2) $\varphi(t)$ 在 $[a,b]$ 上单值且有连续导数;

(3)当 t 在 $[a,b]$ 上变化时,应对的 $x=\varphi(t)$ 在 $[a,b]$ 上变化.

【注】【定积分换元之关键点】 定积分在换元的同时也要换积分区域,原上限对应新上限,原下限对应新下限.

原积分变量(x)　　　　下限 $x=a\to$ 上限 $x=b$

新积分变量(t)　　　　下限 $t=\alpha\to$ 上限 $t=\beta$

【例 6.7】 计算 $\int_0^{\frac{\pi}{2}}\cos^3 x\sin x dx$.

【解】 方法 1 利用不定积分的凑微分法求原函数

$$\int_0^{\frac{\pi}{2}}\cos^3 x\sin x dx = -\int_0^{\frac{\pi}{2}}\cos^3 x d(\cos x) = -\frac{1}{4}\cos^4 x\Big|_0^{\frac{\pi}{2}} = \frac{1}{4}$$

方法 2 利用定积分的换元法

$$\int_0^{\frac{\pi}{2}}\cos^3 x\sin x dx = -\int_0^{\frac{\pi}{2}}\cos^3 x d(\cos x)$$

令 $t=\cos x$, 原积分限(x):下限 $x=0\to$ 上限 $x=\frac{\pi}{2}$.

新积分限(t):下限 $t=1\to$ 上限 $t=0$. 则

$$\int_0^{\frac{\pi}{2}}\cos^3 x\sin x dx = -\int_1^0 t^3 dt = \int_0^1 t^3 dt = \frac{1}{4}t^4\Big|_0^1 = \frac{1}{4}$$

【例 6.8】 求 $\int_0^4 \frac{dx}{1+\sqrt{x}}$.

【解】 为了去掉被积函数中的根式. 设 $t=\sqrt{x}$,则 $x=t^2(t\geqslant 0)$,于是 $\frac{1}{1+\sqrt{x}}=\frac{1}{1+t}$, $dx=2tdt$.

原积分限(x):下限 $x=0\to$ 上限 $x=4$.

新积分限(t):下限 $t=0\to$ 上限 $t=2$.

则有

$$\int_0^4 \frac{dx}{1+\sqrt{x}} = \int_0^2 \frac{2tdt}{1+t} = 2\int_0^2 (1 - \frac{1}{1+t})dt$$

$$= 2[t - \ln(1+t)]\Big|_0^2 = 2(2 - \ln 3) = 4 - 2\ln 3$$

【例 6.9】 求 $\int_0^2 \sqrt{4-x^2}dx$

【解】 设 $x=2\sin t$，则 $dx=2\cos t dt$，于是 $\sqrt{4-x^2}=\sqrt{4-(2\sin t)^2}=2|\cos t|$.

原积分限(x)：下限 $x=0 \to$ 上限 $x=2$.

新积分限(t)：下限 $t=0 \to$ 上限 $t=\frac{\pi}{2}$.

则有

$$\int_0^2 \sqrt{4-x^2}dx = \int_0^{\frac{\pi}{2}} 4\cos^2 t dt = 4\int_0^{\frac{\pi}{2}} \frac{1+\cos 2t}{2}dt$$

$$= 2(t + \frac{1}{2}\sin 2t)\Big|_0^{\frac{\pi}{2}} = 2 \cdot \frac{\pi}{2} = \pi$$

【注】【奇函数与偶函数在对称区间上的定积分】 设函数 $f(x)$ 在关于原点对称的区间 $[-a,a]$ 上连续，则

(1) 当 $f(x)$ 为偶函数时，$\int_{-a}^{a} f(x)dx = 2\int_0^a f(x)dx$.

(2) 当 $f(x)$ 为奇函数时，$\int_{-a}^{a} f(x)dx = 0$.

例如：

(1) $\int_{-\pi}^{\pi} x^2 \sin x dx = 0$;

(2) $\int_{-1}^{1} x^2 dx = 2\int_0^1 x^2 dx = 2 \cdot \frac{1}{3} = \frac{2}{3}$.

上述结论可以利用定积分的换元法得到，它给奇、偶函数在关于原点对称的区间上的定积分计算带来方便.

【例 6.10】 求 $\int_{-\frac{\pi}{2}}^{\frac{\pi}{2}} (x^4 \sin^3 x + \cos x)dx$.

【解】

$$\int_{-\frac{\pi}{2}}^{\frac{\pi}{2}} (x^4 \sin^3 x + \cos x)dx = \int_{-\frac{\pi}{2}}^{\frac{\pi}{2}} x^4 \sin^3 x dx + \int_{-\frac{\pi}{2}}^{\frac{\pi}{2}} \cos x dx$$

$$= 0 + 2\int_0^{\frac{\pi}{2}} \cos x dx = 2\sin x\Big|_0^{\frac{\pi}{2}} = 2$$

6.2.2 定积分的分部积分法

定义 6.2 设函数 $u(x)$，$v(x)$ 在区间 $[a,b]$ 上均有连续导数，则

$$\int_a^b u dv = (uv)\Big|_a^b - \int_a^b v du$$

上式称为定积分的分部积分公式.

定积分的分部积分法与不定积分类似,但结果不同.定积分是一个数值,而不定积分是一类函数.

【例 6.11】 求 $\int_0^1 xe^x dx$.

【解】 $$\int_0^1 xe^x dx = \int_0^1 x(e^x)'dx = \int_0^1 xd(e^x) = (xe^x)\Big|_0^1 - \int_0^1 e^x dx$$
$$= e - e^x\Big|_0^1 = e - e + 1 = 1$$

【例 6.12】 求 $\int_0^{\frac{\pi}{2}} x\cos x dx$.

【解】 $$\int_0^{\frac{\pi}{2}} x\cos x dx = \int_0^{\frac{\pi}{2}} xd(\sin x) = x\sin x\Big|_0^{\frac{\pi}{2}}$$
$$- \int_0^{\frac{\pi}{2}} \sin x dx = \frac{\pi}{2} + \cos x\Big|_0^{\frac{\pi}{2}} = \frac{\pi}{2} - 1$$

【例 6.13】 求 $\int_1^2 x\ln x dx$.

【解】 $$\int_1^2 x\ln x dx = \int_1^2 \ln x d\left(\frac{x^2}{2}\right) = \left(\frac{x^2}{2}\ln x\right)\Big|_1^2 - \int_1^2 \frac{x^2}{2}d(\ln x)$$
$$= 2\ln 2 - \int_1^2 \frac{x}{2}dx = 2\ln 2 - \frac{3}{4}$$

习题 6－2

1. 计算下列定积分:

(1) $\int_0^4 \frac{1}{1+\sqrt{x}}dx$;　　(2) $\int_{-1}^0 \frac{1}{\sqrt{1-x}}dx$;

(3) $\int_{-1}^1 \frac{x}{\sqrt{5-4x}}dx$;　　(4) $\int_0^1 xe^{-x^2}dx$.

2. 计算下列定积分:

(1) $\int_0^{\frac{\pi}{2}} x\sin x dx$;　　(2) $\int_0^1 xe^{-x}dx$;

(3) $\int_1^e \ln x dx$;　　(4) $\int_{-4}^4 x^3e^{-x^2}dx$;

(5) $\int_{-1}^1 \frac{\ln x}{\sqrt{x}}dx$;　　(6) $\int_0^1 x^2e^{-x}dx$.

3. 利用函数的奇偶性求下列定积分的值:

(1) $\int_{-2}^2 (5x^3+3x+1)dx$;　　(2) $\int_{-1}^1 x\cos x dx$;

(3) $\int_{-\pi}^{\pi} x^2\sin x dx$;　　(4) $\int_{-4}^4 x^3e^{-x^2}dx$;

(5) $\int_{-1}^1 e^{|-x|}dx$;　　(6) $\int_{-2}^2 \frac{x+|x|}{2+x^2}dx$.

6.3 定积分的应用——求平面图形的面积

6.3.1 定积分的微元法

定义 6.3 【微元法】 (1)在区间$[a,b]$上任取一个微小区间$[x,x+\mathrm{d}x]$,然后求出在这个小区间上的部分量ΔA的近似值,记为$\mathrm{d}A=f(x)\mathrm{d}x$(称为$A$的微元法);

(2)将微元法$\mathrm{d}A$在$[a,b]$上无限"累加",即在$[a,b]$上积分,得

$$\mathrm{A}=\int_a^b f(x)\mathrm{d}x$$

上述问题的解决方法称为微元法.

【注】 关于微元$\mathrm{d}A=f(x)\mathrm{d}x$,有两点要说明:

(1)被称作微元的量$f(x)\mathrm{d}x$作为ΔA的近似表达式,实际上就是所求量的微分$\mathrm{d}A$.

(2)问题的关键是怎样求微元.一般的,通过分析问题的实际意义及数量关系,利用在局部$[x,x+\mathrm{d}x]$上以"常代变"、"直代曲"等思路(局部线性化)即可求出微元$\mathrm{d}A=f(x)\mathrm{d}x$.

6.3.2 平面图形的面积

设平面图形是由曲线$y=f(x)$,$y=g(x)$和直线$x=a$,$x=b(a<b)$所围成的,在$[a,b]$上$f(x)\geqslant g(x)$.取x为积分变量,其变化区间为$[a,b]$,在$[a,b]$上任取区间$[x,x+\mathrm{d}x]$,相应区间$[x,x+\mathrm{d}x]$上的窄条面积近似于高为$f(x)-g(x)$、底为$\mathrm{d}x$的矩形面积,从而得到面积微元

$$\mathrm{d}A=[f(x)-g(x)]\mathrm{d}x,\quad x\in[a,b]$$

以面积微元为被积表达式,在$[a,b]$上作定积分得所求面积

$$A=\int_a^b[f(x)-g(x)]\mathrm{d}x \tag{6-2}$$

同理,如果平面图形是曲线$x=\varphi(y)$,$x=\psi(y)$和直线$y=c$,$y=d(c<d)$,所围成的,且在$[c,d]$上$\varphi(y)\geqslant\psi(y)$,则面积微元为

$$\mathrm{d}A=[\varphi(y)-\psi(y)]\mathrm{d}y,\quad y\in[c,d]$$

平面图形的面积为

$$A=\int_c^d[\varphi(y)-\psi(y)]\mathrm{d}y \tag{6-3}$$

【例 6.14】 求由两条抛物线$y=x^2$,$y^2=x$所围成的图形面积.

【解】 (1)求两条曲线的交点,解方程组$\begin{cases}y^2=x\\y=x^2\end{cases}$,得交点(0,0)及(1,1).

(2)取 x 为积分变量,得面积微元

$$dA = [\sqrt{x} - x^2]dx, \quad x \in [0,1]$$

(3)图形在直线 $x=0$ 与 $x=1$ 之间,应用式(6-2),得

$$A = \int_0^1 (\sqrt{x} - x^2)dx = \left(\frac{2}{3}x^{\frac{2}{3}} - \frac{1}{3}x^3\right)\Big|_0^1 = \frac{1}{3}$$

【例 6.15】 计算抛物线 $y^2=2x$ 与直线 $y=y-4$ 所围成的图形面积.

【解】 解题步骤如下:

(1)求两条曲线的交点以确定图形范围,解方程组 $\begin{cases} y^2=2x \\ y=y-4 \end{cases}$,得交点(2,-2)和(8,4).

(2)取 y 为积分变量,应用式(6-3)得

$$A = \int_{-2}^4 (y+4-\frac{1}{2}y^2)dy = (\frac{y^2}{2}+4y-\frac{y^3}{6})\Big|_{-2}^4 = 18$$

若选 x 作积分变量,必须过点(2,-2)作直线 $x=2$ 将图形分成两部分,分别应用式(6-2)可得

$$A = \int_0^2 [\sqrt{2x} - (-\sqrt{2x})]dx + \int_2^8 [\sqrt{2x} - (x-4)]dx$$

$$= \frac{4\sqrt{2}}{3}x^{\frac{3}{2}}\Big|_0^2 + (4x + \frac{2\sqrt{2}}{3}x^{\frac{3}{2}} - \frac{1}{2}x^2)\Big|_2^8 = 18$$

显然,这样的计算量比较大,因此要注意积分变量的恰当选择. 一般的,积分变量的选择要视图形的具体情况而定.

习题 6-3

计算下列各题中平面图形的面积:

1. 曲线 $y=\sqrt{x}$ 与直线 $x=1$、$x=4$、$y=0$ 所围成的图形;
2. 抛物线 $y=x^2$ 与直线 $y=2x$ 所围成的图形;
3. 曲线 $y=\frac{1}{x}$ 与直线 $y=x$、$x=2$ 所围成的图形;
4. 抛物线 $y=x^2$ 与 $y=2-x^2$ 所围成的图形;
5. 曲线 $y=e^x$、$y=e^{-x}$ 与直线 $x=1$ 所围成的图形.

复习题六

一、单选题

1. 可积函数 $f(x)$ 的积分曲线族中,每一条曲线在横坐标相同的点处的切线(　　)

A. 一定平行于 轴　　　　B. 一定平行于 轴

C. 相互平行　　　　D. 相互垂直

2. 函数$\int f(x)\mathrm{d}x = F(x) + c$，则$\int f(ax+b)\mathrm{d}x =$（　　）

A. $F(ax+b)+c$　　　　B. $aF(ax+b)+c$

C. $\frac{1}{a}F(ax)+c$　　　　D. $\frac{1}{a}F(ax+b)+c$

3. 下列函数中，不是$f(x)=\frac{1}{x}$的原函数是（　　）

A. $\text{In}x$　　B. $\text{In}x+1$　　C. $\text{In}2x$　　D. $2\text{In}x$

4. 函数$f(x)=e^{-x}$的不定积分为（　　）

A. e^{-x}　　B. $-e^{-x}$　　C. $e^{-x}+c$　　D. $-e^{-x}+c$

5. 下列选项中，值为零的是（　　）

A. $\int_{-1}^{2}x\mathrm{d}x$　　B. $\int_{-1}^{1}x\sin x\mathrm{d}x$　　C. $\int_{-1}^{1}x\cos x\mathrm{d}x$　　D. $\int_{-1}^{2}x\cos^2 x\mathrm{d}x$

6. 已知$f(0)=1, f(2)=2, f'(1)=3$，则$\int_0^1 xf''(x)\mathrm{d}x =$（　　）

A. $f(x)=x+\frac{1}{2}$　　　　B. $f(x)=-x+\frac{1}{2}$

C. $f(x)=\frac{\sqrt{3}}{2}+\frac{1}{2}$　　　　D. $f(x)=\frac{3}{4}x+\frac{1}{2}$

二、填空题.

1. 函数$y=f(x)$的__________称为$f(x)$的不定积分.

2. $\int(\frac{x}{1+x^2})'\mathrm{d}x =$，$(\int\frac{x}{1+x^2}\mathrm{d}x)' =$__________.

3. 若$\int f(x)\mathrm{d}x = \frac{1}{2}\cos 2x + c$ 则$f(x) =$__________.

4. 经过坐标原点，且每点处的切线斜率等于 $\cos x$ 的曲线方程是__________.

5. (1) $\int\mathrm{d}x =$__________；　　(2) $\int\frac{3}{x^2}\mathrm{d}x =$__________；

(3) $\int e^x\mathrm{d}x =$__________；　　(4) $\int\frac{1}{2x}\mathrm{d}x =$__________；

6. 设$\int_0^1(2x+k)\mathrm{d}x = 2$，则$k =$__________.

7. $\int_0^1 x\sqrt{1-x^2}\mathrm{d}x =$__________.

8. 当$k =$________时，曲线$y=x^2$与直线$y=kx(k>0)$所围图形的面积为$\frac{4}{3}$.

三、计算题

1. $\int(x^2-3x+2)\mathrm{d}x$；　　　　2. $\int(e^x+2x)\mathrm{d}x$；

3. $\int 2xe^{x^2}\mathrm{d}x$；　　　　4. $\int\frac{ax}{x\text{In}x}\mathrm{d}x$；

5. $\int_1^2 \frac{x}{x^2+1}\mathrm{d}x$;　　　　6. $\int_0^1 x^5 \mathrm{e}^{x^3}\mathrm{d}x$.

四、解答题

1. 医学研究表明，刀割伤口表面修复的速度为 $A(t)=-5t^{-2}$（单位：cm^2/d）（$1\leqslant t\leqslant 5$），其中 A 表示伤口的表面积，设 $A(1)=5\mathrm{cm}^2$，问受伤 5 天后该患者的伤口的表面积为多少？

2. 设导线在时刻 t（单位：s）的电流为 $i(t)=0.006t\sqrt{t^2+1}$，如果当 $t=0$ 时，流过导线横截面积的电量 $Q(t)=0$（单位：A），求电量 与 t 的函数关系式.

3. 设电流强度 可表示时间 t 的函数 $i=2\sin\left(2t+\frac{\pi}{4}\right)$，那么从 $t=0$ 到 流过的电量 Q 为多少？

4. 交流电压为 $U=U_m\sin\omega t$，求它通过电阻 R 所消耗的平均功率.

【数学文化沙龙】

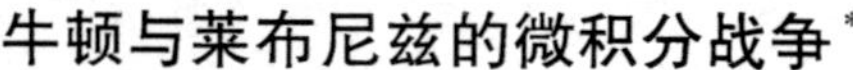

牛顿与莱布尼兹的微积分战争*

18 世纪初，英国最伟大的数学家艾萨克·牛顿爵士（1642—1726 年）和德国最伟大的数学家戈特弗里德·威廉·莱布尼兹（1646—1716 年之间即将爆发一场激烈的战争，这场战争持续超过 10 年，直到他们各自去世.

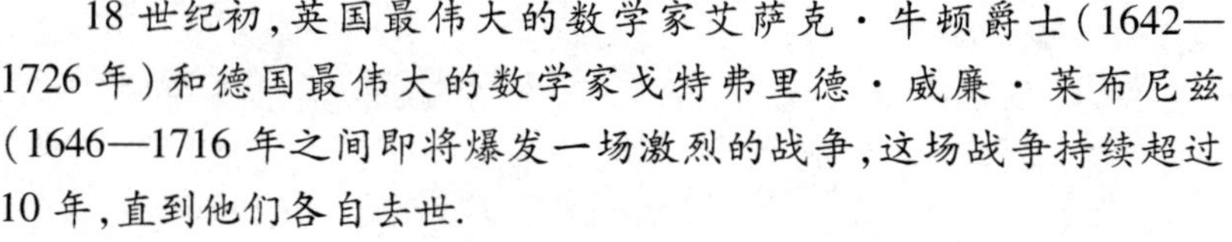

这场战争中，他们都宣称自己才是微积分的创立者. 微积分是数学分析的基础，为人们提供了一套测算包括几何图形、行星绕太阳运行的轨迹在内的各种曲面面积的通用方法. 微积分是 17 世纪最伟大的知识遗产之一. 牛顿在 1665—1666 年间（他创造力最强的一段时间）创立了这一数学方法. 牛顿在乡下度过了两年几乎与世隔绝的生活，牛顿在这两年中创建的科学体系或许是其他任何一个科学家在同样短的时间内都无法完成的. 他在几乎各个科学领域都有重大发现，如现代光学、流体力学、潮汐物理、运动定律、万有引力定律等. 最重要的是，牛顿创立了称之为流数法的微积分. 但牛顿在其大半生的时间里，却并没有将这一发明公之于世，而仅仅是将自己的私人稿件在朋友之间传阅. 牛顿直到发明微积分 10 年之后，才正式出版相关著作.

莱布尼兹则是在晚 10 年之后的 1675 年才发明微积分，那段时

* 本文选自《谁是剽窃者：牛顿与莱布尼兹的微积分战争》杰森·苏格拉底·巴迪 著，张菀、齐蒙 译，上海社会科学院出版社，2017 年 6 月出版.

间是他最为多产的一个时期.莱布尼兹在接下来的十年里不断完善这一发现,创立了一套独特的微积分符号系统,并于1684年和1686年分别发表两篇关于微积分的论文.莱布尼兹虽晚于牛顿发明微积分,但他发表微积分的著作却早于牛顿.正是因为这两篇论文,莱布尼兹才得以宣称自己是微积分的第一创始人.微积分意义是如此重大,到1700年,莱布尼兹在整个欧洲被公认为是当时最伟大的数学家.

莱布尼兹和牛顿都说自己才是微积分真正的创始人,现在则普遍认为两人各自独立创立了微积分,都是微积分的发明人.微积分可算是自古希腊以来数学史上最大的进步,两人都为之做出了重大贡献.现代学者或许愿意共享这一巨大的荣耀,但是莱布尼兹和牛顿在发明微积分的归属权上却互不相让.17世纪末,莱布尼兹和牛顿的支持者均指责对方行为不当.18世纪的前20年,微积分战争正式地爆发了.

莱布尼兹曾看过牛顿早期的研究,牛顿因此认定莱布尼兹剽窃了自己的成果,他开始最大限度地利用自己的声望来攻击莱布尼兹.牛顿声称莱布尼兹知道自己首先发明了微积分,他能证明这一点.依靠自己多年建立的巨大声望,牛顿指使亲信撰文攻击莱布尼兹.牛顿的支持者们暗示莱布尼兹偷窃了牛顿的理念,并帮着牛顿反驳各种回应和指责.牛顿这么做并非出于纯粹的恶意或嫉妒,而是他的确相信莱布尼兹偷窃了他的成果.

莱布尼兹也毫不退让,任何人都不会对这样的攻击置之不理.在支持者的帮助下,莱布尼兹奋起反击.莱布尼兹宣称事实的真相是牛顿借用了他的理念;他积极联络欧洲的学者们,一封接一封写了许多信为自己辩护.莱布尼兹还匿名发表了多篇为自己辩护以及攻击牛顿的文章.他甚至将争论引入到政府层面,甚至是英国国王那里.微积分战争日趋激烈,牛顿和莱布尼兹以公开或秘密的形式相互攻击.他们要么请人代写评论,要么发表匿名文章.两人都是享誉欧洲的学者,都尽可能地利用各自的声望号召人们支持自己.如果不是莱布尼兹在1716年去世,这场争端将会持续更久.在某种意义上,莱布尼兹的离世并未结束微积分战争,因为牛顿并未停止"战斗",仍继续发表攻击性的文章.

孰对孰错?牛顿似乎有充足的理由声称是他首先发明了微积分,并且成功地说服了人们.在牛顿去世时,不仅是英国,整个欧洲都承认他早于莱布尼兹发明微积分.

真相到底如何呢?牛顿确实比莱布尼兹早十年发明微积分,但这并不足以说明牛顿就是微积分的创立者.莱布尼兹同样有权争取微积分的创立权.莱布尼兹独立地发展了微积分.更重要的是,他首先发表了有关微积分的著作;他对微积分的研究比牛顿更加深入;他创立了远远优于牛顿的微积分符号,这些符号沿用至今.他花费数年时间将微积分发展成一个方便所有人使用的完整的数学架构.因此,可以这样说,莱布尼兹的微积分方法对数学史做出的贡献要大于牛顿.

在微积分战争爆发之前,莱布尼兹和牛顿没有多少直接交流的机会,但他们对彼此的欣赏一直都溢于言表.或许正是因为堆砌了太多的溢美之词,在翻脸后彼此的攻击也就愈加刻薄.许多作家,包括史学家和传记作者,都认为微积分战争毫无意义,是不幸的,甚至很荒谬.为了赢得这场争论,莱布尼兹和牛顿后来变得无所不用其极,充分展示两人身上不好的一面.他们真实的另一面与人们心目中抱负远大、淡泊名利、勤奋、多产的天才形象很难联系起来.

话虽如此,微积分战争还是令后人着迷,因为牛顿和莱布尼兹上演了历史上最重大的

知识产权斗争.牛顿和莱布尼兹,英国和德国数学界的两位元老和巨人,在这场激烈的战争中充分展示了他们卓越的才智、高傲的个性,甚至是疯狂的一面.但归根到底,这场战争让我们看到了人性的真实.微积分是最重要的数学发明,极大推动了科学的进步.但在两位最伟大的科学巨匠——牛顿和莱布尼兹之间,却爆发了激烈的微积分发明权之争.

莱布尼兹去世以后,他的声望越来越大.在18世纪,莱布尼兹就公认是一位非常重要的学者.1780年,人们为了纪念他而专门建立了一座纪念牌.这是另一项不是贵族的人难以享有的殊荣.莱布尼兹的纪念牌被设计成一个圆形神庙的形状,神庙的中间树立着他的白色大理石半身雕像,上面刻着他的名字"奥萨·莱布尼兹".另一件事也可以反映出他在人们心目中的地位.多年以后,当人们翻修纽斯塔德特教堂时,教堂内其他人的遗骸都被搬迁到了别处,唯有莱布尼兹的遗骨被保留了下来,重新葬在了翻新的教堂之内.

莱布尼兹建立了一种理论,认为想要完全排除这个世界的邪恶是不可能的,但由于可以将邪恶降低到最小的程度,因此人们的确是生活在可能存在的最好的世界中.莱布尼兹并没有说"所有可能世界中最好的世界"在任何方面都是完美无缺的.他本人经历了太多的战争和痛苦,因此不会轻易否定一切事物.他的本意是,在无限多可能的世界中,人们生活的世界是最好的世界.在莱布尼兹看来,这个世界的痛苦和恐惧是一种仍然和谐的更高秩序的一部分.不仅如此,他认为由于造物主是完美的,为了有所区别,造物主所创造的世界一定是不完美的.

第7章　行列式

数学是上帝描述自然的符号.

——黑格尔

最早提出行列式概念的是日本数学家关孝和,他在1683年著的《解伏题之法》一书中提到了"解行列式问题的方法".1693年莱布尼兹提出了方程组的系数行列式为零的条件.1750年瑞士数学家克莱姆在其著作中《线性代数分析导论》中最早阐述了行列式的定义和展开法则,并提出了一直使用到今天的克莱姆法则.

7.1　n阶行列式的定义

在中学,学过用消元法解二元一次方程组:

$$\begin{cases} a_{11}x_1 + a_{12}x_2 = b_1 & (1) \\ a_{21}x_1 + a_{22}x_2 = b_2 & (2) \end{cases}$$

$(1)\times a_{22}-(2)\times a_{12}$,得

$$(a_{11}a_{22} - a_{12}a_{21})x_1 = b_1a_{22} - b_2a_{12}$$

同样,$(2)\times a_{11}-(1)\times a_{21}$,得

$$(a_{11}a_{22} - a_{12}a_{21})x_2 = b_2a_{11} - b_1a_{21}$$

当$a_{11}a_{22}-a_{12}a_{21}\neq 0$时,有

$$\begin{cases} x_1 = \dfrac{b_1a_{22} - a_{12}b_2}{a_{11}a_{22} - a_{12}a_{21}} \\ x_2 = \dfrac{a_{11}b_2 - b_1a_{21}}{a_{11}a_{22} - a_{12}a_{21}} \end{cases}$$

为了便于记忆，用记号$\begin{vmatrix} a_{11} & a_{12} \\ a_{21} & a_{22} \end{vmatrix}$表示代数和 $a_{11}a_{22}-a_{12}a_{21}$，称为二阶行列式，即

$$\begin{vmatrix} a_{11} & a_{12} \\ a_{21} & a_{22} \end{vmatrix} = a_{11}a_{22}-a_{12}a_{21} \tag{7.1}$$

式(7.1)的左端称为二阶行列式，右端称为二阶行列式的展开式.

其中数 $a_{ij}(i=1,2;j=1,2)$ 称为行列式的元素，横排称为行列式的行，竖排称为行列式的列. a_{ij}的下标 i 表示它位于自上而下的第 i 行，第二个下标 j 表示它位于从左到右的第 j 列，即 a_{ij}是位于行列式第 i 行与 j 列相交处的一个元素.

类似地，方程组解的分子可分别表示为

$$b_1a_{22}-a_{12}b_2 = \begin{vmatrix} b_1 & a_{12} \\ b_2 & a_{22} \end{vmatrix}; \quad a_{11}b_2-b_1a_{21} = \begin{vmatrix} a_{11} & b_1 \\ a_{21} & b_2 \end{vmatrix}$$

用 $\boldsymbol{D},\boldsymbol{D}_1,\boldsymbol{D}_2$ 分别表示上述行列式，即

$$\boldsymbol{D} = \begin{vmatrix} a_{11} & a_{12} \\ a_{21} & a_{22} \end{vmatrix}, \quad \boldsymbol{D}_1 = \begin{vmatrix} b_1 & a_{12} \\ b_2 & a_{22} \end{vmatrix}, \quad \boldsymbol{D}_2 = \begin{vmatrix} a_{11} & b_1 \\ a_{21} & b_2 \end{vmatrix}$$

于是在 $\boldsymbol{D}\neq 0$ 时，二元一次方程组的解可以写成：

$$x_1 = \frac{\boldsymbol{D}_1}{\boldsymbol{D}}, \quad x_2 = \frac{\boldsymbol{D}_2}{\boldsymbol{D}}$$

类似地，用记号

$$\begin{vmatrix} a_{11} & a_{12} & a_{13} \\ a_{21} & a_{22} & a_{23} \\ a_{31} & a_{32} & a_{33} \end{vmatrix}$$

表示代数和 $a_{11}a_{22}a_{33}+a_{12}a_{23}a_{31}+a_{13}a_{21}a_{32}-a_{11}a_{23}a_{32}-a_{12}a_{21}a_{33}-a_{13}a_{22}a_{31}$，称为三阶行列式，即

$$\begin{vmatrix} a_{11} & a_{12} & a_{13} \\ a_{21} & a_{22} & a_{23} \\ a_{31} & a_{32} & a_{33} \end{vmatrix} = a_{11}a_{22}a_{33}+a_{12}a_{23}a_{31}+a_{13}a_{21}a_{32}- \\ a_{11}a_{23}a_{32}-a_{12}a_{21}a_{33}-a_{13}a_{22}a_{31} \tag{7.2}$$

三阶行列式表示的代数和，可以用划线（见图 7－1）的方法记忆，其中各实线联结的三个元素的乘积是代数和中的正项，各虚线联结的三个元素的乘积是代数和中的负项. 这种计算行列式的方法叫做对角线法则.

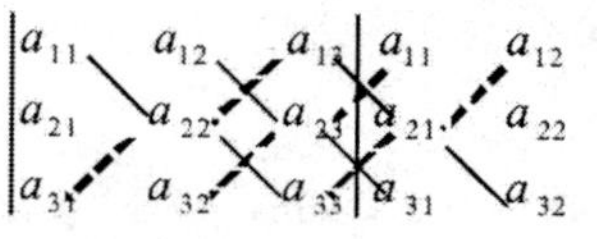

图 7－1

【例 7.1】 $\begin{vmatrix} 4 & -1 \\ 1 & 2 \end{vmatrix} = 4\times 2-(-1\times 1)=9.$

【例 7.2】 $\begin{vmatrix} 1 & 2 & 3 \\ 4 & 5 & 6 \\ 7 & 8 & 9 \end{vmatrix} = 1\times 5\times 9+2\times 6\times 7+3\times 4\times 8-3\times 5\times 7-1\times 6\times 8-$

$$2 \times 4 \times 9 = 225 - 225 = 0.$$

在三阶行列式$\begin{vmatrix} a_{11} & a_{12} & a_{13} \\ a_{21} & a_{22} & a_{23} \\ a_{31} & a_{32} & a_{33} \end{vmatrix}$中，划去元素$a_{ij}(i=1,2,3;j=1,2,3)$所在的行和列的元素，余下的元素按照原来的次序构成一个二阶行列式，称为元素a_{ij}的余子式，记为$\boldsymbol{M}_{ij}$，并称$(-1)^{i+j}\boldsymbol{M}_{ij}$为元素$a_{ij}$的代数余子式，记为$\boldsymbol{A}_{ij}$，即

$$\boldsymbol{A}_{ij} = (-1)^{i+j}\boldsymbol{M}_{ij}$$

例如元素a_{23}的余子式和代数余子式分别为

$$\boldsymbol{M}_{23} = \begin{vmatrix} a_{11} & a_{12} \\ a_{31} & a_{32} \end{vmatrix}$$

$$\boldsymbol{A}_{23} = (-1)^{2+3}\begin{vmatrix} a_{11} & a_{12} \\ a_{31} & a_{32} \end{vmatrix} = -\begin{vmatrix} a_{11} & a_{12} \\ a_{31} & a_{32} \end{vmatrix}$$

由三阶行列式的展开式(7.2)，不难看出

$$\begin{vmatrix} a_{11} & a_{12} & a_{13} \\ a_{21} & a_{22} & a_{23} \\ a_{31} & a_{32} & a_{33} \end{vmatrix} = a_{11}\begin{vmatrix} a_{22} & a_{23} \\ a_{32} & a_{33} \end{vmatrix} - a_{12}\begin{vmatrix} a_{21} & a_{23} \\ a_{31} & a_{33} \end{vmatrix} + a_{13}\begin{vmatrix} a_{21} & a_{22} \\ a_{31} & a_{32} \end{vmatrix}$$

$$= a_{11}\boldsymbol{A}_{11} + a_{12}\boldsymbol{A}_{12} + a_{13}\boldsymbol{A}_{13}$$

即三阶行列式可以表示为它的第一行的各元素与其对应的代数余子式的乘积之和. 也就是说，一个三阶行列式可以用相应的三个二阶行列式来定义.

【例 7.3】 $\begin{vmatrix} 2 & 3 & 4 \\ 0 & 5 & 0 \\ 0 & 0 & 1 \end{vmatrix} = 2\begin{vmatrix} 5 & 6 \\ 0 & 1 \end{vmatrix} - 3\begin{vmatrix} 0 & 6 \\ 0 & 1 \end{vmatrix} + 4\begin{vmatrix} 0 & 5 \\ 0 & 0 \end{vmatrix} = 2 \times 5 - 3 \times 0 + 4 \times 0 = 10.$

如果把由单独的一个元素a组成的行列式看成a的本身，并称之为一阶行列式，即$|a| = a$，二阶行列式实际上也可以由相应的两个一阶行列式来定义.

$$\begin{vmatrix} a_{11} & a_{12} \\ a_{21} & a_{22} \end{vmatrix} = a_{11}|a_{22}| - a_{12}|a_{21}| = a_{11}\boldsymbol{A}_{11} - a_{12}\boldsymbol{A}_{12}$$

仿照此办法，把四阶行列式定义为

$$\begin{vmatrix} a_{11} & a_{12} & a_{13} & a_{14} \\ a_{21} & a_{22} & a_{23} & a_{24} \\ a_{31} & a_{32} & a_{33} & a_{34} \\ a_{41} & a_{42} & a_{43} & a_{44} \end{vmatrix} = a_{11}\boldsymbol{A}_{11} + a_{12}\boldsymbol{A}_{12} + a_{13}\boldsymbol{A}_{13} + a_{14}\boldsymbol{A}_{14}$$

根据这个规律，采用递归定义法，可以得出n阶行列式的定义.

定义 7.1 设$n-1$阶行列式已经定义，则规定n阶行列式为

$$D=\begin{vmatrix} a_{11} & a_{12} & \cdots & a_{1n} \\ a_{21} & a_{22} & \cdots & a_{2n} \\ \vdots & \vdots & & \vdots \\ a_{n1} & a_{n2} & \cdots & a_{nn} \end{vmatrix} = a_{11}A_{11}+a_{12}A_{12}+\cdots+a_{1n}A_{1n}=\sum_{j=1}^{n}a_{1j}A_{1j} \tag{7.3}$$

式中,A_{ij}为元素 $a_{1j}(j=1,2,\cdots,n)$的代数余子式(它是一个 $n-1$ 阶行列式)

$$A_{ij}=(-1)^{1+j}M_{ij}=(-1)^{1+j}\begin{vmatrix} a_{21} & \cdots & a_{2j-1} & a_{2j+1} & \cdots & a_{2n} \\ a_{31} & \cdots & a_{3j-1} & a_{3j+1} & \cdots & a_{3n} \\ \vdots & & \vdots & \vdots & & \vdots \\ a_{n1} & \cdots & a_{nj-1} & a_{nj+1} & \cdots & a_{nn} \end{vmatrix}$$

即 n 阶行列式的值等于它的第一行的各元素与其对应的代数余子式的乘积之和. 式(7.3)称为 n 阶行列式按第一行的展开式.

【例 7.4】 计算行列式

$$D=\begin{vmatrix} 1 & 2 & 3 & 4 \\ 1 & 0 & 1 & 2 \\ 3 & -1 & -1 & 0 \\ 1 & 2 & 0 & -5 \end{vmatrix}$$

【解】 按式(7.3),则 $D=a_{11}A_{11}+a_{12}A_{12}+a_{13}A_{13}+a_{14}A_{14}$,其中

$$A_{11}=(-1)^{1+1}\begin{vmatrix} 0 & 1 & 2 \\ -1 & -1 & 0 \\ 2 & 0 & -5 \end{vmatrix}=-1;\quad A_{12}=(-1)^{1+2}\begin{vmatrix} 1 & 1 & 2 \\ 3 & -1 & 0 \\ 1 & 0 & -5 \end{vmatrix}=-22$$

$$A_{13}=(-1)^{1+3}\begin{vmatrix} 1 & 0 & 2 \\ 3 & -1 & 0 \\ 1 & 2 & -5 \end{vmatrix}=19;\quad A_{14}=(-1)^{1+4}\begin{vmatrix} 1 & 0 & 1 \\ 3 & -1 & -1 \\ 1 & 2 & 0 \end{vmatrix}=-9$$

所以

$$D=1\times(-1)+2\times(-22)+3\times19+4\times(-9)=-24$$

【例 7.5】 证明下三角行列式

$$\begin{vmatrix} a_{11} & 0 & 0 & \cdots & 0 \\ a_{21} & a_{22} & 0 & \cdots & 0 \\ a_{31} & a_{32} & a_{33} & \cdots & 0 \\ \vdots & \vdots & \vdots & \vdots & \vdots \\ a_{n1} & a_{n2} & a_{n3} & \cdots & a_{nn} \end{vmatrix}=a_{11}a_{22}\cdots a_{nn}.\text{ 其中 } a_{ij}\neq0(i=1,2,\cdots,n).$$

【证】 按式(7.3),得

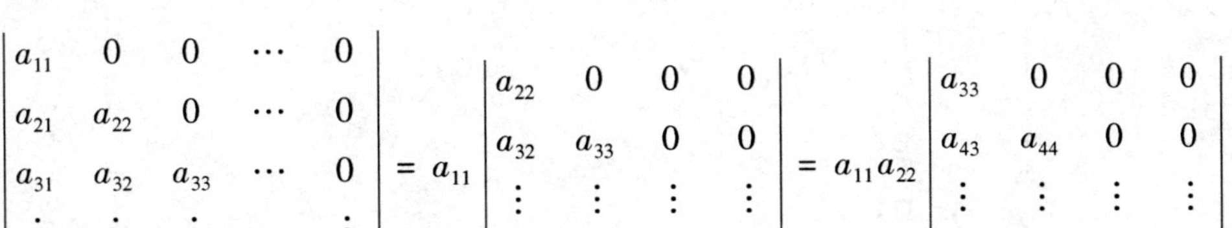

$$\begin{vmatrix} a_{11} & 0 & 0 & \cdots & 0 \\ a_{21} & a_{22} & 0 & \cdots & 0 \\ a_{31} & a_{32} & a_{33} & \cdots & 0 \\ \vdots & \vdots & \vdots & & \vdots \\ a_{n1} & a_{n2} & a_{n3} & \cdots & a_{nn} \end{vmatrix} = a_{11}\begin{vmatrix} a_{22} & 0 & 0 & 0 \\ a_{32} & a_{33} & 0 & 0 \\ \vdots & \vdots & \vdots & \vdots \\ a_{n2} & a_{n3} & \cdots & a_{nn} \end{vmatrix} = a_{11}a_{22}\begin{vmatrix} a_{33} & 0 & 0 & 0 \\ a_{43} & a_{44} & 0 & 0 \\ \vdots & \vdots & \vdots & \vdots \\ a_{n3} & a_{n4} & \cdots & a_{nn} \end{vmatrix}$$

$$= \cdots = a_{11}a_{22}\cdots a_{nn}$$

同理可得上三角行列式

$$\boldsymbol{D} = \begin{vmatrix} a_{11} & a_{12} & a_{13} & \cdots & a_{1n} \\ 0 & a_{22} & a_{23} & \cdots & a_{2n} \\ 0 & 0 & a_{33} & \cdots & a_{3n} \\ 0 & 0 & 0 & & \vdots \\ 0 & 0 & 0 & \cdots & a_{nn} \end{vmatrix} = a_{11}a_{22}\cdots a_{nn}.\text{其中 } a_{ij} \neq 0(i = 1,2,\cdots,n).$$

对角形行列式

$$\boldsymbol{D} = \begin{vmatrix} a_{11} & a_{12} & a_{13} & \cdots & a_{1n} \\ 0 & a_{22} & a_{23} & \cdots & a_{2n} \\ 0 & 0 & a_{33} & \cdots & a_{3n} \\ \vdots & \vdots & \vdots & & \vdots \\ 0 & 0 & 0 & \cdots & a_{nn} \end{vmatrix} = a_{11}a_{22}\cdots a_{nn}.\text{其中 } a_{ij} \neq 0(i = 1,2,\cdots,n).$$

行列式从左上角到右下角的对角线称为主对角线. 三角形行列式及对角形行列式的值,均等于主对角线上元素的乘积. 这一结论在今后行列式计算中可直接应用.

由行列式的定义不难得出:一个行列式若有一行(或一列)中的元素皆为零,则此行列式必为零.

习题 7-1

1. 计算下列二阶行列式:

(1) $\begin{vmatrix} -3 & 5 \\ -2 & 5 \end{vmatrix}$; (2) $\begin{vmatrix} 5 & -1 \\ 3 & 2 \end{vmatrix}$; (3) $\begin{vmatrix} \cos^2\alpha & \sin^2\alpha \\ \sin^2\alpha & \cos^2\alpha \end{vmatrix}$.

2. 用行列式解线性方程组 $\begin{cases} 2x_1 - x_2 = 3 \\ 3x_1 + 5x_2 = 1 \end{cases}$.

3. 计算三阶行列式.

(1) $\boldsymbol{D} = \begin{vmatrix} 1 & 1 & -2 \\ 5 & -2 & 7 \\ 2 & -5 & 4 \end{vmatrix}$; (2) $\boldsymbol{D} = \begin{vmatrix} 2 & 3 & 4 \\ -1 & 0 & 1 \\ 1 & -1 & 2 \end{vmatrix}$.

4. 求行列式$\begin{vmatrix} -3 & 0 & 4 \\ 5 & 0 & 3 \\ 2 & -2 & 1 \end{vmatrix}$中元素2和-2的代数余子式.

5. 解不等式$\begin{vmatrix} x & 1 & 0 \\ 1 & x & 0 \\ 4 & 1 & 1 \end{vmatrix}>0$.

6. a,b满足什么条件时,有$\begin{vmatrix} a & b & 0 \\ -b & a & 0 \\ -1 & 0 & 1 \end{vmatrix}=0$.

7. 按第一行展开行列式

$$D=\begin{vmatrix} 1 & 0 & -2 & -1 \\ 2 & 1 & -1 & 0 \\ 0 & 2 & 1 & -1 \\ 1 & -1 & 0 & 2 \end{vmatrix}$$

7.2 行列式的性质

将行列式$\boldsymbol{D}$的行与相应的列互换后得到的行列式,称为$\boldsymbol{D}$的转置行列式,记为$\boldsymbol{D}'$.即,如果

$$\boldsymbol{D}=\begin{vmatrix} a_{11} & a_{12} & \cdots & a_{1n} \\ a_{21} & a_{22} & \cdots & a_{2n} \\ \vdots & \vdots & & \vdots \\ a_{n1} & a_{n2} & \cdots & a_{nn} \end{vmatrix}$$

则

$$\boldsymbol{D}'=\begin{vmatrix} a_{11} & a_{21} & \cdots & a_{n1} \\ a_{21} & a_{22} & \cdots & a_{n2} \\ \vdots & \vdots & & \vdots \\ a_{1n} & a_{2n} & \cdots & a_{nn} \end{vmatrix}$$

性质1 将行列式转置,行列式的值不变,即$\boldsymbol{D}=\boldsymbol{D}'$.

例如,设$\boldsymbol{D}=\begin{vmatrix} a & b \\ c & d \end{vmatrix}$,则$\boldsymbol{D}'=\begin{vmatrix} a & c \\ b & d \end{vmatrix}$,显然有$\boldsymbol{D}=\boldsymbol{D}'$.

性质1表明,行列式的行具有的性质对列也同样成立,反之也对.

性质2 交换行列式的两行(列),行列式的值变号即

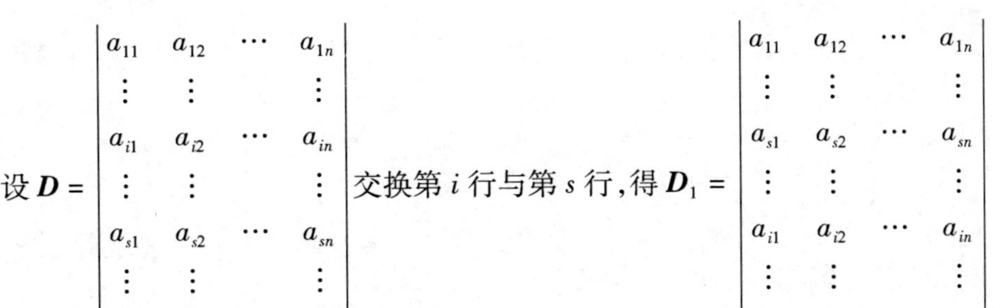

设 $D=\begin{vmatrix} a_{11} & a_{12} & \cdots & a_{1n} \\ \vdots & \vdots & & \vdots \\ a_{i1} & a_{i2} & \cdots & a_{in} \\ \vdots & \vdots & & \vdots \\ a_{s1} & a_{s2} & \cdots & a_{sn} \\ \vdots & \vdots & & \vdots \\ a_{n1} & a_{n2} & \cdots & a_{nn} \end{vmatrix}$ 交换第 i 行与第 s 行，得 $D_1=\begin{vmatrix} a_{11} & a_{12} & \cdots & a_{1n} \\ \vdots & \vdots & & \vdots \\ a_{s1} & a_{s2} & \cdots & a_{sn} \\ \vdots & \vdots & & \vdots \\ a_{i1} & a_{i2} & \cdots & a_{in} \\ \vdots & \vdots & & \vdots \\ a_{n1} & a_{n2} & \cdots & a_{nn} \end{vmatrix}$

则 $D_1=-D$.

例如，设 $D=\begin{vmatrix} a & b \\ c & d \end{vmatrix}=ad-bc$，而 $\begin{vmatrix} c & d \\ a & b \end{vmatrix}=bc-ad=-D$.

推论 如果行列式中有两行(列)的对应元素相同，则此行列式的值为零.

因为行列式 D 中具有相同元素的两行互换，其结果仍为 D，但由性质 2 可知其结果应为 $-D$，因此 $D=-D$，即 $2D=0$，所以有 $D=0$.

以 r_i 表示第 i 行，c_j 表示第 j 列. 交换 i,j 两行，记为 $r_i \leftrightarrow r_j$. 交换 i,j 两列，记为 $c_i \leftrightarrow c_j$.

性质 3 用数 k 乘行列式的某一行(列)，等于以数 k 乘此行列式，即

$$\begin{vmatrix} a_{11} & a_{12} & \cdots & a_{1n} \\ \vdots & \vdots & & \vdots \\ ka_{i1} & ka_{i2} & \cdots & ka_{in} \\ \vdots & \vdots & & \vdots \\ a_{n1} & a_{n2} & \cdots & a_{nn} \end{vmatrix}=k\begin{vmatrix} a_{11} & a_{12} & \cdots & a_{1n} \\ \vdots & \vdots & & \vdots \\ a_{i1} & a_{i2} & \cdots & a_{in} \\ \vdots & \vdots & & \vdots \\ a_{n1} & a_{n2} & \cdots & a_{nn} \end{vmatrix}.$$

例如，设 $D=\begin{vmatrix} a & b \\ c & d \end{vmatrix}=ad-bc$，则 $\begin{vmatrix} ka & kb \\ c & d \end{vmatrix}=kad-kbc=k(ad-bc)=kD$.

推论 1 如果行列式某行(列)的所有的元素有公因子，则公因子可以提到行列式外面.

推论 2 如果行列式中有两行(列)的对应元素成比例，则此行列式的值为零.

推论 2 可由性质 3 及性质 2 的推论推得.

第 i 行乘以数 k，记为 kr_i，第 j 列乘以数 k，记为 kc_j.

【例 7.6】 计算行列式 $D=\begin{vmatrix} 2 & -4 & 1 \\ 3 & -6 & 3 \\ -5 & 10 & 4 \end{vmatrix}$ 的值.

【解】 因为行列式的第一列与第二列对应元素成比例，所以由性质 3 的推论知 $D=0$.

性质 4 如果将行列式中的某一行(列)的每一个元素都写成两个数的和，则此行列式可以写成两个行列式的和，这两个行列式分别以这两个数为所在的行(列)对应位置的元素，其他位置的元素与原行列式相同，即

$$\begin{vmatrix} a_{11} & a_{12} & \cdots & a_{1n} \\ \vdots & \vdots & & \vdots \\ b_{i1}+c_{i1} & b_{i1}+c_{i2} & \cdots & b_{in}+c_{in} \\ \vdots & \vdots & & \vdots \\ a_{n1} & a_{n2} & \cdots & a_{nn} \end{vmatrix} = \begin{vmatrix} a_{11} & a_{12} & \cdots & a_{1n} \\ \vdots & \vdots & & \vdots \\ b_{i1} & b_{i2} & \cdots & b_{in} \\ \vdots & \vdots & & \vdots \\ a_{n1} & a_{n2} & \cdots & a_{nn} \end{vmatrix} + \begin{vmatrix} a_{11} & a_{12} & \cdots & a_{1n} \\ \vdots & \vdots & & \vdots \\ c_{i1} & c_{i2} & \cdots & c_{in} \\ \vdots & \vdots & & \vdots \\ a_{n1} & a_{n2} & \cdots & a_{nn} \end{vmatrix}.$$

由性质 4 及性质 3 的推论 2 容易得到下面的性质 5.

性质 5　如果将行列式的某一行(列)的所有元素同乘以数 k 后加到另一行(列)对应位置的元素上,行列式的值不变.

$$\begin{vmatrix} a_{11} & a_{12} & \cdots & a_{1n} \\ \vdots & \vdots & & \vdots \\ a_{i1} & a_{i2} & \cdots & a_{in} \\ \vdots & \vdots & & \vdots \\ a_{s1} & a_{s2} & \cdots & a_{sn} \\ \vdots & \vdots & & \vdots \\ a_{n1} & a_{n2} & \cdots & a_{nn} \end{vmatrix} = \begin{vmatrix} a_{11} & a_{12} & \cdots & a_{1n} \\ \vdots & \vdots & & \vdots \\ a_{i1}+ka_{s1} & a_{i2}+ka_{s2} & \cdots & a_{in}+ka_{sn} \\ \vdots & \vdots & & \vdots \\ a_{s1} & a_{s2} & \cdots & a_{sn} \\ \vdots & \vdots & & \vdots \\ a_{n1} & a_{n2} & \cdots & a_{nn} \end{vmatrix}$$

以数 k 乘以第 i 行加到第 j 行上,记为 kr_i+r_j. 以数 k 乘第 i 列,加到第 j 列上,可记为 kc_i+c_j.

性质 6　n 阶行列式 $\boldsymbol{D}$ 等于它的任意一行(列)的各元素与其对应的代数余子式的乘积之和,

即按行

$$D = a_{i1}\boldsymbol{A}_{i1} + a_{i2}\boldsymbol{A}_{i2} + \cdots + a_{in}\boldsymbol{A}_{in} = \sum_{k=1}^{n} a_{ik}\boldsymbol{A}_{ik} \quad (i = 1,2,\cdots,n) \tag{7.4}$$

或按列

$$\boldsymbol{D} = a_{1j}\boldsymbol{A}_{1j} + a_{2j}\boldsymbol{A}_{2j} + \cdots + a_{nj}\boldsymbol{A}_{nj} = \sum_{k=1}^{n} a_{kj}\boldsymbol{A}_{kj} \quad (j = 1,2,\cdots n) \tag{7.5}$$

【例 7.7】　计算行列式

$$\boldsymbol{D} = \begin{vmatrix} 2 & -3 & 1 & 0 \\ 4 & -1 & 6 & 2 \\ 0 & 4 & 0 & 0 \\ 5 & 7 & -1 & 0 \end{vmatrix}$$

【解】　按第三行展开,得

$$\boldsymbol{D} = 4\times(-1)^{3+2}\begin{vmatrix} 2 & 1 & 0 \\ 4 & 6 & 2 \\ 5 & -1 & 0 \end{vmatrix} = -4\times 2(-1)^{2+3}\begin{vmatrix} 2 & 1 \\ 5 & -1 \end{vmatrix} = -56$$

【例 7.8】　计算行列式

$$
D=\begin{vmatrix}1&2&3&4\\1&0&1&2\\3&-1&-1&0\\1&2&0&-5\end{vmatrix}
$$

【解】 化为上(下)三角形行列式,其值等于主对角线上元素的积.

$$
\begin{vmatrix}1&2&3&4\\1&0&1&2\\3&-1&-1&0\\1&2&0&-5\end{vmatrix}\xlongequal[r_1\times(-1)+r_4]{\substack{r_1\times(-1)+r_2\\r_1\times(-3)+r_3}}\begin{vmatrix}1&2&3&4\\0&-2&-2&-2\\0&-7&-10&-12\\0&0&-3&9\end{vmatrix}=
$$

$$
-2\begin{vmatrix}1&2&3&4\\0&1&1&1\\0&-7&-10&-12\\0&0&-3&-9\end{vmatrix}\xlongequal{r_2\times7+r_3\ -2}\begin{vmatrix}1&2&3&4\\0&1&1&1\\0&0&-3&-5\\0&0&-3&-9\end{vmatrix}\xlongequal{r_3\times(-1)+r_4}
$$

$$
-2\begin{vmatrix}1&2&3&4\\0&1&1&1\\0&0&-3&-5\\0&0&0&-4\end{vmatrix}=(-2)\times12=-24
$$

性质7 n 阶行列式$\boldsymbol{D}$的某一行(列)的元素与另一行(列)的对应元素的代数余子式乘积的和等于零,即

$$
a_{i1}\boldsymbol{A}_{i1}+a_{i2}\boldsymbol{A}_{i2}+\cdots+a_{in}\boldsymbol{A}_{in}=0(i\neq s)
$$

或

$$
a_{1j}\boldsymbol{A}_{1t}+a_{2j}\boldsymbol{A}_{2t}+\cdots+a_{nj}\boldsymbol{A}_{nt}=0(j\neq t)
$$

习题 7 –2

1. 利用行列式性质计算下列各行列式:

(1)$\boldsymbol{D}=\begin{vmatrix}a&b&c&d\\0&0&e&f\\0&0&g&h\\0&0&k&t\end{vmatrix}$; (2)$\boldsymbol{D}=\begin{vmatrix}0&1&1&1\\1&0&1&1\\1&1&0&1\\1&1&1&0\end{vmatrix}$;

(3)$\boldsymbol{D}=\begin{vmatrix}7&3&2&6\\8&-9&4&9\\7&-2&7&3\\5&-3&3&4\end{vmatrix}$; (4)$\boldsymbol{D}=\begin{vmatrix}1&2&-1&2\\3&0&1&5\\1&-2&0&3\\-2&-4&1&6\end{vmatrix}$.

2. 若行列式$\begin{vmatrix}0&0&1&1\\0&0&a&0\\0&2&0&0\\1&0&0&a\end{vmatrix}=-1$,求 a.

3. 利用行列式性质证明:

$$\begin{vmatrix} b_1+c_1 & c_1+a_1 & a_1+b_1 \\ b_2+c_2 & c_2+a_2 & a_2+b_2 \\ b_3+c_3 & c_3+a_3 & a_3+b_3 \end{vmatrix} = 2\begin{vmatrix} a_1 & b_1 & c_1 \\ a_2 & b_2 & c_2 \\ a_3 & b_3 & c_3 \end{vmatrix};$$

4. 若存在常数 c_1,c_2,使 $\begin{cases} a_{31}=c_1a_{11}+c_2a_{21} \\ a_{32}=c_1a_{12}+c_2a_{22} \\ a_{33}=c_1a_{13}+c_2a_{23} \end{cases}$,求证:$\begin{vmatrix} a_{11} & a_{12} & a_{13} \\ a_{21} & a_{22} & a_{23} \\ a_{31} & a_{32} & a_{33} \end{vmatrix}=0$.

7.3 克莱姆法则

线性方程组是指形式为

$$\begin{cases} a_{11}x_1 + a_{12}x_2 + \cdots + a_{1n}x_n = b_1 \\ a_{21}x_1 + a_{22}x_2 + \cdots + a_{2n}x_n = b_2 \\ \cdots \\ a_{m1}x_1 + a_{m2}x_2 + \cdots + a_{mn}x_n = b_m \end{cases} \tag{7.6}$$

的方程组. 其中 $x_j(j=1,2,\cdots,n)$ 代表 n 个未知量;m 是方程的个数;$a_{ij}(i=1,2,\cdots,m,j=1,2,\cdots,n)$ 称为方程组的系数,它的第一个下标 i 表示它在第 i 个方程,第二个下标 j 表示它是 x_j 的系数;$b_i(i=1,2,\cdots,m)$ 称为常数项.

一般情况下,在 n 元线性方程组中,方程的个数 m 与未知量的个数 n 不一定相等. 本节只讨论方程的个数与未知量的个数相等(即 $m=n$)时,方程组式(7.6)有唯一解的情形.

若用 n 个数 $c_1,c_2,\cdots,c_n$ 分别代替式(7.6)中的 $x_1,x_2,\cdots,x_n$ 后,式(7.6)中各个等式都变成恒等式,则称 $c_1,c_2,\cdots,c_n$ 为方程组式(7.6)的一个解,记作

$$x_1=c_1,x_2=c_2,\cdots,x_n=c_n$$

方程组式(7.6)解的集合,称为式(7.6)的解集合. 解方程组就是找出这个方程组的解集合. 如果方程组有相同的解集合,就称为是同解的.

与二、三元线性方程组的结论相仿,对于 n 个方程的 n 元线性方程组有下面定理.

定理 7.1 (克莱姆法则)如果 n 元线性方程组

$$\begin{cases} a_{11}x_1 + a_{12}x_2 + \cdots + a_{1n}x_n = b_1 \\ a_{21}x_1 + a_{22}x_2 + \cdots + a_{2n}x_n = b_2 \\ \cdots \\ a_{n1}x_1 + a_{n2}x_2 + \cdots + a_{nn}x_n = b_n \end{cases} \tag{7.7}$$

的系数行列式

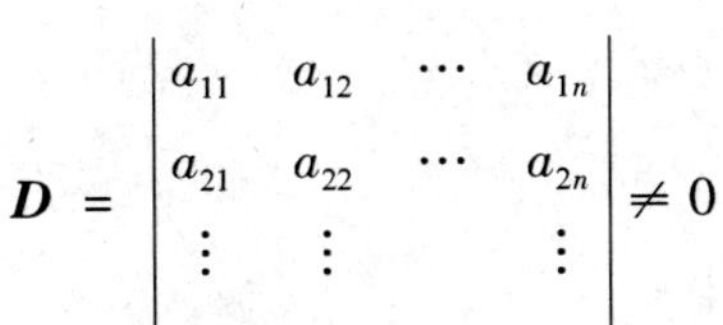

$$D=\begin{vmatrix} a_{11} & a_{12} & \cdots & a_{1n} \\ a_{21} & a_{22} & \cdots & a_{2n} \\ \vdots & \vdots & & \vdots \\ a_{n1} & a_{n2} & \cdots & a_{nn} \end{vmatrix} \neq 0$$

则它有唯一的解：

$$x_j=\frac{D_j}{D}\quad (j=1,2,\cdots,n)$$

式中，$D_j(j=1,2,\cdots,n)$是用式(7.7)中常数项 $b_1,b_2,\cdots,b_n$ 替换 D 中第 j 列元素所得到的行列式.

$$D_j=\begin{vmatrix} a_{11} & \cdots & a_{1j-1} & b_1 & a_{1j+1} & \cdots & a_{1n} \\ \vdots & & \vdots & \vdots & \vdots & & \vdots \\ a_{n1} & \cdots & a_{nj-1} & b_n & a_{nj+1} & \cdots & a_{nn} \end{vmatrix}$$

【例 7.9】 解线性方程组

$$\begin{cases} x_1-x_2+2x_4=-5 \\ 3x_1+2x_2-x_3-2x_4=6 \\ 4x_1+3x_2-x_3-x_4=0 \\ 2x_1-x_3=0 \end{cases}$$

【解】 由于方程组的系数行列式

$$D=\begin{vmatrix} 1 & -1 & 0 & 2 \\ 3 & 2 & -1 & -2 \\ 4 & 3 & -1 & -1 \\ 2 & 0 & -1 & 0 \end{vmatrix}=5\neq 0$$

故可以用克莱姆法则求方程组的解

同样可以计算

$$D_1=\begin{vmatrix} -5 & -1 & 0 & 2 \\ 6 & 2 & -1 & -2 \\ 0 & 3 & -1 & -1 \\ 2 & 0 & -1 & 0 \end{vmatrix}=10,\quad D_2=\begin{vmatrix} 1 & -5 & 0 & 2 \\ 3 & 6 & -1 & -2 \\ 4 & 0 & -1 & -2 \\ 2 & 0 & -1 & 0 \end{vmatrix}=-15$$

$$D_3=\begin{vmatrix} 1 & -1 & -5 & 2 \\ 3 & 2 & 6 & -2 \\ 4 & 3 & 0 & -1 \\ 2 & 0 & 0 & 0 \end{vmatrix}=20,\quad D_4=\begin{vmatrix} 1 & -1 & 0 & -5 \\ 3 & 2 & -1 & 6 \\ 4 & 3 & -1 & 0 \\ 2 & 0 & -1 & 0 \end{vmatrix}=-25$$

所以

$$x_1=\frac{D_1}{D}=2,\quad x_2=\frac{D_2}{D}=-3,\quad x_3=\frac{D_3}{D}=4,\quad x_4=\frac{D_4}{D}=-5$$

如果 n 远线性方程组的常数项均为零，即

$$\begin{cases} a_{11}x_1 + a_{12}x_2 + \cdots + a_{1n}x_n = 0 \\ a_{21}x_1 + a_{22}x_2 + \cdots + a_{2n}x_n = 0 \\ \cdots \\ a_{n1}x_1 + a_{n2}x_2 + \cdots + a_{nn}x_n = 0 \end{cases} \tag{7.8}$$

称为齐次线性方程组.

显然,齐次线性方程组一定有零解 $x_j=0(j=1,2,\cdots,n)$. 对于齐次线性方程组除零解外是否还有非零解,可由一下定理判定.

定理 7.2 如果齐次线性方程组的系数行列式 $\boldsymbol{D}\neq 0$,则它仅有零解.

这个定理也可以说成:如果齐次线性方程组式(7.8)有非零解,则它的系数行列式 $\boldsymbol{D}=0$.

以后还会知道:如果 $\boldsymbol{D}=0$,则齐次线性方程组式(7.8)有非零解.

【例 7.10】 如果方程组

$$\begin{cases} x_1 + 2x_2 + 3x_3 = mx_1 \\ 2x_1 + x_2 + 3x_3 = mx_2 \\ 3x_1 + 3x_2 + 6x_3 = mx_3 \end{cases}$$

有非零解,求 m 的值.

【解】 将方程组改写成

$$\begin{cases} (1-m)x_1 + 2x_2 + 3x_3 = 0 \\ 2x_1 + (1-m)x_2 + 3x_3 = 0 \\ 3x_1 + 3x_2 + (6-m)x_3 = 0 \end{cases}$$

根据齐次线性方程组有非零解,则它的系数行列式 $\boldsymbol{D}=0$,即

$$\begin{vmatrix} (1-m) & 2 & 3 \\ 2 & (1-m) & 3 \\ 3 & 3 & (6-m) \end{vmatrix} = 0$$

展开此行列式,得

$$m(m+1)(m-9)=0$$

所以 $\qquad m_1=0, m_2=-1, m_3=9$

习题 7－3

1. 用克莱姆法则求下列线性方程组的解:

(1) $\begin{cases} x_1 - x_2 + x_3 = 2 \\ x_1 + 2x_2 = 1 \\ x_1 - x_3 = 4 \end{cases}$; (2) $\begin{cases} x_1 + x_2 + x_3 = 0 \\ 2x_1 - 5x_2 - 3x_3 = 10 \\ 4x_1 + 8x_2 + 2x_3 = 4 \end{cases}$;

(3) $\begin{cases} x_1 + x_2 + x_3 - x_4 = 5 \\ 2x_1 + x_2 - 3x_3 - 14x_4 = -1 \\ -3x_1 + 2x_2 + x_3 - 5x_4 = 3 \\ 7x_1 - 4x_2 - 3x_3 + 2x_4 = -2 \end{cases}$; (4) $\begin{cases} x_1 + x_2 = x_3 + x_4 \\ x_1 + 4 = 2x_2 + x_3 - x_4 + 5 \\ 7x_1 - 3x_2 + 5x_3 - 2x_4 = 38 \\ 2x_4 = x_1 + 2x_2 - 1 \end{cases}$.

2. 设线性方程组$\begin{cases}\lambda x_1-x_2-x_3=1\\x_1+\lambda x_2+x_3=1\\-x_1+x_2+\lambda x_3=1\end{cases}$，有唯一的解，求 λ.

3. k 为何值时，方程组$\begin{cases}3x_1+x_2+kx_3=0\\4x_1+x_2=0\\x_1+k^2x_3=0\end{cases}$，有非零解？

4. k 为何值时，方程组$\begin{cases}kx_1+3x_2+4x_3=0\\-x_1+kx_2=0\\kx_1+x_3=0\end{cases}$，仅有零解？

复习题七

1. 设行列式$\begin{vmatrix}1&-2&k\\2&-4&4\\3&5&0\end{vmatrix}$ 则 $k=$____________.

2. 设四阶行列式 $\boldsymbol{D}$ 中第3行的元素依次是 $-2,3,-1,2$，它们所对应的余子式分别是 $3,1,-3,4$. 则行列式 $\boldsymbol{D}=$__________.

3. 已知$\begin{vmatrix}a_1&b_1&c_1\\a_2&b_2&c_2\\a_3&b_3&c_3\end{vmatrix}=m$，其中 a_i 的代数余子式为 $\boldsymbol{A}_i(i=1,2,3)$，则 $c_1\boldsymbol{A}_1+c_2\boldsymbol{A}_2+c_3\boldsymbol{A}_3=$____________.

4. 设行列式$\begin{vmatrix}2a_1&2b_1&4c_1\\a_2&b_2&4c_2\\a_3&b_3&6c_3\end{vmatrix}=1$，那么行列式$\begin{vmatrix}a_1&b_1&c_1\\a_2&b_2&2c_2\\a_3&b_3&3c_3\end{vmatrix}=$____________.

5. 设行列式$\begin{vmatrix}1&-2&5\\2&1&-3\\-2&3&1\end{vmatrix}=\begin{vmatrix}3&0&2\\2&1&-3\\-2&3&1\end{vmatrix}+\begin{vmatrix}-2&-2&k\\2&1&-3\\-2&3&1\end{vmatrix}$，则 $k=$__________.

6. 计算行列式：$\begin{vmatrix}1&-2&1&0\\-1&1&1&2\\2&-3&2&1\\3&4&2&2\end{vmatrix}$.

7. 计算行列式：$\begin{vmatrix} x & 1 & 1 & 1 \\ 1 & x & 1 & 1 \\ 1 & 1 & x & 1 \\ 1 & 1 & 1 & x \end{vmatrix}$.

【数学大师链接 11】

抗日战争时期的陈建功和苏步青

陈建功(1893—1971 年)，浙江绍兴人，1929 年在日本东北帝国大学研究生院获理学博士学位. 回国后，受聘到杭州，担任成立不久的浙江大学数学系主任. 离日前，他曾与校友——另一位中国留学生苏步青有约在先，“学成后，一起回故乡培养人才”.

苏步青(1902 – 2003 年)，浙江平阳人，1931 年也在日本东北帝国大学研究生院获理学博士学位，回国后按照预约来到浙江大学数学系任教. 1931 年从苏步青到浙大的开始，他们俩人便密切合作，首创了独具特色的“数学讨论班”. 当时该讨论班称为“数学研究”，参加者是助教和高年级的学生. 他们定期举行讨论和答辩，并规定：“教师没有通过‘数学研究’这门课的就不得升级，学生尽管其他课程都及格，而‘数学研究’不及格的也不得毕业. ”以此严格要求，培养年轻人的创造能力，提高他们的研究水平，他俩立下宏志：“要在二十年内把浙大数学系办成第一流的数学系. ”1933 年，陈建功主动将数学系主任的职位让给比他年轻而有才华的苏步青.

1937 年，日本侵华战争席卷全国，他们个人做出了巨大的牺牲，然而对待他们既定的目标、事业，却锲而不舍，克服重重困难，在极端艰苦困难的战争年代，出色地为我国培养了一批优秀的数学人才. 在两年半时间内浙大共迁移四次，途经浙、赣、湘、粤、桂、黔等 6 省，行程 2 600 多公里，陈建功和苏步青随着他们的学生，一起颠沛流离，共渡了许多现在的人们难以想象的艰难险阻. 到达遵义后不久，数学系搬到离遵义 75 公里的湄潭，在那里居住了 6 年，直至抗日战争胜利，1946 年返回杭州.

在抗日战争的 8 年期间，尽管陈建功和苏步青的家庭都蒙受了巨大灾难，但他们在任何环境下，对待自己的教学、科研，却从来不曾有半点马虎、松懈，总是充满了希望，一直向前. 为了进一步提高学生的研究水平，他们决定从 1940 年起招收研究生，程民德是陈建功的第一个研究生，苏步青的第一个研究生是吴祖基. 这年 9 月，中国科学社发起在昆明召开六学术团体联合年会，陈建功带着浙大师生的一批研究论文，自费长途跋涉在颠簸不平的滇黔公路上，翻山越岭赶赴昆明开会，成了从外省赶来参加这次联合年会的唯一数学家. 在会议期间，大后方的数学工作者们倡议成立了新中国数学会，陈建功和苏步青二人都当选为新中国数学会的理事.

陈建功和苏步青不但是严格要求、注重人才培养的好教师，而且是学科前沿的科研领头人. 抗战8年，陈建功的研究成果，主要反映在这期间他在国内外发表10篇论文中，其中最具代表性的成果是得到了关于富里埃级数查罗绝对可和性的充分必要条件. 由于这一成果超出了当时国际同行在这个分支上所获得的结果，加上已有的杰出贡献，因此西方数学史家在介绍中国现代数学家时，往往首先举出陈建功的名字. 在国内，抗战期间重庆国民党政府教育部曾颁发过六届(1941—1947年)国家学术奖励金，用以奖励最近三年内完成的科研成果，其中一等奖的要求是“具有独创性或发明性，对于学术确系特殊贡献者列为第一等”，宁缺毋滥. 陈建功获得了该奖第三届(1943年度)自然科学类一等奖；苏步青这期间在国内外杂志上至少发表了31篇论文，其主要贡献是用富有几何意义的构图，建立了一般射影曲线的基本理论，他因此获得了国家学术奖励金第二届(1942年度)自然科学类一等奖；他的学生熊全治、张素诚、吴祖基也先后获得了第三届、第四届(1944年度)三等奖. 在这六届奖励金中，自然科学类获一等奖的总共8人，其中有数学家4人，这4人中，3人属浙江大学数学研究所；自然科学类获三等奖的总共31人，其中有数学工作者7人，这7人中有5人是陈、苏二位的学生. 著名中国科技史研究专家、英国剑桥大学教授李约瑟博士1944年来中国时，曾两次到浙江大学参观. 他对浙大师生在湄潭极其困难的条件下所开展的科学研究，水平之高和学术风气之浓厚十分惊叹，他曾在考察报告中说：“这里还有一个杰出的数学研究所”，并把浙江大学称赞为“东方的剑桥”. 抗日战争结束后，任中央研究院数学研究所代理所长的陈省身认为：培养新人是当务之急，因此函请各著名大学推荐近三年内毕业的最优秀学生到数学研究所培训，当时被推荐者人数不少、他从中挑选出15名，其中7名是浙大毕业生. 陈建功和苏步青在抗战8年中，培养了数十名学生，他们中的大多数，在20世纪中后期成了在中国各高校培养数学人才的栋梁.

【数学大师链接12】

“天才之美”——冯·诺依曼

冯·诺依曼(1903—1957年)，原籍匈牙利，布达佩斯大学数学博士. 20世纪最重要的数学家之一，在现代计算机、博弈论、核武器和生化武器等领域内的科学全才之一，被后人称为“计算机之父”和“博弈论之父”. 先后执教于柏林大学和汉堡大学，1930年前往美国，后入美国籍. 历任普林斯顿大学、普林斯顿高级研究所教授，美国原子能委员会会员. 美国全国科学院院士.

早期以算子理论、共振论、量子理论、集合论等方面的研究闻名，开创了冯·诺依曼代数. 第二次世界大战期间为第一颗原子弹的研制作出了贡献. 为研制电子数字计算机提供了基础性的方案. 1944年与摩根斯特恩(Oskar Morgenstern)合著《博弈论与经济行为》，是博弈论学科的奠基性著作. 晚年，研究自动机理论，著有对人脑和计算机系统进行精确分析的著作《计算机与人脑》. 冯·诺依曼有着惊人的记忆力. 据赫尔曼·哥尔斯廷的记录，冯·诺依曼一旦读过一本书或者一篇文章，就能逐字逐句把它默写下来，

若干年后，他依然可以毫不迟疑地做到这一点．他还会把文章从原来的语言直接翻译成英语，速度一点也不降低．他的英文说得很好，不用说匈牙利语、德语和法语．有记录说他精通 7 门语言，哪一种都很好，达到母语水平，只是偶尔会透露一些中欧口音．他读遍了绝大多数百科全书式的历史书，从吉本的《罗马帝国衰亡史》到《剑桥古代史》和《剑桥中世纪史》，对于他来说，读完了意味着他已经能默写．冯·诺依曼可以毫不费力地心算两个八位数的除法．并且他具备在头脑中编写和修改计算机程序的不可思议的能力．

1933 年成立普林斯顿高等研究所的时候，冯·诺依曼成了这个最出色的研究机构中最年轻的教授，他的办公室隔壁是爱因斯坦．他和爱因斯坦一直无法亲密起来，爱因斯坦并不了解他，他给爱因斯坦做自我介绍时特别吃力．有一次爱因斯坦要去纽约，冯·诺依曼自告奋勇地驾车送他去火车站，却故意把他送上一辆相反方向的火车．这到底是单纯的恶作剧还是复杂心态下的恶作剧，已不得而知．他有着天才的怪癖，但不是不通人情，他热情奔放，喜欢开派对，喜欢说笑话，一肚子不知道从哪里搞来的粗俗故事，他自己也喜欢编笑话．他喜欢儿童智力玩具，包括中国传统的七巧板、九连环之类．他最喜欢的一个玩具听起来非常无聊，只要用手指摁一下，就会叽叽喳喳唱起“祝你生日快乐”．他和善、大方，喜欢豪华汽车．他开车非常鲁莽，大约一年左右就能毁掉一辆车．普林斯顿有个十字路口叫诺依曼角，因为他的交通事故都发生在那里．他善豪饮，但酒驾不是他出交通事故的原因，真实原因是他喜欢一边开车一边手舞足蹈地唱歌，前仰后合，跟歌星在舞台上一样．

他死后，哥尔斯廷和维格纳说，除了拓扑学和数论，冯·诺依曼对数学的每一个分支都做出了重大贡献．数学家博特回忆说，在一次鸡尾酒会上，冯·诺依曼刚给大家讲了一个粗俗的故事，博特问他：作为一个伟大的数学家，感觉如何．冯·诺依曼一下子严肃起来．他说，他只知道一个伟大的数学家，就是戴维·希尔伯特，至于他自己，他虽然被人视为神童，但他从来没有感觉到长大后达到了人们对他期望的高度．希尔伯特是冯·诺依曼在哥廷根大学做博士后研究的指导者，奥本海默也在希尔伯特的手下．

从博弈论和囚徒困境的故事中看到的冯·诺依曼，但是看这个人，依然会有满脸傻笑的冲动，就跟看《生活大爆炸》一样，你根本搞不清楚科学家们的哏儿在哪儿，但你就是觉得，还挺好笑．这不算是个悲剧吧．隔着宽广如银河系的学术障碍看过去，依然可以看到天才之美．有的人就是这样，他们是上天造就的一些卓越礼物，单就他们超凡的智商，你就对这个世界心存感激，作为芸芸众生中的一员，知道有些卓越的人活在世上，这多美好啊．莎士比亚也是美好的，像罗密欧和朱丽叶这样的人，他们对人类的最大贡献，就是演绎了爱情的最高浓度，跟天才们演绎了人的智力可以达到的高度，一样带给人美感．他们之间没有高下之分．*

---

* 本文章节选自中国数学会微信公众．

第8章 矩 阵

数学中的一些美丽定理具有这样的特性:它们极易从事实中归纳出来,但证明却隐藏的极深.

——高 斯

矩阵的英文名是 Matrix,是用来表示统计数据等方面的各种有关联的数据. 1801 年德国数学家高斯把一个线性变换的全部系数作为一个整体,1844 年德国数学家爱森斯坦讨论了"变换"及其乘积,1850 年英国数学家西尔维斯特首先使用了"矩阵"一词,1858 年被公认为矩阵论奠基人的英国数学家阿瑟凯莱发表了《矩阵论的研究报告》论文,首先将矩阵作为一个独立的数学对象加以研究,1854 年法国数学家埃米尔特使用了"正交矩阵"一词,1878 年德国数学家弗罗贝尼乌斯对矩阵的特征方程、特征根、矩阵的秩、正交矩阵等做了大量的研究,并给出了矩阵秩的概念,至此,矩阵的体系基本建立起来.

8.1 矩阵的概念

8.1.1 矩阵的定义

线性方程组

$$\begin{cases} a_{11}x_1 + a_{12}x_2 + \cdots + a_{1n}x_n = b_1 \\ a_{21}x_1 + a_{22}x_2 + \cdots + a_{2n}x_n = b_2 \\ \cdots \\ a_{m1}x_1 + a_{m2}x_2 + \cdots + a_{mn}x_n = b_m \end{cases}$$

将其系数按照方程组中原有的相应位置排成一个矩形数表如下:

$$\begin{bmatrix} a_{11} & a_{12} & \cdots & a_{1n} \\ a_{21} & a_{22} & \cdots & a_{2n} \\ \vdots & \vdots & & \vdots \\ a_{m1} & a_{m2} & \cdots & a_{mn} \end{bmatrix}$$

这样的矩形数表称为矩阵.

定义 8.1【矩阵】 由 $m \times n$ 个数 $a_{ij}(i=1,2,\cdots,m;j=1,2,\cdots,n)$ 排成 m 行 n 列，并用方括弧括起来所形成的矩形数表

$$\begin{bmatrix} a_{11} & a_{12} & \cdots & a_{1n} \\ a_{21} & a_{22} & \cdots & a_{2n} \\ \vdots & \vdots & & \vdots \\ a_{m1} & a_{m2} & \cdots & a_{mn} \end{bmatrix}$$

称为 $m \times n$ 矩阵. 通常用大写字母表示，如计作 $\boldsymbol{A}$. 如要表明它的行数和列数，可记作 $\boldsymbol{A}_{m \times n}$，或 $\boldsymbol{A}=(a_{ij})_{m \times n}$. 其中 a_{ij}是第 i 行、第 j 列的元素，称为矩阵的元素.

例如，$\boldsymbol{A}=\begin{bmatrix} 1 & -3 & 4 \\ 0 & 5 & -2 \end{bmatrix}$表示一个具有 2 行 3 列 6 个元素的 2×3 矩阵；且 $a_{11}=1$，$a_{13}=-2$.

$\boldsymbol{A}=\begin{bmatrix} 0 & 1 & 6 & 7 \\ 2 & -1 & 9 & 8 \\ 4 & 3 & -2 & 1 \end{bmatrix}$表示 3×4 矩阵；$\boldsymbol{A}=\begin{bmatrix} 1 & 5 \\ -1 & 2 \end{bmatrix}$表示一个 2×2 矩阵.

在线性方程组$\begin{cases} x_1 + 2x_2 + 3x_3 = -7 \\ 2x_1 - x_2 + 2x_3 = -8 \\ x_1 + 3x_2 = 7 \end{cases}$中，将未知数的系数和常数项从方程组中分离出来，按原来的顺序排成一个 3×4 的矩阵

$$\boldsymbol{A}=\begin{bmatrix} 1 & 2 & 3 & -7 \\ 2 & -1 & 2 & -8 \\ 1 & 3 & 0 & 7 \end{bmatrix}.$$

矩阵在社会生活和国名经济各方面都有着广泛的应用. 如

案例 8.1 某班语文、数学、英语三门课程与后三名的总成绩构成一个矩阵

$$\begin{matrix} \text{语文} \\ \text{数学} \\ \text{英语} \end{matrix}\begin{bmatrix} 92 & 93 & 90 & 61 & 54 & 49 \\ 98 & 94 & 95 & 59 & 62 & 54 \\ 93 & 92 & 91 & 52 & 53 & 60 \end{bmatrix}$$

案例 8.2 假设某一地区有 m 个产煤基地 $\boldsymbol{A}_1,\boldsymbol{A}_2,\cdots,\boldsymbol{A}_m$ 和 n 个销售点 $B_1,B_2,\cdots,B_n$，那么调运方案可用以下矩阵

$$\begin{bmatrix} a_{11} & a_{12} & \cdots & a_{1n} \\ a_{21} & a_{22} & \cdots & a_{2n} \\ \vdots & \vdots & & \vdots \\ a_{m1} & a_{m2} & \cdots & a_{mn} \end{bmatrix}$$

来表示，其中 a_{ij}表示由产地 $\boldsymbol{A}_i$ 运到销售点 B_j 的数量.

案例 8.3 a 省三个城市 a_1, a_2, a_3 和 b 省两个城市 b_1, b_2 的交通连接情况如表 8－1 所示，表中的数表示该两个城市的不同通路总数，例如由 a_1 到 b_2 有 3 条不同的路线.

表 8－1

城市	b_1	b_2
a_1	1	3
a_2	0	2
a_3	2	1

可以将这个信息表以矩阵的形式表示，即 $\boldsymbol{C}=\begin{bmatrix}1 & 3\\ 0 & 2\\ 2 & 1\end{bmatrix}$

其中，矩阵的行表示 a 省的城市，列表示 b 省的城市，c_{ij}表示 a_i 到 b_j 间的通路数.

案例 8.4 在市场中，5 种食品在 4 家商场销售，单位量的售价（以某货币单位计）可以用以下矩阵给出：

$$\begin{array}{c} \begin{matrix} F_1 & F_2 & F_3 & F_4 & F_5 \end{matrix} \\ \begin{bmatrix} 12 & 7 & 10 & 21 & 5 \\ 13 & 6.5 & 11 & 19 & 5 \\ 12 & 7.3 & 9 & 20 & 6 \\ 11 & 6.8 & 12 & 21 & 4 \end{bmatrix} \begin{matrix} S_1 \\ S_2 \\ S_3 \\ S_4 \end{matrix} \end{array}$$

称其为价格矩阵，这里行表示商店，列表示食品，其中的元素 a_{ij}表示第 j 种食品在第 i 个商店的销售价格.

实际上，用数表表示一些量和关系的方法，在生活和工作中是常用的，如银行的利率表、工厂中产量的统计表、通航信息表等，把这种数表的实际意义隐去，抽象出来的就是矩阵.

案例 8.5 甲、乙、丙、丁、戊 5 人各从图书馆借来一本小说，他们约定读完后互相交换，这 5 本书的厚度以及他们 5 人的阅读速度差不多，因此，5 人总是同时交换书，经四次交换后，他们 5 人读完了 5 本书. 现已知：

（1）甲最后读的书是乙读的第二本书；

（2）丙最后读的书是乙读的第四本书；

（3）丙读的第二本书甲在一开始就读了；

（4）丁最后读的书是丙读的第三本书；

（5）乙读的第四本书是戊读的第三本书；

（6）丁第三次读的书是丙一开始读的那本书.

试根据以上情况说出丁第二次读的书是谁最先读的书.

【解】 设甲、乙、丙、丁、戊最后读的书的代号依次为 A, B, C, D, E，则根据题设可以列出下列初始矩阵

$$\begin{array}{c} \\ 1 \\ 2 \\ 3 \\ 4 \\ 5 \end{array}\begin{array}{c} \begin{array}{ccccc} 甲 & 乙 & 丙 & 丁 & 戊 \end{array} \\ \begin{bmatrix} x & 0 & y & 0 & 0 \\ 0 & A & x & 0 & 0 \\ 0 & 0 & D & y & C \\ O & C & O & O & O \\ A & B & C & D & E \end{bmatrix} \end{array}$$

由矩阵可知,丁第二次读的书是戊一开始读的那一本书.

8.1.2 几类特殊的矩阵

1. 行矩阵

当 $m=1$ 是,矩阵只有一行,如 $[a_{11} \quad a_{12} \quad \cdots \quad a_{1n}]$ 称为 n 元行矩阵.

2. 列矩阵

当 $n=1$ 时,矩阵只有一列,如 $\begin{bmatrix} a_{11} \\ a_{21} \\ \vdots \\ a_{m1} \end{bmatrix}$ 称为 m 元列矩阵.

3. 零矩阵

如果矩阵 $\boldsymbol{A}$ 的所有元素都为零,称 $\boldsymbol{A}$ 为零矩阵. 记作 $\boldsymbol{O}$,即

$$\boldsymbol{O}_{m\times n}=\begin{bmatrix} 0 & 0 & \cdots & 0 \\ 0 & 0 & \cdots & 0 \\ \vdots & \vdots & & \vdots \\ 0 & 0 & \cdots & 0 \end{bmatrix}$$

4. 负矩阵

如果矩阵 $\boldsymbol{A}$ 的所有元素前都添加一个负号得到的矩阵,称为 $\boldsymbol{A}$ 的负矩阵. 记作 $-\boldsymbol{A}$. 如

$$\boldsymbol{A}=\begin{bmatrix} a_{11} & a_{12} & \cdots & a_{1n} \\ a_{21} & a_{22} & \cdots & a_{2n} \\ \vdots & \vdots & & \vdots \\ a_{m1} & a_{m2} & \cdots & a_{mn} \end{bmatrix}$$

则

$$-\boldsymbol{A}=\begin{bmatrix} -a_{11} & -a_{12} & \cdots & -a_{1n} \\ -a_{21} & -a_{22} & \cdots & -a_{2n} \\ \vdots & \vdots & & \vdots \\ -a_{m1} & -a_{m2} & \cdots & -a_{mn} \end{bmatrix}$$

5. n 阶方阵

当 $m=n$ 时,矩阵 $\boldsymbol{A}$ 称为 n 阶矩阵(或 n 阶方阵),n 阶矩阵 $\boldsymbol{A}$ 记作 $\boldsymbol{A}_n$.

$$A_n = \begin{bmatrix} a_{11} & a_{12} & \cdots & a_{1n} \\ a_{21} & a_{22} & \cdots & a_{2n} \\ \vdots & \vdots & & \vdots \\ a_{n1} & a_{n2} & \cdots & a_{nn} \end{bmatrix}$$

6. 对角矩阵

如果 n 阶方阵主对角线以外的元素全部为零,则这个方阵称为对角矩阵,简称对角阵. 例如,三阶对角矩阵

$$A_3 = \begin{bmatrix} a_{11} & 0 & 0 \\ 0 & a_{22} & 0 \\ 0 & 0 & a_{33} \end{bmatrix}$$

7. 数量矩阵

在 n 阶对角矩阵中,如果主对角线上的元素都相等,则称它为数量矩阵.

$$A = \begin{bmatrix} a & 0 & \cdots & 0 \\ 0 & a & \cdots & 0 \\ \vdots & \vdots & & \vdots \\ 0 & 0 & \cdots & a \end{bmatrix}$$

例如

$$\begin{bmatrix} -2 & 0 & 0 \\ 0 & -2 & 0 \\ 0 & 0 & -2 \end{bmatrix}$$

是数量矩阵.

8. n 阶单位矩阵

在 n 阶对角矩阵中,如果对角线上的元素都为 1 时,则称它为 n 阶单位矩阵,记作 E_n. 例如三阶单位矩阵 $E_3 = \begin{bmatrix} 1 & 0 & 0 \\ 0 & 1 & 0 \\ 0 & 0 & 1 \end{bmatrix}$, 4 阶单位矩阵 $E_4 = \begin{bmatrix} 1 & 0 & 0 & 0 \\ 0 & 1 & 0 & 0 \\ 0 & 0 & 1 & 0 \\ 0 & 0 & 0 & 1 \end{bmatrix}$.

9. 上三角矩阵

在 n 阶方程中,如果主对角左下方的元素全部为零,则称它为上三角矩阵. 例如

$$A_3 = \begin{bmatrix} a_{11} & a_{12} & a_{13} \\ 0 & a_{22} & a_{23} \\ 0 & 0 & a_{33} \end{bmatrix}$$

10. 下三角矩阵

在 n 阶方阵中如果主对角右上方的元素全部为零,则称它为下三角矩阵. 例如

$$A_3 = \begin{bmatrix} a_{11} & 0 & 0 \\ a_{21} & a_{22} & 0 \\ a_{31} & a_{32} & a_{33} \end{bmatrix}$$

习题 8 -1

1. 某学生在高中一、二、三年级的语文、数学、外语的成绩分别为

语文：90　85　80

数学：100　80　90

外语：70　75　70

试写出该学生在高中三年的成绩矩阵.

2. 设矩阵

$$A = \begin{bmatrix} 17 & 7 & -10 & 21 \\ 12 & 5 & 12 & 5 \\ 11 & 9 & -13 & 7 \end{bmatrix}$$

是个 3 × 4 矩阵，且有 a_{21} = ________，a_{32} = ________，a_{14} = ________.

3. 写出 4 × 3 的零矩阵.

4. 设 $A = \begin{bmatrix} 1 & 2 \\ 0 & -17 \\ -3 & 4 \end{bmatrix}$，则 $-A$ = ________.

8.2　矩阵的运算

8.2.1　相等矩阵

定义 8.2【矩阵相等】　若矩阵 $\boldsymbol{A}$，$\boldsymbol{B}$ 是两个同型矩阵（行数与列数分别相同），并且对应位置的元素都相等，则称矩阵 $\boldsymbol{A}$ 与矩阵 B 相等. 记为 $\boldsymbol{A} = \boldsymbol{B}$.

【例 8.1】　已知 $\boldsymbol{A} = \boldsymbol{B}$，其中 $\boldsymbol{A} = \begin{bmatrix} x & y & z \\ -1 & 0 & 2 \end{bmatrix}$，$\boldsymbol{B} = \begin{bmatrix} 5 & 8 & 3 \\ u & 0 & 2 \end{bmatrix}$. 求 x,y,z,u 的值.

【解】　由矩阵相等的定义有

$$x = 5,\quad y = 8,\quad z = 3,\quad u = -1$$

8.2.2　矩阵的加法运算

引例 8.1　【调运方案】

某种物资由三个产地运往4个销售点,其中两次调运方案由下面两张表给出. 第一次调运方案见表8-2;第二次调运方案见表8-3.

表8-2

产地	销地			
	1	2	3	4
甲	3	7	5	2
乙	0	2	1	4
丙	1	3	0	6

表8-3

产地	销地			
	1	2	3	4
甲	1	0	1	2
乙	3	2	4	3
丙	0	1	5	2

若分别用矩阵 $\boldsymbol{A}$,$\boldsymbol{B}$ 表示各次调运量,则

$$\boldsymbol{A}=\begin{bmatrix}3&7&5&2\\0&2&1&4\\1&3&0&6\end{bmatrix},\quad \boldsymbol{B}=\begin{bmatrix}1&0&1&2\\3&2&4&3\\0&1&5&2\end{bmatrix}$$

并且两次从各产地调运该物资到各销售点和用矩阵 $\boldsymbol{C}$ 表示,则

$$\boldsymbol{C}=\boldsymbol{A}+\boldsymbol{B}=\begin{bmatrix}3&7&5&2\\0&2&1&4\\1&3&0&6\end{bmatrix}+\begin{bmatrix}1&0&1&2\\3&2&4&3\\0&1&5&2\end{bmatrix}=\begin{bmatrix}4&7&6&4\\3&4&5&7\\1&4&5&8\end{bmatrix}$$

定义8.3【矩阵的加(减)法】 设 $\boldsymbol{A}=(a_{ij})_{m\times n}$,$\boldsymbol{B}=(b_{ij})_{m\times n}$ 均是 $m\times n$ 的同型矩阵,将其对应位置的元素相加(或相减)得到的 $m\times n$ 矩阵,称为 $\boldsymbol{A}$ 和 $\boldsymbol{B}$ 之和(或差),记为 $\boldsymbol{A}\pm\boldsymbol{B}=(a_{ij}\pm b_{ij})_{m\times n}$.

【例8.2】 已知

$$\boldsymbol{A}=\begin{bmatrix}x_1+x_2&3\\3&x_1-x_2\end{bmatrix},\quad \boldsymbol{B}=\begin{bmatrix}8&2y_1+y_2\\y_1-y_2&4\end{bmatrix}$$

且 $\boldsymbol{A}+\boldsymbol{B}=\boldsymbol{E}$,求 x_1,x_2,y_1,y_2.

【解】 由题意得

$$\begin{bmatrix}x_1+x_2&3\\3&x_1-x_2\end{bmatrix}+\begin{bmatrix}8&2y_1+y_2\\y_1-y_2&4\end{bmatrix}=\begin{bmatrix}1&0\\0&1\end{bmatrix}$$

即

$$\begin{bmatrix}x_1+x_2+8&3+2y_1+y_2\\3+y_1-y_2&x_1-x_2+4\end{bmatrix}=\begin{bmatrix}1&0\\0&1\end{bmatrix}$$

根据矩阵相等的定义,得方程组$\begin{cases} x_1 + x_2 + 8 = 1 \\ 3 + 2y_1 + y_2 = 0 \\ 3 + y_1 - y_2 = 0 \\ x_1 - x_2 + 4 = 1 \end{cases}$. 解之得 $x_1=-5$, $x_2=-2, y_1=-2, y_2=1$.

矩阵的加法满足以下运算规律:(其中 $\boldsymbol{A},\boldsymbol{B},\boldsymbol{C},\boldsymbol{O}$ 都是 $m\times n$ 矩阵)

1. $\boldsymbol{A}+\boldsymbol{B}=\boldsymbol{B}+\boldsymbol{A}$.
2. $(\boldsymbol{A}+\boldsymbol{B})+\boldsymbol{C}=\boldsymbol{A}+(\boldsymbol{B}+\boldsymbol{C})$.
3. $\boldsymbol{A}+\boldsymbol{O}=\boldsymbol{A}$($\boldsymbol{O}$ 是零矩阵)

8.2.3 矩阵的乘法运算

引例 8.2 某机床厂1月生产各种产品的台数如表8-4所示,经技术创新后,3月份这些产品的台数为1月份的1.2倍,求3月生产这些产品的数量.(单位:台)

表 8-4

车　床	铣　床	磨　床
200	160	80

现用矩阵 $\boldsymbol{A}=\begin{bmatrix}200\\160\\80\end{bmatrix}$ 表示1月份生产各种产品的产量,那么3月份生产各种产品的产量用矩阵 $\boldsymbol{B}$ 表示,则

$$\boldsymbol{B}=1.2\boldsymbol{A}=1.2\times\begin{bmatrix}200\\160\\80\end{bmatrix}=\begin{bmatrix}1.2\times200\\1.2\times160\\1.2\times80\end{bmatrix}=\begin{bmatrix}240\\192\\96\end{bmatrix}$$

定义 8.4【矩阵的乘数】 一个数 k 与矩阵 $\boldsymbol{A}=(a_{ij})_{m\times n}$ 相乘,它们的乘积为 $k\boldsymbol{A}=(ka_{ij})_{m\times n}$,并且规定 $\boldsymbol{A}k=k\boldsymbol{A}$.

【例 8.3】 已知 $\boldsymbol{A}=\begin{bmatrix}3&7&5&2\\0&2&1&4\\1&3&0&6\end{bmatrix}$, $\boldsymbol{B}=\begin{bmatrix}1&0&1&2\\3&2&4&3\\0&1&5&2\end{bmatrix}$. 求 $3\boldsymbol{A}$, $-\boldsymbol{B}$.

【解】 $3\boldsymbol{A}=\begin{bmatrix}9&21&15&6\\0&6&3&12\\3&9&0&18\end{bmatrix}$, $-\boldsymbol{B}=\begin{bmatrix}-1&0&-1&-2\\-3&-2&-4&-3\\0&-1&-5&-2\end{bmatrix}$.

数乘矩阵满足以下的运算规律:

设 k,l 都是常数,$\boldsymbol{B}=(b_{ij})_{m\times n}$,那么

(1)分配律 $k(\boldsymbol{A}+\boldsymbol{B})=k\boldsymbol{A}+k\boldsymbol{B}$, $(k+l)\boldsymbol{A}=k\boldsymbol{A}+l\boldsymbol{A}$.

(2)结合律 $k(l\boldsymbol{A})=(kl)\boldsymbol{A}$.

(3)$1\cdot\boldsymbol{A}=\boldsymbol{A}$;$(-1)\boldsymbol{A}=-\boldsymbol{A}$

案例 8.6 甲、乙、丙、丁四人语文、数学、外语的期中、期末、平时考试成绩如表8-5所示.

表 8-5

学生	期中考试			期末考试			平时		
	语文	数学	英语	语文	数学	英语	语文	数学	英语
甲	94	90	97	90	86	95	90	80	90
乙	83	85	76	78	80	70	80	80	70
丙	98	95	97	92	93	96	90	90	100
丁	60	70	72	66	74	75	70	80	80

(1)写出表示甲、乙、丙、丁四人期中、期末、平时成绩的矩阵 A,B,C.

(2)学校规定学期成绩计算方法是期中考试成绩占20%,期末考试成绩70%,平时成绩占10%,若把甲、乙、丙、丁四人期终成绩(本学期的成绩)的矩阵记为 $\boldsymbol{D}$,写出 $\boldsymbol{A},\boldsymbol{B},\boldsymbol{C},\boldsymbol{D}$ 之间的关系,并由此计算出 $\boldsymbol{D}$(最后数字用四舍五入表示).

【解】 (1)$\boldsymbol{A}=\begin{bmatrix}94&90&97\\83&85&76\\98&95&97\\60&70&72\end{bmatrix},\boldsymbol{B}=\begin{bmatrix}90&86&95\\78&80&70\\92&93&96\\66&74&75\end{bmatrix},\boldsymbol{C}=\begin{bmatrix}90&80&90\\80&80&70\\90&90&100\\70&80&80\end{bmatrix}$,

(2)易知 $\boldsymbol{A},\boldsymbol{B},\boldsymbol{C},\boldsymbol{D}$ 之间的关系为 $\boldsymbol{D}=0.2\boldsymbol{A}+0.7\boldsymbol{B}+0.1\boldsymbol{C}$,可得

$$\boldsymbol{D}=0.2\boldsymbol{A}+0.7\boldsymbol{B}+0.1\boldsymbol{C}=\begin{bmatrix}90.8&86.2&94.9\\79.2&81&71.2\\93&93.1&96.6\\65.2&73.8&74.9\end{bmatrix}$$

此矩阵各元素经四舍五入后为

$$\boldsymbol{D}=\begin{bmatrix}91&86&95\\79&81&71\\93&93&97\\65&74&75\end{bmatrix}$$

8.2.4 矩阵的乘法

引例 8.3 某工厂生产 A,B,C 三种产品,各种产品每件所需的生产成本估计值以及每个季度各种产品的生产件数由下列两张表(见表 8-6 和表 8-7)分别给出.

表 8-6

生产成本	产品		
	A	B	C
原材料	0.11	0.45	0.33
劳动力	0.20	0.33	0.24
管理费	0.20	0.10	0.12

现希望给出一张指明各季度生产各类产品所需的各种成本的明细表.

借助矩阵记号,可将上述两张表格写成矩阵形式

表 8－7

产 品	季 度			
	1	2	3	4
A	5 000	4 500	3 500	1 000
B	2 000	2 400	2 200	1 800
C	6 000	6 300	7 000	5 900

$$\boldsymbol{F}=\begin{bmatrix}0.11 & 0.45 & 0.33\\0.20 & 0.33 & 0.24\\0.20 & 0.10 & 0.12\end{bmatrix},\quad \boldsymbol{G}=\begin{bmatrix}5\,000 & 4\,500 & 3\,500 & 1\,000\\2\,000 & 2\,400 & 2\,200 & 1\,800\\6\,000 & 6\,300 & 7\,000 & 5\,900\end{bmatrix}$$

则需要的明细表可归结为下列矩阵:

$$\begin{matrix} & 1 & 2 & 3 & 4\\ \text{原材料} & \times & \times & \times & \times\\ \text{劳动力} & \times & \times & \times & \times\\ \text{管理费} & \times & \times & \times & \times\end{matrix}$$

这个是 3×4 矩阵,可利用所给的两张表,即矩阵 $\boldsymbol{F}$ 和 $\boldsymbol{G}$,计算出这里每个元素的值后填入. 例如第 2 季度所需劳动力(费用)的总量为

$$0.20\times4\,500+0.33\times2\,400+0.24\times6\,300=3\,204$$

从矩阵运算的角度来看,这是 $\boldsymbol{F}$ 的第 2 行(对应于劳动力)与 $\boldsymbol{G}$ 的第 2 列(对应于第 2 季度)对应位置上的元素的乘积之和. 如果把由 $\boldsymbol{F}$ 和 $\boldsymbol{G}$ 结合产生的明细表称为 $\boldsymbol{F}$ 与 $\boldsymbol{G}$ 的乘积并记作 $\boldsymbol{FG}$,则可算出

$$\boldsymbol{FG}=\begin{bmatrix}3\,430 & 3\,654 & 3\,685 & 2\,867\\3\,100 & 3\,204 & 3\,106 & 2\,210\\1\,920 & 1\,896 & 1\,760 & 1\,088\end{bmatrix}$$

这是一个 3×3 矩阵和 3×4 矩阵作“乘法”结果是 3×4 矩阵矩阵.

一般的,对矩阵的乘法作如下:

定义 8.5【矩阵的乘法】 设矩阵 $\boldsymbol{A}$ 是一个 $m\times s$ 矩阵,即 $\boldsymbol{A}=(a_{ij})_{m\times s}$,矩阵 $\boldsymbol{B}$ 是一个 $s\times n$ 矩阵,即 $\boldsymbol{B}=(b_{ij})_{s\times n}$,则以

$$c_{ij}=a_{i1}b_{i1}+a_{i2}b+\cdots+a_{is}b_{sj}=\sum_{k=1}^{s}a_{ik}b_{kj}\quad(i=1,2,\cdots,m;j=1,2,\cdots,n)$$

为元素的矩阵 $\boldsymbol{C}=(c_{ij})_{m\times n}$ 称为矩阵 $\boldsymbol{A}$ 与 $\boldsymbol{B}$ 的乘积,记为 $\boldsymbol{C}=\boldsymbol{AB}$.

由定义 8.5 可知:

(1)【可乘条件】只有当左边矩阵 $\boldsymbol{A}$ 的列数与右边矩阵 $\boldsymbol{B}$ 的行数相同时,$\boldsymbol{A}$ 与 $\boldsymbol{B}$ 才能相乘得 $\boldsymbol{AB}$.

(2)【乘积的阶数原来】两个矩阵的乘积 $\boldsymbol{AB}$ 也是矩阵,它的行数等于左边矩阵 $\boldsymbol{A}$ 的

行数,它的列数等于右边矩阵 **B** 的列数.

(3)【行乘列法则】乘积矩阵 **AB** 中的第 i 行第 j 列的元素等于矩阵 **A** 的第 i 行与 **B** 的第 j 列对应元素乘积之和.

行乘列法则可表示如下:

$$\begin{bmatrix} a_{11} & a_{12} & \cdots & a_{1s} \\ \vdots & \vdots & & \vdots \\ a_{i1} & a & \cdots & a_{is} \\ \vdots & \vdots & & \vdots \\ a_{m1} & a_{s} & \cdots & a_{m3} \end{bmatrix}\begin{bmatrix} b_{11} & b_{1j} & \cdots & a_{1n} \\ b_{21} & b_{2j} & \cdots & b_{2n} \\ \vdots & \vdots & & \vdots \\ b_{s1} & b_{sj} & \cdots & a_{sn} \end{bmatrix} = \begin{bmatrix} c_{11} & c_{1j} & \cdots & c_{1n} \\ & & & \\ c_{i1} & & & c \\ & & & \\ c_{m1} & c_{mj} & & c_{mn} \end{bmatrix}$$

式中
$$c_{ij} = a_{i1}b_{1j} + a_{i2}b_{2j} + \cdots + a_{is}b_{si} = \sum_{k=1}^{s} a_{ik}b_{kj}$$

【例 8.4】 设 $\boldsymbol{A} = \begin{bmatrix} 1 & 3 \\ 2 & 6 \\ -1 & -2, \end{bmatrix}, \boldsymbol{B} = \begin{bmatrix} 2 & 1 & 1 & 6 \\ 5 & -1 & 0 & 2 \end{bmatrix}$,求 **AB**.

【解】

$$\boldsymbol{AB} = \begin{bmatrix} 1\times2+3\times5 & 1\times1+3\times(-1) & 1\times1+3\times0 & 1\times6+3\times2 \\ 2\times2+6\times5 & 2\times2+6\times(-1) & 2\times1+6\times0 & 2\times6+6\times2 \\ (-1)\times2+(-2)\times5 & (-1)\times1+(-2)\times(-1) & (-1)\times1+(-2)\times0 & (-1)\times6+(-2)\times2 \end{bmatrix}$$

$$= \begin{bmatrix} 17 & -2 & 1 & 12 \\ 34 & -4 & 2 & 24 \\ -12 & 1 & -1 & -10 \end{bmatrix}$$

【例 8.5】 设 $\boldsymbol{A} = \begin{bmatrix} -2 & 4 \\ 1 & -2 \end{bmatrix}, \boldsymbol{B} = \begin{bmatrix} 2 & 4 \\ -3 & -6 \end{bmatrix}$,求 **AB** 及 **BA**.

【解】 $\boldsymbol{AB} = \begin{bmatrix} -2 & 4 \\ 1 & -2 \end{bmatrix}\begin{bmatrix} 2 & 4 \\ -3 & -6 \end{bmatrix} = \begin{bmatrix} -16 & -32 \\ 8 & 16 \end{bmatrix}$,

$$\boldsymbol{BA} = \begin{bmatrix} 2 & 4 \\ -3 & -6 \end{bmatrix}\begin{bmatrix} -2 & 4 \\ 1 & -2 \end{bmatrix} = \begin{bmatrix} 0 & 0 \\ 0 & 0 \end{bmatrix}.$$

【注】 矩阵的乘法一般不满足交换律. 矩阵乘法满足以下运算规律:

(1)$\boldsymbol{A}(\boldsymbol{B}+\boldsymbol{C}) = \boldsymbol{AB}+\boldsymbol{AC}, (\boldsymbol{B}+\boldsymbol{C})\boldsymbol{A} = \boldsymbol{BA}+\boldsymbol{CA}$.

(2)当 **A** 为 n 阶方阵时,$\boldsymbol{A}^k = \underbrace{\boldsymbol{A}\cdot\boldsymbol{A}\cdot\cdots\cdot\boldsymbol{A}}_{k个}$.

(3)**E** 为单位矩阵时,$\boldsymbol{A}_{m\times n}\boldsymbol{E}_n = \boldsymbol{E}_m\boldsymbol{A}_{m\times n} = \boldsymbol{A}_{m\times n}$. $(\boldsymbol{AB})\boldsymbol{C} = \boldsymbol{A}(\boldsymbol{BC})$;$k(\boldsymbol{AB}) = (k\boldsymbol{A})\boldsymbol{B} = \boldsymbol{A}(k\boldsymbol{B})$.

【注】 (1)由 $\boldsymbol{AB} = \boldsymbol{O}$,不一定能得出 $\boldsymbol{A} = \boldsymbol{O}$ 或 $\boldsymbol{B} = \boldsymbol{O}$;$\boldsymbol{A} \neq \boldsymbol{O}$ 或 $\boldsymbol{B} \neq \boldsymbol{O}$ 时,也可以有

$AB=O$. 例如,$A=\begin{bmatrix}1 & 1\\ -1 & -1\end{bmatrix}$,$B=\begin{bmatrix}1 & -1\\ -1 & 1\end{bmatrix}$,则 $AB=\begin{bmatrix}0 & 0\\ 0 & 0\end{bmatrix}$.

(2)一般情况下,当 $AB=AC$,且 $A\neq 0$,不能消去 A 而得到 $B=C$.

例如设 $A=\begin{bmatrix}1 & 0\\ 0 & 0\end{bmatrix}$,$B=\begin{bmatrix}4 & 5\\ 6 & 7\end{bmatrix}$,$C=\begin{bmatrix}4 & 5\\ -1 & 2\end{bmatrix}$,虽然 $AB=AC=\begin{bmatrix}4 & 5\\ 0 & 0\end{bmatrix}$,但 $B\neq C$.

案例 8.7 某文教用品厂的文具车间的三个班组一天中铅笔盒钢笔的产量(单位:支)分别是 200 和 100;250 和 110;180 和 90,铅笔和钢笔的单位售价(单位:元)和单位利润(单位:元)分别是 0.5 和 0.2;6 和 1.5,求这三个班组一天分别所创造的总产值和总利润.

【解】 用矩阵 A 表示三个班组一天中铅笔和钢笔的产量(单位:支),用矩阵 B 表示铅笔和钢笔的单位售价(单位:元)和单位利润(单位:元).

$$\begin{array}{c} \quad\ \text{铅笔}\quad \text{钢笔} \\ A=\begin{bmatrix}200 & 100\\ 250 & 110\\ 180 & 90\end{bmatrix}\begin{matrix}\text{一班}\\ \text{二班}\\ \text{三班}\end{matrix}\end{array}\qquad \begin{array}{c} \quad\ \text{单位价格}\quad \text{单位利润} \\ B=\begin{bmatrix}0.5 & 0.2\\ 6 & 1.5\end{bmatrix}\begin{matrix}\text{铅笔}\\ \text{钢笔}\end{matrix}\end{array}$$

由这些数据可以得到三个班组成一天分别所创造的总产值和总利润,并用矩阵 C 表示,则

$$\begin{aligned} C=A\times B &= \begin{bmatrix}200 & 100\\ 250 & 110\\ 180 & 90\end{bmatrix}\begin{bmatrix}0.5 & 0.2\\ 6 & 1.5\end{bmatrix} \\ &= \begin{bmatrix}200\times 0.5+100\times 6 & 200\times 0.2+100\times 1.5\\ 250\times 0.5+110\times 6 & 250\times 0.2+110\times 1.5\\ 180\times 0.5+90\times 6 & 180\times 0.2+90\times 1.5\end{bmatrix} \\ &= \begin{bmatrix}700 & 190\\ 785 & 215\\ 630 & 171\end{bmatrix}\end{aligned}$$

8.2.5 矩阵的转置

引例 8.4 某商场电子柜台 2010 年 5 月的部分产品销售见表 8-8,求销售这几种产品的总收益.

表 8-8

产　品	单价/元	销量/个	产　品	单价/元	销量/个
快译典	1200	80	MP5	800	200
U 盘	360	100			

如果想用矩阵 $P=\begin{bmatrix}1200\\ 360\\ 800\end{bmatrix}$ 表示产品的单价,用矩阵 $Q=\begin{bmatrix}80\\ 100\\ 200\end{bmatrix}$ 表示销量,那么无论是

$\boldsymbol{PQ}$ 还是 $\boldsymbol{QP}$ 都是没有意义的. 如果将矩阵 $\boldsymbol{P}$ 的行列互换后再与矩阵 $\boldsymbol{Q}$ 相乘,其做法既符合矩阵的乘法定义,也与实际情况相符,即这几种产品的销售收益为

$$\boldsymbol{R} = 1200 \times 80 + 360 \times 100 + 800 \times 200 = [1\,200 \quad 360 \quad 800]\begin{bmatrix} 80 \\ 100 \\ 200 \end{bmatrix}$$

定义 8.6【转置矩阵】 把矩阵 $\boldsymbol{A}$ 的行与列依次对换所得的矩阵,称为 $\boldsymbol{A}$ 的转置矩阵,记为 $\boldsymbol{A}^{\mathrm{T}}$.

$$设\ \boldsymbol{A} = \begin{bmatrix} a_{11} & a_{12} & \cdots & a_{1n} \\ a_{21} & a_{22} & \cdots & a_{2n} \\ \vdots & \vdots & & \vdots \\ a_{m1} & a_{m2} & \cdots & a_{mn} \end{bmatrix}, \quad 则\ \boldsymbol{A}^{\mathrm{T}} = \begin{bmatrix} a_{11} & a_{21} & \cdots & a_{m1} \\ a_{12} & a_{22} & \cdots & a_{m2} \\ \vdots & \vdots & & \vdots \\ a_{1n} & a_{2n} & \cdots & a_{mn} \end{bmatrix}$$

例如

$$\boldsymbol{A} = \begin{bmatrix} 1 & -1 & 2 \\ 0 & 1 & 3 \\ 1 & 2 & 1 \end{bmatrix}, \quad \boldsymbol{B} = \begin{bmatrix} 3 & 1 \\ 2 & 2 \\ 1 & -1 \end{bmatrix}$$

则

$$\boldsymbol{A}^{\mathrm{T}} = \begin{bmatrix} 1 & 0 & 1 \\ -1 & 1 & 2 \\ 2 & 3 & 1 \end{bmatrix}, \quad \boldsymbol{B}^{\mathrm{T}} = \begin{bmatrix} 3 & 2 & 1 \\ 1 & 2 & -1 \end{bmatrix}$$

【例 8.6】 设 $\boldsymbol{A} = \begin{bmatrix} 2 & 0 & -1 \\ 1 & 3 & 2 \end{bmatrix}, \boldsymbol{B} = \begin{bmatrix} 1 & 7 & -1 \\ 4 & 2 & 3 \\ 2 & 0 & 1 \end{bmatrix}$,求 $(\boldsymbol{AB})^{\mathrm{T}}, \boldsymbol{B}^{\mathrm{T}}\boldsymbol{A}^{\mathrm{T}}$.

【解】 因为 $\boldsymbol{AB} = \begin{bmatrix} 2 & 0 & -1 \\ 1 & 3 & 2 \end{bmatrix}\begin{bmatrix} 1 & 7 & -1 \\ 4 & 2 & 3 \\ 2 & 0 & 1 \end{bmatrix} = \begin{bmatrix} 0 & 14 & -3 \\ 17 & 13 & 10 \end{bmatrix}$,所以

$$(\boldsymbol{AB})^{\mathrm{T}} = \begin{bmatrix} 0 & 17 \\ 14 & 13 \\ -3 & 10 \end{bmatrix}$$

而

$$\boldsymbol{B}^{\mathrm{T}}\boldsymbol{A}^{\mathrm{T}} = \begin{bmatrix} 1 & 4 & 2 \\ 7 & 2 & 0 \\ -1 & 3 & 1 \end{bmatrix}\begin{bmatrix} 2 & 1 \\ 0 & 3 \\ -1 & 2 \end{bmatrix} = \begin{bmatrix} 0 & 17 \\ 14 & 13 \\ -3 & 10 \end{bmatrix}$$

由此例可知 $(\boldsymbol{AB})^{\mathrm{T}} = \boldsymbol{B}^{\mathrm{T}}\boldsymbol{A}^{\mathrm{T}}$.

转置矩阵满足以下运算规律:

(1) $(\boldsymbol{A}^{\mathrm{T}})^{\mathrm{T}} = \boldsymbol{A}$.

(2) $(\boldsymbol{A} = \boldsymbol{B})^{\mathrm{T}} = \boldsymbol{A}^{\mathrm{T}} + \boldsymbol{B}^{\mathrm{T}}$.

(3) $(k\boldsymbol{A})^{\mathrm{T}} = k\boldsymbol{A}^{\mathrm{T}}$.

(4) $(\boldsymbol{AB})^{\mathrm{T}} = \boldsymbol{B}^{\mathrm{T}}\boldsymbol{A}^{\mathrm{T}}$.

案例 8.8 【销售利润】 联华公司有Ⅰ、Ⅱ、Ⅲ三种商品,由甲、乙、丙三个超市销售.日常销售、各种商品的单位价格和利润如表 8-9 所示.

表 8－9

门市部	商品			门市部	商品		
	Ⅰ	Ⅱ	Ⅲ		Ⅰ	Ⅱ	Ⅲ
甲	48	36	18	单位价格/(元/件)	150	180	300
乙	42	40	12	单位利润/(元/件)	20	30	60
丙	35	26	24				

试求出各超市的当日销售额和利润.

【解】 设 $\boldsymbol{A}$ 为各种商品的单位价格和单位利润矩阵，$\boldsymbol{B}$ 为各超市每种商品的日销售量，则

$$\boldsymbol{A}=\begin{bmatrix}150 & 180 & 300\\20 & 30 & 60\end{bmatrix},\quad \boldsymbol{B}=\begin{bmatrix}48 & 36 & 18\\42 & 40 & 12\\35 & 26 & 24\end{bmatrix}$$

于是各超市的当日销售额和利润为

$$\boldsymbol{AB}^{\mathrm{T}}=\begin{bmatrix}150 & 180 & 300\\20 & 30 & 60\end{bmatrix}\begin{bmatrix}48 & 42 & 35\\36 & 40 & 26\\18 & 12 & 24\end{bmatrix}=\begin{bmatrix}19080 & 17100 & 17130\\3120 & 2760 & 2920\end{bmatrix}$$

即各超市的当日销售额和利润，如表 8－10 所示.

表 8－10

超　市	甲	乙	丙
日销售额/元	19 080	17 100	17 130
日利润/元	3 120	2 760	2 920

习题 8－2

1. 设 $\boldsymbol{A}=\begin{bmatrix}1 & 2\\-3 & 5\end{bmatrix}$，$\boldsymbol{B}=\begin{bmatrix}-1 & 1\\1 & 3\end{bmatrix}$，$\boldsymbol{C}=\begin{bmatrix}5 & 4\\3 & -1\end{bmatrix}$.

求：(1) $\boldsymbol{A}+\boldsymbol{B}$；　(2) $2\boldsymbol{A}+3\boldsymbol{C}$；　(3) $\boldsymbol{AB}$.

2. 计算下列各个乘积.

(1) $\begin{bmatrix}4 & 3 & 1\\1 & -2 & 3\\5 & 7 & 0\end{bmatrix}\begin{bmatrix}7 & -1\\2 & 1\\1 & 0\end{bmatrix}$；　(2) $\begin{bmatrix}0 & 1 & 0\\1 & 0 & 0\\0 & 0 & 1\end{bmatrix}\begin{bmatrix}1 & 2 & 3 & 4\\5 & 6 & 7 & 8\\9 & 10 & 11 & 12\end{bmatrix}$；

(3) $\begin{bmatrix}3 & 1 & 2\end{bmatrix}\begin{bmatrix}4\\6\\5\end{bmatrix}$；　(4) $\begin{bmatrix}4\\6\\5\end{bmatrix}\begin{bmatrix}3 & 1 & 2\end{bmatrix}$；

(5) $\begin{bmatrix}1 & 1\\ -1 & -1\end{bmatrix}\begin{bmatrix}1 & -1\\ -1 & 1\end{bmatrix}$；　　(6) $\begin{bmatrix}2 & -1 & 5 & 7\\ 3 & 0 & -2 & -5\\ 4 & 6 & 1 & 1\end{bmatrix}\begin{bmatrix}x_1\\ x_2\\ x_3\\ x_4\end{bmatrix}$.

3. 计算 $\begin{bmatrix}1 & 2 & 3\\ -1 & 2 & 1\\ 1 & -3 & 2\end{bmatrix}\begin{bmatrix}1 & 2 & 4\\ 2 & -4 & 1\\ -1 & 1 & 0\end{bmatrix}+\begin{bmatrix}2 & 4 & 5\\ 5 & 1 & -1\\ 3 & -2 & 7\end{bmatrix}$.

4. 已知 $\boldsymbol{A}=\begin{bmatrix}3 & 1 & 0\\ -1 & 2 & 1\\ 3 & 4 & 2\end{bmatrix}$, $\boldsymbol{B}=\begin{bmatrix}1 & 2 & 3\\ -1 & -2 & -4\\ 0 & 2 & 1\end{bmatrix}$. 求满足方程 $3\boldsymbol{A}-2\boldsymbol{X}=\boldsymbol{B}$ 中的 $\boldsymbol{X}$.

5. 设 $\boldsymbol{A}=\begin{bmatrix}1 & 1 & 0\\ 0 & 1 & -1\\ 1 & -1 & 1\end{bmatrix}$, $\boldsymbol{B}=\begin{bmatrix}1 & 2 & 3\\ -1 & 1 & 1\\ 2 & 1 & 1\end{bmatrix}$. 求 $\boldsymbol{A}^{\mathrm{T}}\boldsymbol{B}$, $\boldsymbol{B}^{\mathrm{T}}\boldsymbol{A}$, $\boldsymbol{A}^{\mathrm{T}}\boldsymbol{B}^{\mathrm{T}}$, $(\boldsymbol{AB})^{\mathrm{T}}$

6. 设 $\boldsymbol{A}=[1\quad 2\quad 3\quad 4]$. 求 $\boldsymbol{AA}^{\mathrm{T}}$, $\boldsymbol{A}^{\mathrm{T}}\boldsymbol{A}$.

7. 表 8－11 为某高校在 2003 年和 2004 年新生入学公布情况. 求:

(1) 2004 年相对于 2003 年入学人数的增减情况?

(2) 如果 2005 年相对于 2004 年入学增长人数预计比 2004 年相对于 2003 年入学增长人数再增加 10%，求 2005 年新生入学的人数分布情况.

表 8－11

年　份/年	性　别	本地/人	外地/人	年　份/年	性　别	本地/人	外地/人
2003	男	2 000	500	2004	男	2 500	300
	女	1 300	100		女	1 400	200

8. 某港口在某月份运到Ⅰ、Ⅱ、Ⅲ三地的甲、乙、丙两种货物的数量，以及两种货物一个单位价格、重量和体积如表 8－12 所示.

(1) 分别写出表示运到三地货物数量的矩阵 $\boldsymbol{A}$，以及表示货物单位价格、单位重量和单位体积的矩阵 $\boldsymbol{B}$.

(2) 设表示运到三地货物的总价值、总重量和总体积的矩阵为 $\boldsymbol{C}$，写出矩阵 $\boldsymbol{A}$, $\boldsymbol{B}$, $\boldsymbol{C}$ 的关系，并由此计算出 $\boldsymbol{C}$.

表 8－12

货物	Ⅰ地区	Ⅱ地区	Ⅲ地区	单位价格/万元	单位重量/t	单位体积/m^3
甲	2 000	1 200	800	0.20	0.01	0.12
乙	1 200	1 400	600	0.35	0.05	0.50

9. 某商店一周内出售商品甲、乙、丙的数量及单位如表 8－13 所示.

表 8-13

商 品	日销售量							单价/元
	六	日	一	二	三	四	五	
甲	11	9	3	0	10	7	2	4
乙	12	7	5	8	11	9	0	3
丙	10	6	4	5	6	10	3	2

试用矩阵计算和表示每天的销售额.

8.3 矩阵的秩

矩阵的秩是线性代数中一个非常重要的概念,它不仅与可逆矩阵的问题有关,而且在讨论线性方程组解得情况中也起着重要作用.

8.3.1 矩阵的初等行变换

定义 8.7【初等行变换】 矩阵的初等行变换是指对矩阵进行下列三种变换:

(1)对换变换:将矩阵中第 i 行与第 j 行交换位置,用记号 $r_i \leftrightarrow r_j$ 表示.

(2)倍乘变换:将第 i 行遍乘一个非零常数 k,用记号 kr_i 表示.

(3)倍加变换:将矩阵的某一行(第 i 行)遍乘一个常数 k 加至另一行(第 j 行),用记号 $r_i \leftrightarrow kr_i$ 表示.

【例 8.7】 利用初等行变换,将矩阵 $\boldsymbol{A}=\begin{bmatrix}2&3&1\\0&1&3\\1&2&5\end{bmatrix}$ 化为单位矩阵.

【解】 $\boldsymbol{A}=\begin{bmatrix}2&3&1\\0&1&3\\1&2&5\end{bmatrix}\xrightarrow{r_1\leftrightarrow r_3}\begin{bmatrix}1&2&5\\0&1&3\\2&3&1\end{bmatrix}\xrightarrow{r_3+(-2)r_1}\begin{bmatrix}1&2&5\\0&1&3\\0&-1&-9\end{bmatrix}\xrightarrow{r_3+r_2}$

$$\begin{bmatrix}1&2&5\\0&1&3\\0&0&-6\end{bmatrix}\xrightarrow{(-\frac{1}{6})r_3}\begin{bmatrix}1&2&5\\0&1&3\\2&3&1\end{bmatrix}\xrightarrow[r_{2+(-3)r_3}]{r_1+(-5)r_3}\begin{bmatrix}1&2&0\\0&1&0\\0&0&1\end{bmatrix}\xrightarrow{r_1+(-2)r_2}\begin{bmatrix}1&0&0\\0&1&0\\0&0&1\end{bmatrix}$$

8.3.2 阶梯形矩阵

定义 8.8 【阶梯形矩阵】 如果矩阵满足以下条件,则这样的矩阵为阶梯形矩阵.

(1)各行第一个非零元素所在列严格增大(或说其列标一定不小于行标),也就是首非零元之前的零元素的个数随行的序数增多而多;

(2)零行在最下方.

例如,下列矩阵都是阶梯形矩阵:

$$\begin{bmatrix}1 & 2 & -3 & 0 & 1\\0 & 0 & 5 & 2 & -4\\0 & 0 & 0 & 7 & -3\end{bmatrix},\begin{bmatrix}0 & 1 & 7 & -5 & 1\\0 & 0 & 1 & 0 & 4\\0 & 0 & 0 & 2 & 1\\0 & 0 & 0 & 0 & 1\end{bmatrix}$$

以下也是阶梯形矩阵:

$$\begin{bmatrix}4 & 5 & 6 & 7\\3 & 0 & 1 & 4\\1 & 0 & 0 & 0\end{bmatrix},\begin{bmatrix}1 & 0 & 0 & 0 & 2\\0 & 0 & 0 & 1 & 1\\0 & 0 & 0 & 0 & 1\end{bmatrix},\begin{bmatrix}1 & 2 & 3 & 4\\0 & 1 & 2 & 3\\0 & 0 & 1 & 2\\0 & 0 & 0 & 0\end{bmatrix},\begin{bmatrix}1 & 0 & 0 & 4\\0 & 1 & 0 & 5\\0 & 0 & 1 & 2\\0 & 0 & 1 & 0\\0 & 0 & 0 & 0\end{bmatrix}$$

8.3.3 行简化阶梯形矩阵

定义 8.9 【行简化阶梯形矩阵】 对于阶梯形矩阵,若满足以下条件,则称该矩阵为行简化阶梯形矩阵.

(1)各非零行的第一个非零元素均为1;

(2)各非零行的第一个非零元素所在列的其余元素均为零.

例如,以下矩阵都是行简化阶梯形矩阵.

$$\begin{bmatrix}1 & \vdots & 0 & 0 & 0 & 2\\\cdots & \vdots & 0 & 0 & 0 & 0\\0 & \vdots & 1 & 0 & 0 & -4\\0 & \vdots & \cdots & \vdots & 0 & 0\\0 & 0 & 0 & \vdots & 1 & 3\\0 & 0 & 0 & 0 & 0 & 0\end{bmatrix},\begin{bmatrix}1 & 3 & 4 & 0 & 0 & -6\\\cdots & \cdots & \cdots & \vdots & 0 & 0\\0 & 0 & 0 & \vdots & 1 & 5\\0 & 0 & 0 & \vdots & \cdots & \cdots\\0 & 0 & 0 & 0 & 0 & 0\end{bmatrix}$$

定理 8.1 在任意一个 $m\times n$ 矩阵 $\boldsymbol{A}$,经过若干次初等行变换都可以化为阶梯形矩阵.

【例 8.8】 设矩阵 $\boldsymbol{A}=\begin{bmatrix}1 & 2 & 1 & -1\\3 & 6 & -1 & -3\\5 & 10 & 1 & -5\end{bmatrix}$,对 $\boldsymbol{A}$ 进行初等行变换将其化为阶梯形矩阵.

【解】
$$\begin{bmatrix}1 & 2 & 1 & -1\\3 & 6 & -1 & -3\\5 & 10 & 1 & -5\end{bmatrix}\xrightarrow[r_2+(-3)r_1]{r_3+(-5)r_1}\begin{bmatrix}1 & 2 & 1 & -1\\0 & 0 & -4 & 0\\0 & 0 & -4 & 0\end{bmatrix}\xrightarrow{r_3+(-1)r_2}\begin{bmatrix}1 & 2 & 1 & -1\\0 & 0 & -4 & 0\\0 & 0 & 0 & 0\end{bmatrix}$$

如果对此阶梯形矩阵进一步实施初等行变换,可将它化为行简化阶梯形矩阵.

$$\begin{bmatrix}1 & 2 & 1 & -1\\0 & 0 & -4 & 0\\0 & 0 & 0 & 0\end{bmatrix}\xrightarrow{(-\frac{1}{4})r_2}\begin{bmatrix}1 & 2 & 1 & -1\\0 & 0 & 1 & 0\\0 & 0 & 0 & 0\end{bmatrix}\xrightarrow{r_1+(-1)r_2}\begin{bmatrix}1 & 2 & 0 & -1\\0 & 0 & 1 & 0\\0 & 0 & 0 & 0\end{bmatrix}$$

定理 8.2 利用初等行变换可以把阶梯形矩阵化为行简化阶梯形矩阵.

【例 8.9】 将矩阵 $\boldsymbol{A}=\begin{bmatrix}1&-2&3\\2&-1&2\\3&1&2\end{bmatrix}$ 化为行简化阶梯形矩阵.

【解】
$$\boldsymbol{A}=\begin{bmatrix}1&-2&3\\2&-1&2\\3&1&2\end{bmatrix}\xrightarrow[r_2+(-2)r_1]{r_3+(-3)r_1}\begin{bmatrix}1&-2&3\\0&3&-4\\0&7&-7\end{bmatrix}\xrightarrow{(-\frac{3}{7})r_3}\begin{bmatrix}1&-2&3\\0&3&-4\\0&-3&3\end{bmatrix}$$
$$\xrightarrow{r_3+r_2}\begin{bmatrix}1&-2&3\\0&3&-4\\0&0&1\end{bmatrix}\xrightarrow[(-1)r_3]{\frac{1}{3}r_2}\begin{bmatrix}1&-2&3\\0&1&-\frac{4}{3}\\0&0&1\end{bmatrix}$$
$$\xrightarrow{r_2+\frac{4}{3}r_3}\begin{bmatrix}1&-2&3\\0&1&0\\0&0&1\end{bmatrix}\xrightarrow[r_1+2r_2]{r_1+(-3)r_3}\begin{bmatrix}1&0&0\\0&1&0\\0&0&1\end{bmatrix}$$

8.3.4 矩阵的秩

定义 8.10 【矩阵的秩】 矩阵 $\boldsymbol{A}$ 的阶梯形矩阵非零行的行数称为矩阵 $\boldsymbol{A}$ 的秩,记为 $r(A)$ 或秩 $\boldsymbol{A}$.

$$\boldsymbol{A}=\begin{bmatrix}1&2&-1\\0&0&1\\0&0&0\end{bmatrix},\text{则 } r(\boldsymbol{A})=2;\boldsymbol{B}=\begin{bmatrix}1&0&7&5&6\\0&0&1&1&-1\\0&0&0&2&3\\0&0&0&0&0\end{bmatrix},\text{则 } r(\boldsymbol{B})=3.$$

【注】 对于任意矩阵来说,其秩是唯一确定的.

定理 8.3 设 $\boldsymbol{A}$ 为 $m\times n$ 矩阵,则

(1) $0\leqslant r(\boldsymbol{A})\leqslant\min\{m,n\}$.

(2) $r(\boldsymbol{A})=r(\boldsymbol{A}^{\mathrm{T}})$.

定义 8.11 【满秩矩阵】 设 $\boldsymbol{A}$ 是 n 阶方阵,若 $r(\boldsymbol{A})=n$,则称 $\boldsymbol{A}$ 为满秩矩阵,或称非奇异矩阵.

【例 8.10】 求 $\boldsymbol{A}=\begin{bmatrix}1&1&1&-1\\-1&-1&2&3\\2&2&5&0\end{bmatrix}$ 的秩.

【解】
$$\boldsymbol{A}=\begin{bmatrix}1&1&1&-1\\-1&-1&2&3\\2&2&5&0\end{bmatrix}\xrightarrow{r_2+r_1}\begin{bmatrix}1&1&1&-1\\0&0&3&2\\2&2&5&0\end{bmatrix}\xrightarrow{r_3+(-2)r_1}\begin{bmatrix}1&1&1&-1\\0&0&3&2\\0&0&3&2\end{bmatrix}$$
$$\xrightarrow{r_3+(-1)r_2}\begin{bmatrix}1&1&1&-1\\0&0&3&2\\0&0&0&0\end{bmatrix}$$

因为最后一个矩阵是阶梯形矩阵，它有两个非零行，所以 $r(\boldsymbol{A})=2$.

应用初等行变换把矩阵化为阶梯形矩阵和行简化阶梯形矩阵，在讨论矩阵的逆矩阵、矩阵的秩和线性方程组时起到重要的作用.

习题8-3

1. 下列为阶梯形矩阵的是(　　).

A. $\begin{bmatrix}1&2&3&4\\0&0&0&0\\0&5&6&7\end{bmatrix}$　　B. $\begin{bmatrix}1&2&3&4\\0&0&6&7\\0&5&0&0\end{bmatrix}$

C. $\begin{bmatrix}1&2&3&4\\0&8&9&9\\0&5&6&7\end{bmatrix}$　　D. $\begin{bmatrix}1&2&3&4\\0&5&6&7\\0&0&8&0\end{bmatrix}$

2. 下列化为行简化阶梯形矩阵的是(　　).

A. $\begin{bmatrix}1&3&4&2\\0&0&0&1\\0&0&0&0\end{bmatrix}$　　B. $\begin{bmatrix}1&3&4&0\\0&0&0&0\\0&0&0&1\end{bmatrix}$

C. $\begin{bmatrix}1&3&4&0\\0&0&3&1\\0&0&0&0\end{bmatrix}$　　D. $\begin{bmatrix}1&3&4&0\\0&0&0&1\\0&0&0&0\end{bmatrix}$

3. 利用初等行变换把下列矩阵化为行简化阶梯形矩阵.

(1) $\begin{bmatrix}1&-2&4\\2&2&2\\5&8&2\end{bmatrix}$;　　(2) $\begin{bmatrix}-2&1&1\\1&-2&1\\1&-1&-2\end{bmatrix}$;

(3) $\begin{bmatrix}1&-1&2&1&0\\2&-2&4&-2&0\\3&0&6&-1&1\\0&3&0&0&1\end{bmatrix}$;　　(4) $\begin{bmatrix}1&2&3&4&5\\-1&-2&-3&-3&-4\\1&3&3&3&4\\2&2&7&9&11\end{bmatrix}$.

4. 求下列矩阵的秩.

(1) $\begin{bmatrix}1&1&0&1&0&0&1\\1&1&1&0&1&1&0\\2&2&1&1&0&1&1\end{bmatrix}$;　　(2) $\begin{bmatrix}1&0&0\\0&1&0\\1&0&1\\0&1&1\\1&1&0\end{bmatrix}$;

(3) $\begin{bmatrix}-1&3&0&1\\4&-1&1&-2\\2&-2&0&1\end{bmatrix}$;　　(4) $\begin{bmatrix}2&0&2&0&2\\0&1&0&1&0\\2&1&0&2&1\\0&1&0&1&0\end{bmatrix}$.

8.4 矩阵的逆

8.4.1 逆矩阵

对于一元一次线性方程组 $ax=b$,当 $a\neq 0$ 时,在方程组两边同乘 a^{-1}就能得到它的解 $x=a^{-1}b$.

受此启发,对于矩阵方程 $AX=B$,会提出这样的问题:

(1)什么条件下,有这样的矩阵 A^{-1},满足 $A^{-1}A=E$,当它左乘方程 $AX=B$ 两边能得到

$$A^{-1}(AX)=A^{-1}B,\text{即}(A^{-1}A)X=A^{-1}B$$

由于 $A^{-1}A=E$,因此有

$$EX=A^{-1}B$$

这样,矩阵方程 $AX=B$ 的解就是 $X=A^{-1}B$.

(2)A^{-1}具有什么性质? 如何求取 A^{-1}?

定义 8.12 【逆矩阵】 设 A 为 n 阶方阵,如果存在 n 阶方阵 B,使得 $AB=BA=E$,则称方阵 A 是可逆的,并称方阵 B 为 A 的逆矩阵,记作 A^{-1}.

【注】 由于在定义中 A 与 B 的地位是相同的,因此当然也可说 B 是可逆的,称 A 为 B 的逆矩阵,即 $B^{-1}=A$.

【例 8.11】 设有方阵 $A=\begin{bmatrix}1&-4&-3\\1&-5&-3\\-1&6&4\end{bmatrix}$,$B=\begin{bmatrix}2&2&3\\1&-1&0\\-1&2&1\end{bmatrix}$. 验证 B 是否为 A 的逆矩阵.

【解】 因为 $AB=\begin{bmatrix}1&0&0\\0&1&0\\0&0&1\end{bmatrix}=E$,$BA=\begin{bmatrix}1&0&0\\0&1&0\\0&0&1\end{bmatrix}=E$. 所以 A 是 B 的逆矩阵,同样 B 也是 A 逆矩阵. 即

$$A^{-1}=\begin{bmatrix}2&2&3\\1&-1&0\\-1&2&1\end{bmatrix},\quad B^{-1}=\begin{bmatrix}1&-4&-3\\1&-5&-3\\-1&6&4\end{bmatrix}$$

逆矩阵的性质:

(1)若 A 可逆,则 A^{-1}是唯一的.

(2)若 A 可逆,则 A^{-1}也可逆,并且$(A^{-1})^{-1}=A$.

(3)若 A 可逆,数 $k\neq 0$,则$(kA)^{-1}=\frac{1}{k}A^{-1}$.

(4)若 $\boldsymbol{A}$ 可逆,则 $\boldsymbol{A}^{\mathrm{T}}$ 也可逆,并且 $(\boldsymbol{A}^{\mathrm{T}})^{-1}=(\boldsymbol{A}^{-1})^{\mathrm{T}}$.

(5)若 n 阶方阵 $\boldsymbol{A}$ 与 $\boldsymbol{B}$ 都可逆,则 $\boldsymbol{AB}$ 也可逆,并且 $(\boldsymbol{AB})^{-1}=\boldsymbol{B}^{-1}\boldsymbol{A}^{-1}$.

容易验证例 8.11 中矩阵 $\boldsymbol{A}$ 月 $\boldsymbol{B}$ 都是满秩矩阵,这种满秩矩阵与可逆矩阵的关系,可由下面的定理给出.

定理 8.4 n 阶方阵 $\boldsymbol{A}$ 可逆的充要条件是 $\boldsymbol{A}$ 为满秩矩阵,即 $r(\boldsymbol{A})=n$.

如 $\boldsymbol{A}=\begin{bmatrix}0 & 2 & -1\\ 1 & 1 & 2\\ -1 & -1 & -1\end{bmatrix}$计算得 $r(\boldsymbol{A})=3$,故 $\boldsymbol{A}$ 是可逆的. 而矩阵

$$\boldsymbol{B}=\begin{bmatrix}1 & 0 & -1\\ -1 & 1 & 2\\ -3 & -1 & 2\end{bmatrix}$$

$r(\boldsymbol{B})=3$,故 $\boldsymbol{B}$ 是不可逆的.

下面给出一个重要定理.

定理 8.5 任何满秩矩阵都能经过初等行变换为单位矩阵.

如

$$\begin{bmatrix}1 & 2 & 0\\ 2 & 0 & 3\\ 0 & 1 & -1\end{bmatrix}\xrightarrow{r_2\leftrightarrow r_3}\begin{bmatrix}1 & 2 & 0\\ 0 & 1 & -1\\ 2 & 0 & 3\end{bmatrix}\xrightarrow{r_2+(-2)r_1}\begin{bmatrix}1 & 2 & 0\\ 0 & 1 & -1\\ 0 & -4 & 3\end{bmatrix}$$

$$\xrightarrow{r_3+4r_2}\begin{bmatrix}1 & 2 & 0\\ 0 & 1 & -1\\ 0 & 0 & -1\end{bmatrix}\xrightarrow{(-1)r_3}\begin{bmatrix}1 & 2 & 0\\ 0 & 1 & -1\\ 0 & 0 & 1\end{bmatrix}$$

$$\xrightarrow{r_2+r_3}\begin{bmatrix}1 & 2 & 0\\ 0 & 1 & 0\\ 0 & 0 & 1\end{bmatrix}\xrightarrow{r_1+(-2)r_2}\begin{bmatrix}1 & 0 & 0\\ 0 & 1 & 0\\ 0 & 0 & 1\end{bmatrix}$$

8.4.2 初等行变换求逆矩阵

下面介绍用初等行变换求逆矩阵的方法:对给定的 n 阶方阵 $\boldsymbol{A}$,先在其右旁并一个同阶的单位矩阵 $\boldsymbol{E}$,形成一个 $n\times 2n$ 矩阵,记为$[\boldsymbol{A}/\boldsymbol{E}]$. 对该矩阵$[\boldsymbol{A}/\boldsymbol{E}]$实施初等行变换,当"/"左边的 $\boldsymbol{A}$ 变成单位矩阵 $\boldsymbol{E}$ 时,"/"右边的 $\boldsymbol{E}$ 变成了 $\boldsymbol{A}^{-1}$. 即

$$[\boldsymbol{A}/\boldsymbol{E}]\xrightarrow{\text{初等行变换}}[\boldsymbol{E}/\boldsymbol{A}^{-1}]$$

【例 8.12】 已知矩阵 $\boldsymbol{A}=\begin{bmatrix}1 & 0 & 0\\ 2 & 1 & 0\\ -3 & 2 & 1\end{bmatrix}$,求 $\boldsymbol{A}^{-1}$.

【解】 对矩阵$[\boldsymbol{A}/\boldsymbol{E}]$进行初等行变换

$$[\boldsymbol{A}/\boldsymbol{E}]=\begin{bmatrix}1 & 0 & 0 & \vdots & 1 & 0 & 0\\ 2 & 1 & 0 & \vdots & 0 & 1 & 0\\ -3 & 2 & 1 & \vdots & 0 & 0 & 1\end{bmatrix}\xrightarrow[r_2+(-2)r_1]{r_3+3r_1}\begin{bmatrix}1 & 0 & 0 & \vdots & 1 & 0 & 0\\ 0 & 1 & 0 & \vdots & -2 & 1 & -\\ 0 & 2 & 1 & \vdots & 3 & 0 & 1\end{bmatrix}$$

$$\xrightarrow{r_3+(-2)r_2}\begin{bmatrix}1&0&0&\vdots&1&0&0\\0&1&0&\vdots&-2&1&0\\0&0&1&\vdots&7&-2&1\end{bmatrix}=[E/A^{-1}]$$

所以
$$A^{-1}=\begin{bmatrix}1&0&0\\-2&1&0\\7&-2&1\end{bmatrix}$$

案例 8.9 【用矩阵加密、解密】 某军事单位要秘密发送矩阵

$$A=\begin{bmatrix}-2&-1&6\\4&0&5\\-6&-1&1\end{bmatrix}$$

给其下属单位. 加密方法是在发送前把矩阵 A 左乘可逆矩阵

$$M=\begin{bmatrix}1&-1&1\\0&1&2\\0&0&1\end{bmatrix}$$

试问,下属单位直接收到的信息矩阵是什么? 下属单位如何得到真实矩阵 A?

【解】 下属单位直接受到的信息矩阵是

$$B=\begin{bmatrix}1&-1&1\\0&1&2\\0&0&1\end{bmatrix}\begin{bmatrix}-2&-1&6\\4&0&5\\-6&-1&1\end{bmatrix}=\begin{bmatrix}-12&-2&2\\-8&-2&7\\-6&-1&1\end{bmatrix}$$

下属单位矩阵需要先求出矩阵 M 的逆矩阵 M^{-1}后,再用 M^{-1}左乘收到的信息矩阵 B 得到真实矩阵 A,即 $M^{-1}B=A$.

$$[M/E]=\begin{bmatrix}1&-1&1&\vdots&1&0&0\\0&1&2&\vdots&0&1&0\\0&0&1&\vdots&0&0&1\end{bmatrix}\xrightarrow{r_1+r_2}\begin{bmatrix}1&0&3&\vdots&1&1&0\\0&1&2&\vdots&0&1&0\\0&0&1&\vdots&0&0&1\end{bmatrix}$$

$$\xrightarrow[r_1+(-3)\cdot r_3]{r_2+(-2)r_3}\begin{bmatrix}1&-1&1&\vdots&1&0&0\\0&1&2&\vdots&0&1&0\\0&0&1&\vdots&0&0&1\end{bmatrix}$$

即
$$M^{-1}=\begin{bmatrix}1&1&-3\\0&1&-2\\0&0&1\end{bmatrix}$$

所以
$$A=M^{-1}B=\begin{bmatrix}1&1&-3\\0&1&-2\\0&0&1\end{bmatrix}\begin{bmatrix}-12&-2&2\\-8&-2&7\\-6&-1&1\end{bmatrix}=\begin{bmatrix}-2&-1&6\\4&0&5\\-6&-1&1\end{bmatrix}$$

案例 8.10 某厂计划生产 A,B,C 三种产品,每种产品单位产量所需资源及现有资源如表 8 – 14 所示.

表 8 - 14

资 源	产 品			现有资源
	A	B	C	
钢 材	1	2	0	240
燃 料	2	1	3	510
电 力	1	2	2	450

确定三种产品的产量,使之能充分利用现有资源.

【解】 设产品 A,B,C 的产量分别是 x_1,x_2,x_3,则有题意可得矩阵方程为

$$\begin{bmatrix}1&2&0\\2&1&3\\1&2&2\end{bmatrix}\begin{bmatrix}x_1\\x_2\\x_3\end{bmatrix}=\begin{bmatrix}240\\510\\450\end{bmatrix}$$

用初等行变换可求得

$$\begin{bmatrix}1&2&0\\2&1&3\\1&2&2\end{bmatrix}^{-1}=\begin{bmatrix}\frac{2}{3}&\frac{2}{3}&-1\\\frac{1}{6}&-\frac{1}{3}&\frac{1}{2}\\-\frac{1}{2}&0&\frac{1}{2}\end{bmatrix}$$

故

$$\begin{bmatrix}x_1\\x_2\\x_3\end{bmatrix}=\begin{bmatrix}\frac{2}{3}&\frac{2}{3}&-1\\\frac{1}{6}&-\frac{1}{3}&\frac{1}{2}\\-\frac{1}{2}&0&\frac{1}{2}\end{bmatrix}\begin{bmatrix}240\\510\\450\end{bmatrix}=\begin{bmatrix}50\\95\\105\end{bmatrix}$$

即

$$x_1=50,\quad x_2=95,\quad x_3=105$$

习题8 -4

1. 验证下列 $\boldsymbol{A},\boldsymbol{B}$ 是否互为逆矩阵.

(1)$\boldsymbol{A}=\begin{bmatrix}1&-1\\1&1\end{bmatrix},\boldsymbol{B}=\begin{bmatrix}\frac{1}{2}&\frac{1}{2}\\-\frac{1}{2}&\frac{1}{2}\end{bmatrix}$;

(2)$\boldsymbol{A}=\begin{bmatrix}1&1&2\\1&2&2\\1&2&3\end{bmatrix},\boldsymbol{B}=\begin{bmatrix}2&-1&0\\1&1&-1\\-2&0&1\end{bmatrix}$;

(3) $A=\begin{bmatrix}1&2&3\\2&1&2\\1&3&3\end{bmatrix}$, $B=\begin{bmatrix}-\frac{3}{4}&\frac{3}{4}&\frac{1}{4}\\-1&0&1\\\frac{5}{4}&-\frac{1}{4}&-\frac{3}{4}\end{bmatrix}$.

2. 若 A 可逆,证明 $2A$ 也可逆,且 $(2A)^{-1}=\frac{1}{2}A^{-1}$.

3. 用初等行变换求下列矩阵的逆矩阵.

(1) $\begin{bmatrix}1&2&2\\2&1&-2\\2&-2&1\end{bmatrix}$;

(2) $\begin{bmatrix}0&1&2\\1&1&4\\2&-1&0\end{bmatrix}$;

(3) $\begin{bmatrix}1&3&1\\2&2&1\\3&4&2\end{bmatrix}$;

(4) $\begin{bmatrix}1&1&0\\2&1&-1\\3&4&2\end{bmatrix}$;

(5) $\begin{bmatrix}1&0&0&0\\1&1&0&0\\1&1&1&0\\1&1&1&1\end{bmatrix}$;

(6) $\begin{bmatrix}1&-1&-1&-1\\-1&1&-1&-1\\-1&-1&1&-1\\-1&-1&-1&1\end{bmatrix}$.

4. 求满足下列方程的矩阵 X.

(1) $\begin{bmatrix}1&2&3\\2&-1&2\\1&3&0\end{bmatrix}X=\begin{bmatrix}-7\\-8\\7\end{bmatrix}$;

(2) $X\begin{bmatrix}0&1&-1\\4&3&2\\1&-1&1\end{bmatrix}=\begin{bmatrix}1&-1&3\\4&3&2\\1&-2&5\end{bmatrix}$.

5. 某军事单位收到上级单位发来的秘密信息矩阵为

$$A=\begin{bmatrix}2&1&6\\4&0&5\\-6&0&1\end{bmatrix}$$

他们事先知道上级单位在发送信息矩阵之前,用原始信息矩阵左乘加密矩阵

$$M=\begin{bmatrix}1&2&2\\0&1&2\\1&2&3\end{bmatrix}$$

的方法加了密.求原始信息矩阵.

【矩阵密码问题】

矩阵密码法是信息编码与解码的技巧,其中一种是利用可逆矩阵的方法,先在 26 个英文字母与数字之间建立起一一对应关系,例如可以是

$$\begin{matrix}A&B&\cdots&Y&Z\\\updownarrow&\updownarrow&&\updownarrow&\updownarrow\\1&2&\cdots&25&26\end{matrix}$$

若要发出信息“SEND MONEY”,使用上述代码,则此信息的编码是19,5,14,4,13,15,14,5,25,其中5表示字母E. 不幸的是,这种编码很容易被别人破译. 在一个较长的信息编码中,人们会根据那个出现频率较高的数值而猜出它代表的是哪个字母,比如上述编码中出现次数最多的数值是5,人们自然会想到它代表的字母是E,由统计规律,字母E是英文单词中出现频率最高的.

可以利用矩阵乘法来对明文“SEND MONEY”进行加密,让其变成“密文”后再行传递,以增加非法用户被破译的难度,而让合法用户轻松解密. 如果一个矩阵$\boldsymbol{A}$的元素均为整数,而且其行列式$|\boldsymbol{A}| = \pm 1$,那么由$\boldsymbol{A}^{-1} = \frac{1}{|\boldsymbol{A}|}\boldsymbol{A}^*$即知,$\boldsymbol{A}^{-1}$的元素均为整数. 可以利用这样的矩阵$\boldsymbol{A}$来对明文加密,使加密之后的密文很难破译. 现在取

$$\boldsymbol{A} = \begin{bmatrix} 1 & 2 & 1 \\ 2 & 5 & 3 \\ 2 & 3 & 2 \end{bmatrix}$$

明文“SEND MONEY”对应的9个数值按3列被排成以下的矩阵

$$\boldsymbol{B} = \begin{bmatrix} 19 & 4 & 14 \\ 5 & 13 & 5 \\ 14 & 15 & 25 \end{bmatrix}$$

矩阵乘积

$$\boldsymbol{AB} = \begin{bmatrix} 1 & 2 & 1 \\ 2 & 5 & 3 \\ 2 & 3 & 2 \end{bmatrix} = \begin{bmatrix} 19 & 4 & 14 \\ 5 & 13 & 5 \\ 14 & 15 & 25 \end{bmatrix} = \begin{bmatrix} 43 & 45 & 49 \\ 105 & 118 & 128 \\ 81 & 77 & 93 \end{bmatrix}$$

对应着将发出去的密文编码为

43, 105, 81 ,45, 118, 77, 49, 128, 93

合法用户用$\boldsymbol{A}^{-1}$去左乘上述矩阵即可解密得到明文.

$$\boldsymbol{A}^{-1}\begin{bmatrix} 43 & 45 & 49 \\ 105 & 118 & 128 \\ 81 & 77 & 93 \end{bmatrix} = \begin{bmatrix} 1 & -1 & 1 \\ 2 & 0 & -1 \\ -4 & 1 & 1 \end{bmatrix}\begin{bmatrix} 1 & -1 & 1 \\ 2 & 0 & -1 \\ -4 & 1 & 1 \end{bmatrix}\begin{bmatrix} 43 & 45 & 49 \\ 105 & 118 & 128 \\ 81 & 77 & 93 \end{bmatrix}$$

$$= \begin{bmatrix} 19 & 4 & 14 \\ 5 & 13 & 5 \\ 14 & 15 & 25 \end{bmatrix}$$

为了构造“密钥”矩阵$\boldsymbol{A}$,可以从单位矩阵$\boldsymbol{E}$开始,有限次限地使用第三类初等行变换,而且只用某行的整倍数加到另一行,当然,第一类初等行变换也能使用. 这样得到的矩阵$\boldsymbol{A}$,其元素均为整数,而$\boldsymbol{A}^{-1}$的元素也必然均为整数.

* 逆矩阵的公式法计算限于本书篇幅原因尚未介绍,读者可查阅逆矩阵和伴随矩阵的关系相关资料.

复习题八

1. $\boldsymbol{A}=\begin{bmatrix}2&3&6\\-1&3&5\end{bmatrix}$，$\boldsymbol{B}=\begin{bmatrix}3&2&4\\1&-3&5\end{bmatrix}$，满足 $3(\boldsymbol{A}+\boldsymbol{X})=2(\boldsymbol{B}-\boldsymbol{X})$，则 $\boldsymbol{X}=$________.

2. 设 $\boldsymbol{A},\boldsymbol{B}$ 是两个三阶方阵，$|\boldsymbol{A}|=-2$，$|\boldsymbol{B}|=-1$，则 $|-2\boldsymbol{A}\boldsymbol{B}^{-1}|=$________.

3. 设矩阵 $\boldsymbol{A}=\begin{pmatrix}2&3\\3&5\end{pmatrix}$，则 $\boldsymbol{A}^{-1}=$________.

4. 设矩阵 $\boldsymbol{A}=\begin{pmatrix}-2&2&1\\-1&-2&-2\\2&1&2\end{pmatrix}$，求 $\boldsymbol{A}\boldsymbol{A}^{\mathrm{T}}$ 及 $\boldsymbol{A}^{-1}$.

5. 计算 $\begin{pmatrix}1&1\\0&1\end{pmatrix}^k$.

6. 若 $\boldsymbol{XA}-\boldsymbol{E}=\boldsymbol{X}-\boldsymbol{A}^2$ 其中 $\boldsymbol{A}=\begin{pmatrix}1&2&-1\\-1&-1&0\\2&3&2\end{pmatrix}$，求 $\boldsymbol{X}$.

7. 设矩阵 $\boldsymbol{A}=\begin{pmatrix}k&1&1\\0&1-k&1\\0&0&k\end{pmatrix}$ 的秩为 2，则 $k=$________.

8. 求矩阵 $\boldsymbol{B}$ 的秩 $r(\boldsymbol{B})$，$\boldsymbol{B}=\begin{pmatrix}1&1&1&2\\3&1&2&5\\1&-1&0&4\\2&0&1&3\end{pmatrix}$.

9. (1) 设 $\boldsymbol{A}$ 是对称阵，若 $\boldsymbol{A}^2=0$，求证：$\boldsymbol{A}=0$.

(2) 设方阵 $\boldsymbol{A}$ 满足 $\boldsymbol{A}^2+\boldsymbol{A}-2\boldsymbol{E}=0$. 证明：$\boldsymbol{A}$ 及 $\boldsymbol{A}-2\boldsymbol{E}$ 都可逆，并求 $\boldsymbol{A}^{-1}$ 及 $(\boldsymbol{A}-2\boldsymbol{E})^{-1}$.

10. **【二人零和对策问题】** 两儿童玩“石头、剪子、布”的游戏，每人的出法只能在{石头，剪子，布}中选择一种. 当他们各选定一种出法（也称策略）时，就确定了一个“局势”，也就是决定了各自的输赢. 若规定胜者得 1 分，负者的 −1 分，平分各得 0 分. 则对于各种可能的局势（每一局势得分之和为零即零和），试用矩阵表示他们的输赢情况.

11. 已知 $\boldsymbol{A}=\begin{bmatrix}1&1&1\\1&1&-1\\1&-1&1\end{bmatrix}$，$\boldsymbol{B}=\begin{bmatrix}1&2&3\\-1&-2&4\\0&5&1\end{bmatrix}$，求 $\boldsymbol{A}+\boldsymbol{B}$，$3\boldsymbol{A}-2\boldsymbol{B}$，$\boldsymbol{A}^{\mathrm{T}}\boldsymbol{B}+\boldsymbol{A}\boldsymbol{B}^{\mathrm{T}}$.

12. 计算.

(1) $\begin{bmatrix}2 & 1 & 3\end{bmatrix}\begin{bmatrix}1\\3\\2\end{bmatrix}$;　　(2) $\begin{bmatrix}1 & 0 & 0\\0 & 1 & 0\\0 & 0 & 1\end{bmatrix}\begin{bmatrix}2 & 1\\4 & 3\\7 & 9\end{bmatrix}$;

(3) $\begin{bmatrix}1 & 1\\0 & 0\end{bmatrix}\begin{bmatrix}0 & 2\\0 & -1\end{bmatrix}$;　　(4) $\begin{bmatrix}1 & 2 & -1 & 1\\3 & 2 & 0 & 2\\4 & 0 & 2 & 1\end{bmatrix}\begin{bmatrix}x_1\\x_2\\x_3\\x_4\end{bmatrix}$.

13. 解下列矩阵方程.

(1) $\begin{bmatrix}1 & 1\\0 & 2\end{bmatrix}\boldsymbol{X}=\begin{bmatrix}2\\8\end{bmatrix}$;　　(2) $\begin{bmatrix}2 & 5\\1 & 3\end{bmatrix}\boldsymbol{X}=\begin{bmatrix}4 & -6\\2 & 1\end{bmatrix}$;

(3) $\boldsymbol{X}\begin{bmatrix}2 & 1 & -1\\2 & 1 & 0\\1 & -1 & 1\end{bmatrix}=\begin{bmatrix}1 & -1 & 3\\4 & 3 & 2\end{bmatrix}$;　　(4) $\begin{bmatrix}1 & 2\\3 & 4\end{bmatrix}\boldsymbol{X}\begin{bmatrix}3 & 4\\-1 & 2\end{bmatrix}=\begin{bmatrix}2 & -1\\1 & 3\end{bmatrix}$.

14. 甲单位要把原始信息矩阵 $\boldsymbol{A}$ 发送到乙单位. 为了保证在信息传输过程中不被其他单位破译,双方事先约定把原始矩阵右乘加密矩阵 $\boldsymbol{M}$ 的方法对原始信息矩阵 $\boldsymbol{A}$ 进行加密,其中 $\boldsymbol{A}=\begin{bmatrix}1 & 2 & 1\\2 & 3 & 5\\-1 & 0 & 1\end{bmatrix}$,$\boldsymbol{M}=\begin{bmatrix}3 & 2 & 1\\0 & 4 & 5\\3 & 4 & 1\end{bmatrix}$.

求:(1)甲单位对原始矩阵 $\boldsymbol{A}$ 加密后所得的矩阵 $\boldsymbol{C}$;

(1)乙单位对收到的甲单位发来的加密矩阵 $\boldsymbol{C}$ 应该如何解密?

【数学大师链接 13】

“智商低下,人生开挂”

1905 年,法国著名的心理学家比奈和教育家西蒙设计出一种测量智商的量表,因准确率高而风靡全球. 谁知突然间被砸了招牌,因为经这个表测验,被判定为“笨人”的群体中,居然有庞加莱,而庞加莱就是那位被公认为世界最后的数学百科全书的数学大师. 1854 年 4 月,庞加莱降生在法国南锡城,从小就表现出极高的智力,有点小害羞,是个人喜爱的孩子. 然而上天却没有眷顾他,自幼患有的运动神经系统疾病,加上 5 岁时患上的白喉病,让他迅速成为了一个体弱多病、词不达意的人. 1862 年,庞加莱开始了他很期待的校园生涯,可是年幼的他很快就发现不对劲了. 当年的白喉病让视力受到损伤的庞加莱在上课时压根就看不清黑板的内容,实在没办法的他唯有靠听和记忆来进行学习. 也许因为这样,他的大脑变得出奇的发达,还能过目不忘,甚至能够无需纸笔直接在脑海进行复杂的运算,写作也能一次成型. 庞加莱到底是不是数学神童就不知道了,最起码不是笨人. 因为直到 15 岁他才第一次表现出对数

学的兴趣，并很快就展现出非凡的数学天赋，所以被称为“数学魔怪”. 1873 年，庞加莱参加法国综合工科大学的入学考试. 据说，当时为了测试他的才能特意延长考试时间，让他解答考官们精心设计的“漂亮问题”，结果庞加莱嗖嗖地就答完了，差点把主考官们吓出心脏病来. 因此在他的绘画考试和几何作图都得了零分的情况下，他还是拿到了头名进入学校. 庞加莱在高斯对椭圆函数研究的基础上进一步推广椭圆函数理论，让他开始赢得国际声誉. 紧接着，他在复变函数理论领域开创了单复变自守函数理论，还引入了一种叫自守函数的特殊函数. 所谓自守函数就是在某些变换群的作用下不变的函数，是椭圆函数、双曲函数、三角函数的推广. 庞加莱将复变函数推广到多变量函数，建立了研究多变量复变函数理论的基本方法. 就这样，庞加莱一点一点地完善单复变自守函数理论，使得后人基本没有插足的余地. 庞加莱可能觉得单复变自守函数理论已经没有可成长的空间了，便噼里啪啦地研究起组合拓扑，还弄得有模有样. 某天突然灵光一闪，他想出了一个重要的猜想，而这个猜想突然冒出了个三维反例，按照常理来讲，庞加莱应该会越加勤奋地研究这个问题，谁知道他竟然丢下这个猜想转身继续研究天体力学了. 而被丢下的庞加莱猜想在长达一个世纪里差点把后世研究它的拓扑学家搞死，直到佩雷尔曼的出现. 庞加莱提出若任意二维曲面具有与球面相等的同调群、上同调群和同伦群，那么这个曲面必然拓扑等价于球面，这就是著名的庞加莱猜想. 但是当他进一步猜想这个结论对任意维空间都能成立时，出现了三维反例，而关于三维空间的证明直到 2003 年才被佩雷尔曼解决. 作为一位全才，庞加莱还在物理学领域大展拳脚. 一开始，因为深入研究微分方程的需求让庞加莱注意到了三体问题，然后他发现这个三体问题还挺有趣的，就跑去参加当时举办的关于寻求 n 体问题的竞赛，结果他花两年写了篇论文就轻轻松松地获奖了. 幸福来得太突然很容易被戳破，当时《数学学报》的编辑在评审时发现论文中的结论是错的，于是和庞加莱书信交流了一年后，促使庞加莱得出即使其中某一天体的初始位置发生微小改变，也会是长时间演化后的结果大不相同这么一个重要结论，还顺便创造出混沌理论，至此开创了混沌学. 三体问题是天体力学中的经典问题，主要指三个质量、初始位置和初始速度都是任意的可视为质点的天体，在万有引力的作用下的位置和运动规律问题，比如太阳、地球和月亮. 现在的混沌理论已经发展成为一种质性思考与量化分析兼备的方法，一般用于探讨动态系统中(如化学反应、气象变化、股票市场等)必须用整体、连续的而非单一的数据关系才能解释和预测的行为. 然而庞加莱绝非是一个容易满足于现状的人，在接下来短短几年间他竟然奔跑在爱因斯坦的前方，抢先研究出关于相对论的理论. 庞加莱在 1898 年提出了光速不变性假设；1902 年，阐明了相对性原理，1905 年，声明物体移动不可能超过光速. 简直像开了挂一样，哗啦哗啦地就成为了相对论的先驱. 当然，庞加莱的一生不只是拥有物理和数学，他还对采矿有着一辈子的爱恋. 从综合工科大学毕业后他曾经跑到矿业学校学习专门的采矿知识，在研究数学的同时依旧兼顾矿业的工作，一切妥妥的.

第9章 线性方程组

埋头苦干是第一,发白才知智叟.勤能补拙是良训,一分辛苦一分才.

——华罗庚

在自然科学、生产技术和现代管理中,很多的问题都可以直接或近似地表示成一些变量之间的线性关系,这其实可以归结为解线性方程组的问题.

线性线性方程组的研究起源于中国古代,在《九章算术》中有对线性方程组详细的介绍和研究,公元263年刘徽撰写了《九章算术注》一书,创立了方程组的“互乘相消法”,为《九章算术》中解方程组增加了新的内容.公元1247年,秦九韶在所著的《数学九章》中解方程组的“直除法”改进为“互乘法”.莱布尼兹是首个在欧洲研究线性方程组的数学家,1729年,迈克劳林首次利用行列式解出了含有2,3,4个未知量的线性方程组,1750年,克莱姆用他创立的克莱姆法则解出了含有5个未知量5个方程的线性方程组,1764年,法国数学家裴蜀(Bezout,1730—1783)研究了含有n个未知量n个方程的齐次线性方程组的求解问题,并给出了齐次线性方程组有非零解得条件,1867年,道奇森(Ddgson,1832—1898)发表了《行列式初等理论》一书,他证明了含有n个未知量m个方程的一般线性方程组有解得充要条件是系数矩阵和增广矩阵的秩相等.随着科技的发展,线性方程组已广泛运用到生产生活的各个领域.

9.1 消元法

在前面介绍了用克莱姆法则求解n个未知量n个方程的线性方程组,在实际问题中,经常要研究一般线性方程组(未知量的个数与方程的个数不一定相同)的解,解线性方程组最常用的方法就是消元法,其步骤是逐步消除变元的个数,把原方程组化为等价的阶梯形方程组,再用回代过程解此等价的方程组,从而得出原方程组的解.

【例 9.1】 解线性方程组

$$\begin{cases}2x_1+2x_2+3x_3=3\\-2x_1+4x_2+5x_3=-7\\4x_1+7x_2+7x_3=1\end{cases}$$

【解】 将第一个方程加到第二个方程,再将第一个方程乘以(−2)加到第三个方程得

$$\begin{cases}2x_1+2x_2+3x_3=3\\\qquad 6x_2+8x_3=-4\\\qquad 3x_2+x_3=-5\end{cases}$$

在上式中交换第二个和第三个方程,然后把第二个方程乘以(−2)加到第三个方程得

$$\begin{cases}2x_1+2x_2+3x_3=3\\\qquad 3x_2+x_3=-5\\\qquad\qquad 6x_3=6\end{cases}$$

再回代,得 $x_3=1,x_2=-2,x_1=2$.

分析上述例子,可以得出两个结论:

对方程施行了三种变换:

(1) 交换两个方程的位置;

(2)用一个不等于 0 的数乘以某个方程;

(3)用一个数乘某一个方程加到另一个方程上.

把这三种变换叫做线性方程组的初等变换.

由初等代数可知,以下定理成立.

定理 9.1 初等变换把一个线性方程组变为一个与它同解的线性方程组.

线性方程组有没有解,以及有些什么样的解完全取决于它的系数和常数项,因此我们在讨论线性方程组时,主要是研究它的系数和常数项.

定义 9.1 把线性方程组的系数所组成的矩阵叫做线性方程组的系数矩阵,把系数及常数所组成的矩阵叫做增广矩阵.

设线性方程组

$$\begin{cases}a_{11}x_1+a_{12}x_2+\cdots+a_{1n}x_n=b_1\\a_{21}x_1+a_{22}x_2+\cdots+a_{2n}x_n=b_2\\\qquad\cdots\\a_{m1}x_1+a_{m2}x_2+\cdots+a_{mn}x_n=b_m\end{cases}$$

则其系数矩阵是

$$\boldsymbol{A}=\begin{bmatrix}a_{11}&a_{12}&\cdots&a_{1n}\\a_{21}&a_{22}&\cdots&a_{2n}\\\vdots&\vdots&&\vdots\\a_{m1}&a_{m2}&\cdots&a_{mn}\end{bmatrix}$$

增广矩阵是

$$\overline{A}=\begin{bmatrix} a_{11} & a_{12} & \cdots & a_{1n} & b_1 \\ a_{21} & a_{22} & \cdots & a_{2n} & b_2 \\ \vdots & \vdots & & \vdots & \vdots \\ a_{m1} & a_{m2} & \cdots & a_{mn} & b_m \end{bmatrix}$$

显然,对一个方程组实行消元法求解,即对方程组实行初等变换,相当于对它的增广矩阵实行一个相应的初等行变换.而化简线性方程组相当于用行初等变换化简它的增广矩阵,这样,不但讨论起来比较方便,而且能够给予一种方法,利用一个线性方程组的增广矩阵来解这个线性方程组,而不必每次把未知量写出.

【例 9.2】 解线性方程组$\begin{cases} \frac{1}{2}x_1+\frac{1}{3}x_2+x_3=1 \\ x_1+\frac{5}{3}x_2+3x_3=3 \\ 2x_1+\frac{4}{3}x_2+5x_3=2 \end{cases}$

【解】 增广矩阵是 $\overline{A}=\begin{bmatrix} \frac{1}{2} & \frac{1}{3} & 1 & 1 \\ 1 & \frac{5}{3} & 3 & 3 \\ 2 & \frac{4}{3} & 5 & 2 \end{bmatrix}$

交换矩阵第 1 行与第 2 行,再把第 1 行分别乘以$\left(-\frac{1}{2}\right)$和$(-2)$加到第 2 行和第 3 行,再把第 2 行乘以$(-2)$得

$$\overline{A}_1=\begin{bmatrix} 1 & \frac{5}{3} & 3 & 3 \\ 0 & 1 & 1 & 1 \\ 0 & -2 & -1 & -4 \end{bmatrix}$$

在 $\overline{A}_1$ 中将第 2 行乘以 2 加到第 3 行得

$$\overline{A}_2=\begin{bmatrix} 1 & \frac{5}{3} & 3 & 3 \\ 0 & 1 & 1 & 1 \\ 0 & 0 & 1 & -2 \end{bmatrix}$$

相应的方程组变为三角形(阶梯形)方程组:

$$\begin{cases} x_1+\frac{5}{3}x_2+3x_3=3 \\ x_2+x_3=1 \\ x_3=-2 \end{cases}$$

回代得 $x_3=-2, x_2=3, x_1=4$.

另外,也可将 $\overline{A}_2$ 继续进行行初等变换,得到 $\overline{A}$ 的行最简形

$$\overline{A}_3=\begin{bmatrix}1&0&0&4\\0&1&0&3\\0&0&1&-2\end{bmatrix}$$

相应的方程组变为方程组

$$\begin{cases}x_1=4\\x_2=3\\x_3=-2\end{cases}$$

立即得到 $X_1=4,X_2=3,X_3=-2$（当然也可以直接从 $\overline{A}_3$ 写出原方程组的解）.

9.2 线性方程组有解的判别

上一节讨论了用消元法解方程组

$$\begin{cases}a_{11}x_1+a_{12}x_2+\cdots+a_{1n}x_n=b_1\\a_{21}x_1+a_{22}x_2+\cdots+a_{2n}x_n=b_2\\\qquad\cdots\\a_{m1}x_1+a_{m2}x_2+\cdots+a_{mn}x_n=b_m\end{cases}\tag{9-1}$$

这个方法在实际解线性方程组时比较方便,但是还有几个问题没有解决,就是方程组式(9－1)在什么时候无解？在什么时候有解？有解时,又有多少解？这一节将对这些问题予以解答.

定理 9.2 设 $\boldsymbol{A}$ 是一个 m 行 n 列矩阵

$$\begin{bmatrix}a_{11}&a_{12}&\cdots&a_{1n}\\a_{21}&a_{22}&\cdots&a_{2n}\\\vdots&\vdots&&\vdots\\a_{m1}&a_{m2}&\cdots&a_{mn}\end{bmatrix}$$

通过矩阵的初等行变换能把矩阵化为以下形式

$$\begin{bmatrix}1&0&0&\cdots&0&c_{1,r+1}&\cdots&c_{1n}\\0&1&0&\cdots&0&c_{2,r+1}&\cdots&c_{2n}\\\vdots&\vdots&\vdots&&\vdots&\vdots&&\vdots\\0&0&0&\cdots&1&c_{r,r+1}&\cdots&c_{rn}\\0&0&0&\cdots&0&0&\cdots&0\\\vdots&\vdots&\vdots&&\vdots&\vdots&&\vdots\\0&0&0&\cdots&0&0&\cdots&0\end{bmatrix},$$

这里 $r\geqslant0,r\leqslant m,r\leqslant n$.

【注】 以上形式为特殊标准情况,不过,适当交换变元位置,一般可化为以上形式.

由定理9.2,可以把线性方程组式(9－1)的增广矩阵进行初等变换化为

$$\begin{bmatrix} 1 & 0 & \cdots & 0 & c_{1,r+1} & \cdots & c_{1n} & d_1 \\ 0 & 1 & \cdots & 0 & c_{2,r+1} & \cdots & c_{2n} & d_2 \\ \vdots & \vdots & & \vdots & \vdots & & \vdots & \vdots \\ 0 & 0 & \cdots & 1 & c_{r,r+1} & \cdots & c_{rn} & d_r \\ 0 & 0 & \cdots & 0 & 0 & \cdots & 0 & d_{r+1} \\ \vdots & \vdots & & \vdots & \vdots & & \vdots & \vdots \\ 0 & 0 & \cdots & 0 & 0 & \cdots & 0 & d_m \end{bmatrix} \tag{9-2}$$

与式(9－2)相应的线性方程组为

$$\begin{cases} x_1 c_{1,r+1}x_{r+1} + \cdots + c_{1n}x_n = d_1 \\ x_2 c_{2,r+1}x_{r+1} + \cdots + c_{2n}x_n = d_2 \\ \qquad \cdots \\ x_r c_{r,r+1}x_{r+1} + \cdots + c_{rn}x_n = d_r \\ 0 = d_{r+1} \\ \qquad \cdots \\ 0 = d_m \end{cases} \tag{9-3}$$

由定理9.1知:方程组式(9－1)与方程组式(9－3)是同解方程组,要研究方程组式(9－1)的解,就变为研究方程组式(9－3)的解.

(1)若 $d_{r+1},d_{r+2},\cdots,d_m$ 中有一个不为0,方程组式(9－3)无解,那么方程组式(9－1)也无解.

(2)若 $d_{r+1},d_{r+2},\cdots,d_m$ 全为0,则方程组式(9－3)有解,那么方程组式(9－1)也有解.

定理9.3 (线性方程组有解的判别定理)线性方程组式(9－1)有解的充分必要条件是系数矩阵与增广矩阵有相同的秩 r.

(1)当 r 等于方程组所含未知量个数 n 时,方程组有唯一解;

(2)当 $r<n$ 时,方程组有无穷多组解.

线性方程组式(9－1)无解的充分必要条件是:系数矩阵 $\boldsymbol{A}$ 的秩与增广矩阵 $\overline{\boldsymbol{A}}$ 的秩不相等.

在方程组有无穷多组解的情况下,方程组有 $n-r$ 个自由未知量,其解如下:

$$\begin{cases} x_1 = d_1 - c_{1,r+1}x_{r+1} - \cdots - c_{1n}x_n \\ x_2 = d_2 - c_{2,r+1}x_{r+1} - \cdots - c_{2n}x_n \\ \qquad \cdots \\ x_r = d_r - c_{r,r+1}x_{r+1} - \cdots - c_{rn}x_n \end{cases}$$

式中,$x_{r+1},x_{r+2},\cdots,x_n$ 是自由未知量,若给一组数 $l_1,l_2,\cdots,l_{n-r}$ 就得到方程组的一组解

$$\begin{cases} x_1 = d_1 - c_{1,r+1}l_1 - \cdots - c_{1n}l_{n-r} \\ x_2 = d_2 - c_{2,r+1}l_1 - \cdots - c_{2n}l_{n-r} \\ \cdots \\ x_r = d_r - c_{r,r+1}l_1 - \cdots - c_{rn}l_{n-r} \\ x_{r+1} = l_1 \\ x_{r+2} = l_2 \\ \cdots \\ x_n = l_{n-r} \end{cases}$$

【例 9.3】 研究线性方程组

$$\begin{cases} x_1 - x_2 + 3x_3 - x_4 = 1 \\ 2x_1 - x_2 - x_3 + 4x_4 = 2 \\ 3x_1 - 2x_2 + 2x_3 + 3x_4 = 3 \\ x_1 - 4x_3 + 5x_4 = -1 \end{cases}$$

【解】 写出增广矩阵

$$\overline{A} = \begin{bmatrix} 1 & -1 & 3 & -1 & 1 \\ 2 & -1 & -1 & 4 & 2 \\ 3 & -2 & 2 & 3 & 3 \\ 1 & 0 & -4 & 5 & -1 \end{bmatrix}$$

对 $\overline{A}$ 进行初等行变换可化为

$$\begin{bmatrix} 0 & -1 & 3 & -1 & 1 \\ 0 & 1 & -7 & 6 & 0 \\ 0 & 0 & 0 & 0 & 0 \\ 0 & 0 & 0 & 0 & -2 \end{bmatrix}$$

由此断定系数矩阵的秩与增广矩阵的秩不相等,所以方程无解.

【例 9.4】 在一次投料生产中,获得 4 种产品,每次测试总成本如下表:

生产批次	产品/kg				总成本/元
	Ⅰ	Ⅱ	Ⅲ	Ⅳ	
1	200	100	100	50	2 900
2	500	250	200	100	7 050
3	100	40	40	20	1 360
4	400	180	160	60	5 500

试求每种产品的单位成本.

【解】 设Ⅰ、Ⅱ、Ⅲ、Ⅳ4 种产品的单位成本分别为 x_1, x_2, x_3, x_4,由题意得方程组

$$\begin{cases}200x_1+100x_2+100x_3+50x_4=2\ 900\\500x_1+250x_2+200x_3+100x_4=7\ 050\\100x_1+40x_2+40x_3+20x_4=1\ 360\\400x_1+180x_2+160x_3+60x_4=5\ 500\end{cases}$$

化简,得

$$\begin{cases}4x_1+2x_2+2x_3+x_4=58\\10x_1+5x_2+4x_3+2x_4=141\\5x_1+2x_2+2x_3+x_4=68\\20x_1+9x_2+8x_3+3x_4=275\end{cases}$$

写出其增广矩阵

$$\begin{bmatrix}4&2&2&1&58\\10&5&4&2&141\\5&2&2&1&68\\20&9&8&3&275\end{bmatrix}$$

对其进行初等行变换,化为

$$\begin{bmatrix}1&0&0&0&10\\0&1&0&0&5\\0&0&1&0&3\\0&0&0&1&2\end{bmatrix}$$

由上面的矩阵可看出系数矩阵与增广矩阵的秩相等,并且等于未知数的个数,所以方程组有唯一解:

$$x_1=10,\quad x_2=5,\quad x_3=3,\quad x_4=2$$

【例9.5】 解线性方程组

$$\begin{cases}x_1+2x_2+3x_3+x_4=5\\2x_1+2x_3-2x_4=2\\-x_1-2x_2+3x_3+2x_4=8\\x_1+2x_2-9x_3-5x_4=-21\end{cases}$$

【解】 这里的增广矩阵是

$$\begin{bmatrix}1&2&3&1&5\\2&0&2&-2&0\\-1&-2&3&2&8\\1&2&-9&-5&-21\end{bmatrix}$$

对其进行初等行变换,化为

$$\begin{bmatrix} 1 & 0 & 0 & -\frac{3}{2} & -\frac{7}{6} \\ 0 & 1 & 0 & \frac{1}{2} & -\frac{1}{6} \\ 0 & 0 & 1 & \frac{1}{2} & \frac{13}{6} \\ 0 & 0 & 0 & 0 & 0 \end{bmatrix}$$

由上式可看出系数矩阵与增广矩阵的秩相等,所以方程组有解,对应的方程组是

$$\begin{cases} x_1 - \frac{3}{2}x_4 = -\frac{7}{6} \\ x_2 + \frac{1}{2}x_4 = -\frac{1}{6} \\ x_3 + \frac{1}{2}x_4 = \frac{13}{6} \end{cases}$$

把 x 移到右边,作为自由未知量,得原方程组的一般解为

$$\begin{cases} x_1 = -\frac{7}{6} + \frac{3}{2}x_4 \\ x_2 = -\frac{1}{6} - \frac{1}{2}x_4 \\ x_3 = \frac{13}{6} - \frac{1}{2}x_4 \end{cases}$$

给自由未知量一组固定值:$x=0$,就得到方程组的一个解.

$$x_1 = -\frac{7}{6}, \quad x_2 = -\frac{1}{6}, \quad x_3 = \frac{13}{6}, \quad x_4 = 0$$

9.3 向量组的线性组合

9.3.1 维向量及其线性运算

定义 9.2 n 个有次序的数 $a_1, a_2, \cdots, a_n$ 所组成的数组称为 n 维向量,这 n 个数称为该向量的 n 个分量,第 i 个数称为第 i 个分量.

分量全为实数的向量称为实向量,分量为复数的向量称为复向量,如果没有特别说明,本书一般只讨论实向量.

n 维向量可写成一行,也可写成一列. 按第 7 章的规定,分别称为行向量和列向量,也就是行矩阵和列矩阵,并规定行向量和列向量都按矩阵的运算法则进行运算. 因此, n 维

列向量 $\boldsymbol{\alpha}=\begin{bmatrix}a_1\\a_2\\\vdots\\a_n\end{bmatrix}$ 与 n 行向量 $\boldsymbol{\alpha}^{\mathrm{T}}=(a_1,a_2,\cdots,a_n)$ 总被视为两个不同的向量(按定义9.1，$\boldsymbol{\alpha}$ 与 $\boldsymbol{\alpha}^{\mathrm{T}}$ 应是同一个向量).

本书中,常用黑体小写字母 $\boldsymbol{\alpha},\boldsymbol{\beta},\boldsymbol{a},\boldsymbol{b}$ 等表示列向量,用 $\boldsymbol{\alpha}^{\mathrm{T}},\boldsymbol{\beta}^{\mathrm{T}},\boldsymbol{a}^{\mathrm{T}},\boldsymbol{b}^{\mathrm{T}}$ 等表示行向量,所讨论的向量在没有特别指明的情况下都被视为列向量.

【注】 在解析几何中,把"既有大小又有方向的量"称为向量,并把可随意平行移动的有向线段作为向量的几何形象. 引入坐标系后,又定义了向量的坐标表示式(三个有序实数),此即上面定义的三维向量. 当 $n>3$ 时,n 维向量没有直观的几何形象.

在空间解析几何中,"空间"通常作为点的集合,称为点空间. 因为空间中的点 $P(x,y,z)$ 与三维向量 $\boldsymbol{r}=(x,y,z)^{\mathrm{T}}$ 之间有一一对应的关系,故又把三维向量的全体所组成的集合 $\boldsymbol{R}^3=\{\boldsymbol{r}=(x,y,z)^{\mathrm{T}}\mid x,y,z\in\mathbf{R}\}$ 称为三维向量空间. 类似地,n 维向量的全体所组成的集合 $\boldsymbol{R}^n=\{x=(x_1,x_2,\cdots,x_n)^{\mathrm{T}}\mid x_1,x_2,\cdots,x_n\in\mathbf{R}\}$ 称为 n 维向量空间.

若干个同维数的列向量(或行向量)所组成的集合称为向量组.

例如,一个 $m\times n$ 矩阵 $\boldsymbol{A}=\begin{bmatrix}a_{11}&a_{12}&\cdots&a_{1n}\\a_{21}&a_{22}&\cdots&a_{2n}\\&\cdots&&\\a_{m1}&a_{m2}&\cdots&a_{mn}\end{bmatrix}$ 的每一列

$$\boldsymbol{\alpha}_j=\begin{bmatrix}a_{1j}\\a_{2j}\\\vdots\\a_{mj}\end{bmatrix}\quad(j=1,2,\cdots,n)$$

组成的向量组 $\boldsymbol{\alpha}_1,\boldsymbol{\alpha}_2,\cdots,\boldsymbol{\alpha}_n$ 称为矩阵 $\boldsymbol{A}$ 的列向量组,而由矩阵 $\boldsymbol{A}$ 的每一行

$$\boldsymbol{\beta}_i=(a_{i1},a_{i2},\cdots,a_{in})\quad(i=1,2,\cdots,m)$$

组成的向量组 $\boldsymbol{\beta}_1,\boldsymbol{\beta}_2,\cdots,\boldsymbol{\beta}_m$ 称为矩阵 $\boldsymbol{A}$ 的行向量组.

根据上述讨论,矩阵 $\boldsymbol{A}$ 可记为

$$\boldsymbol{A}=(\boldsymbol{\alpha}_1,\boldsymbol{\alpha}_2,\cdots,\boldsymbol{\alpha}_n)\text{ 或 }\boldsymbol{A}=\begin{bmatrix}\boldsymbol{\beta}_1\\\boldsymbol{\beta}_2\\\vdots\\\boldsymbol{\beta}_m\end{bmatrix}$$

这样,矩阵 $\boldsymbol{A}$ 就与其列向量组或行向量组之间建立了一一对应关系.

矩阵的列向量组和行向量组都是只含有限个向量的向量组. 而线性方程组

$$\boldsymbol{Ax}=\boldsymbol{0}$$

的全部解当 $r(\boldsymbol{A})<n$ 时是一个含有无限多个 n 维列向量的向量组.

定义 9.3 两个 n 维向量 $\boldsymbol{\alpha}=(a_1,a_2,\cdots,a_n)^{\mathrm{T}}$ 与 $\boldsymbol{\beta}=(b_1,b_2,\cdots,b_n)^{\mathrm{T}}$ 的各对应分量之和组成的向量,称为向量 $\boldsymbol{\alpha}$ 与 $\boldsymbol{\beta}$ 的和,记为 $\boldsymbol{\alpha}+\boldsymbol{\beta}$,即

$$\boldsymbol{\alpha}+\boldsymbol{\beta}=(a_1+b_1,a_2+b_2,\cdots,a_n+b_n)^{\mathrm{T}}$$

由加法和负向量的定义,可定义向量的减法：

$$\boldsymbol{\alpha}-\boldsymbol{\beta}=\boldsymbol{\alpha}+(-\boldsymbol{\beta})=(a_1-b_1,a_2-b_2,\cdots,a_n-b_n)^{\mathrm{T}}$$

定义 9.4 n 维向量 $\boldsymbol{\alpha}=(a_1,a_2,\cdots,a_n)^{\mathrm{T}}$ 的各个分量都乘以实数 k 所组成的向量,称为数 k 与向量 α 的乘积(又简称数乘),记为 $k\boldsymbol{\alpha}$,即

$$k\boldsymbol{\alpha}=(ka_1,ka_2,\cdots,ka_n)^{\mathrm{T}}$$

向量的加法和数乘运算统称为向量的线性运算.

【注】 向量的线性运算与行(列)矩阵的运算规律相同,从而也满足下列运算规律(其中 $\boldsymbol{\alpha},\boldsymbol{\beta},\boldsymbol{\gamma}\in \boldsymbol{R}^n,k,l\in\mathbf{R}$)：

(1) $\boldsymbol{\alpha}+\boldsymbol{\beta}=\boldsymbol{\beta}+\boldsymbol{\alpha}$;　　(2) $(\boldsymbol{\alpha}+\boldsymbol{\beta})+\boldsymbol{\gamma}=\boldsymbol{\alpha}+(\boldsymbol{\beta}+\boldsymbol{\gamma})$;

(3) $\boldsymbol{\alpha}+\mathbf{0}=\boldsymbol{\alpha}$;　　(4) $\boldsymbol{\alpha}+(-\boldsymbol{\alpha})=0$;

(5) $1\boldsymbol{\alpha}=\boldsymbol{\alpha}$;　　(6) $k(l\boldsymbol{\alpha})=(kl)\boldsymbol{\alpha}$;

(7) $k(\boldsymbol{\alpha}+\boldsymbol{\beta})=k\boldsymbol{\alpha}+k\boldsymbol{\beta}$;　　(8) $(k+l)\boldsymbol{\alpha}=k\boldsymbol{\alpha}+l\boldsymbol{\alpha}$.

【例 9.6】 设 $\boldsymbol{\alpha}=(2,0,-1,3)^{\mathrm{T}},\boldsymbol{\beta}=(1,7,4,-2)^{\mathrm{T}},\boldsymbol{\gamma}=(0,1,0,1)^{\mathrm{T}}$

(1)求 $2\boldsymbol{\alpha}+\boldsymbol{\beta}-3\boldsymbol{\gamma}$;

(2)若有 $\boldsymbol{x}$,满足 $3\boldsymbol{\alpha}-\boldsymbol{\beta}+5\boldsymbol{\gamma}+2\boldsymbol{x}=\mathbf{0}$,求 $\boldsymbol{x}$.

【解】 (1) $2\boldsymbol{\alpha}+\boldsymbol{\beta}-3\boldsymbol{\gamma}=2(2,0,-1,3)^{\mathrm{T}}+(1,7,4,-2)^{\mathrm{T}}-3(0,1,0,1)^{\mathrm{T}}$
$=(5,4,2,1)^{\mathrm{T}}$.

(2)由 $3\boldsymbol{\alpha}-\boldsymbol{\beta}+5\boldsymbol{\gamma}+2\boldsymbol{x}=\mathbf{0}$,得

$$\begin{aligned}\boldsymbol{x}&=\frac{1}{2}(-3\boldsymbol{\alpha}+\boldsymbol{\beta}-5\boldsymbol{\gamma})\\&=\frac{1}{2}x[-3(2,0,-1,3)^{\mathrm{T}}+(1,7,4,-2)^{\mathrm{T}}-5(0,1,0,1)^{\mathrm{T}}]\\&=(-\frac{5}{2},1,\frac{7}{2},-8)^{\mathrm{T}}\end{aligned}$$

9.3.2 向量的线性组合

考察线性方程组

$$\begin{cases}a_{11}x_1+a_{12}x_2+\cdots+a_{1n}x_n=b_1\\a_{21}x_1+a_{22}x_2+\cdots+a_{2n}x_n=b_2\\\cdots\\a_{m1}x_1+a_{m2}x_2+\cdots+a_{mn}x_n=b_m\end{cases}\tag{9-4}$$

令

$$\boldsymbol{\alpha}_j=\begin{bmatrix}a_{1j}\\a_{2j}\\\vdots\\a_{mj}\end{bmatrix}\quad(j=1,2,\cdots,n),\quad\boldsymbol{\beta}=\begin{bmatrix}b_1\\b_2\\\vdots\\b_m\end{bmatrix}\tag{9-5}$$

则线性方程组式(9-4)可表示为如下向量形式：

$$\boldsymbol{\alpha}_1 x_1 + \boldsymbol{\alpha}_2 x_2 + \cdots + \boldsymbol{\alpha}_n x_n = \boldsymbol{\beta} \tag{9-6}$$

于是,线性方程组式(9-4)是否有解,就相当于是否存在一组数 $k_1,k_2,\cdots,k_n$ 使得下列线性关系式成立:

$$\boldsymbol{\beta} = k_1\boldsymbol{\alpha}_1 + k_2\boldsymbol{\alpha}_2 + \cdots + k_n\boldsymbol{\alpha}_n$$

在探讨这一问题之前,先介绍几个有关向量组的概念.

定义 9.5 给定向量组 $\boldsymbol{A}:\boldsymbol{\alpha}_1,\boldsymbol{\alpha}_2,\cdots,\boldsymbol{\alpha}_s$,对于任何一组实数 $k_1,k_2,\cdots,k_s$,表达式 $k_1\alpha_1+k_2\alpha_2+\cdots+k_s\alpha_s$ 称为向量组 $\boldsymbol{A}$ 的一个线性组合,$k_1,k_2,\cdots,k_s$ 称为这个线性组合的系数,也称为该线性组合的权重.

定义 9.6 给定向量组 $\boldsymbol{A}:\boldsymbol{\alpha}_1,\boldsymbol{\alpha}_2,\cdots,\boldsymbol{\alpha}_s$ 和向量 $\boldsymbol{\beta}$,若存在一组数 $k_1,k_2,\cdots,k_s$,使

$$\boldsymbol{\beta} = k_1\boldsymbol{\alpha}_1 + k_2\boldsymbol{\alpha}_2 + \cdots + k_s\boldsymbol{\alpha}_s$$

则称向量 $\boldsymbol{\beta}$ 是向量组 $\boldsymbol{A}$ 的线性组合,又称向量 $\boldsymbol{\beta}$ 能由向量组 $\boldsymbol{A}$ 线性表示或线性表出.

从线性方程组式(9-4)的向量形式式(9-6)可见,向量 $\boldsymbol{\beta}$ 能否由向量组 $\boldsymbol{\alpha}_1,\boldsymbol{\alpha}_2,\cdots,\boldsymbol{\alpha}_s$ 线性表示的问题等价于线性方组 $\boldsymbol{\alpha}_1x_1+\boldsymbol{\alpha}_2x_2+\cdots+\boldsymbol{\alpha}_sx_s=\boldsymbol{\beta}$ 是否有解的问题,可得

定理 9.4 设向量 $\boldsymbol{\beta},\boldsymbol{\alpha}_j(j=1,2,\cdots,s)$ 由式(9-5)给出,则向量 $\boldsymbol{\beta}$ 能由向量组 $\boldsymbol{\alpha}_1,\boldsymbol{\alpha}_2,\cdots,\boldsymbol{\alpha}_s$ 线性表示的充分必要条件是矩阵 $\boldsymbol{A}=(\boldsymbol{\alpha}_1,\boldsymbol{\alpha}_2,\cdots,\boldsymbol{\alpha}_s)$ 与增广矩阵 $\boldsymbol{A}=(\boldsymbol{\alpha}_1,\boldsymbol{\alpha}_2,\cdots,\boldsymbol{\alpha}_s,\boldsymbol{\beta})$ 的秩相等.

【例 9.7】 请说明任何一个 n 维向量 $\boldsymbol{\alpha}=(a_1,a_2,\cdots,a_n)^{\mathrm{T}}$ 都是 n 维单位向量组 $\boldsymbol{\varepsilon}_1=(1,0,\cdots,0)^{\mathrm{T}},\boldsymbol{\varepsilon}_2=(0,1,0,\cdots,0)^{\mathrm{T}},\cdots,\boldsymbol{\varepsilon}_n=(0,\cdots,0,1)^{\mathrm{T}}$ 的线性组合.

【解】 $\boldsymbol{\alpha}=a_1\varepsilon_1+a_2\varepsilon_2+\cdots+a_n\varepsilon_n$.

【例 9.8】 请说明零向量是任何一组向量的线性组合.

【解】 $\mathbf{0}=0\cdot\boldsymbol{\alpha}_1+0\cdot\boldsymbol{\alpha}_2+\cdots+0\cdot\boldsymbol{\alpha}_s$.

【例 9.9】 请说明向量组 $\boldsymbol{\alpha}_1,\boldsymbol{\alpha}_2,\cdots,\boldsymbol{\alpha}_s$ 中任何一向量 $\boldsymbol{\alpha}_j(1\leqslant j\leqslant s)$ 都是此向量组的线性组合.

【解】 $\boldsymbol{\alpha}_j=0\cdot\boldsymbol{\alpha}_1+\cdots+1\cdot\boldsymbol{\alpha}_j+\cdots+0\cdot\boldsymbol{\alpha}_s$.

【例 9.10】 判断向量 $\boldsymbol{\beta}=(4,3,-1,11)^{\mathrm{T}}$ 是否为向量组 $\boldsymbol{\alpha}_1=(1,2,-1,5)^{\mathrm{T}},\boldsymbol{\alpha}_2=(2,-1,1,1)^{\mathrm{T}}$ 的线性组合. 若是,写出表达式.

【解】 设 $k_1\boldsymbol{\alpha}_1+k_2\boldsymbol{\alpha}_2=\boldsymbol{\beta}$,对矩阵 $(\boldsymbol{\alpha}_1\ \ \boldsymbol{\alpha}_2\ \ \boldsymbol{\beta})$ 施以初等变换:

$$\begin{bmatrix}1&2&4\\2&-1&3\\-1&1&-1\\5&1&11\end{bmatrix}\to\begin{bmatrix}1&2&4\\0&-5&-5\\0&3&3\\0&-9&-9\end{bmatrix}\to\begin{bmatrix}1&2&4\\0&1&1\\0&0&0\\0&0&0\end{bmatrix}\to\begin{bmatrix}1&0&2\\0&1&1\\0&0&0\\0&0&0\end{bmatrix}.$$

易见,$\boldsymbol{r}(\boldsymbol{\alpha}_1\ \ \boldsymbol{\alpha}_2\ \ \boldsymbol{\beta})=\boldsymbol{r}(\boldsymbol{\alpha}_1\ \ \boldsymbol{\alpha}_2)=2$.

故 $\boldsymbol{\beta}$ 可由 $\boldsymbol{\alpha}_1,\boldsymbol{\alpha}_2$ 线性表示,且由上面最后一个矩阵知,取 $k_1=2,k_2=1$,可使

$$\boldsymbol{\beta} = 2\alpha_1 + \alpha_2$$

9.3.3 向量组间的线性表示

定义 9.7 设有两向量组

$$\boldsymbol{A}:\boldsymbol{\alpha}_1,\boldsymbol{\alpha}_2,\cdots,\boldsymbol{\alpha}_s;\qquad \boldsymbol{B}:\boldsymbol{\beta}_1,\boldsymbol{\beta}_2,\cdots,\boldsymbol{\beta}_t$$

若向量组 $\boldsymbol{B}$ 中的每一个向量都能由向量组 $\boldsymbol{A}$ 线性表示，则称向量组 $\boldsymbol{B}$ 能由向量组 $\boldsymbol{A}$ 线性表示. 若向量组 $\boldsymbol{A}$ 与向量组 $\boldsymbol{B}$ 能相互表示，则称这两个向量组等价. 按定义，若向量组 $\boldsymbol{B}$ 能由向量组 $\boldsymbol{A}$ 线性表示，则存在 $k_{1j},k_{2j},\cdots,k_{sj}(j=1,2,\cdots,t)$，使

$$\boldsymbol{\beta}_j = k_{1j}\boldsymbol{\alpha}_1 + k_{2j}\boldsymbol{\alpha}_2 + \cdots + k_{sj}\boldsymbol{\alpha}_s = (\boldsymbol{\alpha}_1,\boldsymbol{\alpha}_2,\cdots,\boldsymbol{\alpha}_s)\begin{bmatrix} k_{1j} \\ k_{2j} \\ \vdots \\ k_{sj} \end{bmatrix}$$

即

$$(\boldsymbol{\beta},\boldsymbol{\beta}_2,\cdots,\boldsymbol{\beta}_t) = (\boldsymbol{\alpha}_1,\boldsymbol{\alpha}_2,\cdots,\boldsymbol{\alpha}_s)\begin{bmatrix} k_{11} & k_{12} & \cdots & k_{1t} \\ k_{21} & k_{22} & \cdots & k_{2t} \\ & \cdots & & \\ k_{s1} & k_{s2} & \cdots & k_{st} \end{bmatrix}$$

式中，矩阵 $\boldsymbol{K}_{s\times t}=(k_{ij})_{s\times t}$ 称为这一线性表示的系数矩阵.

根据上述概念，若 $\boldsymbol{C}_{s\times n}=\boldsymbol{A}_{s\times t}\boldsymbol{B}_{t\times n}$，则矩阵 $\boldsymbol{C}$ 的列向量组能由矩阵 $\boldsymbol{A}$ 的列向量组线性表示，$\boldsymbol{B}$ 为这一表示的系数矩阵. 而矩阵 $\boldsymbol{C}$ 的行向量组能由 $\boldsymbol{B}$ 的行向量组线性表示，$\boldsymbol{A}$ 为这一表示的系数矩阵.

定理 9.5 若向量组 $\boldsymbol{A}$ 可由向量组 $\boldsymbol{B}$ 线性表示，向量组 $\boldsymbol{B}$ 可由向量组 $\boldsymbol{C}$ 线性表示，则向量组 $\boldsymbol{A}$ 可由向量组 $\boldsymbol{C}$ 线性表示.

证明 由定理的条件，存在系数矩阵 $\boldsymbol{M},\boldsymbol{N}$ 使得 $\boldsymbol{A}=\boldsymbol{BM},\boldsymbol{B}=\boldsymbol{CN}$，由此得

$$\boldsymbol{A} = \boldsymbol{CNM} = \boldsymbol{CK}$$

其中 $\boldsymbol{K}=\boldsymbol{NM}$，即向量组 $\boldsymbol{A}$ 可由向量组 $\boldsymbol{C}$ 线性表示.

【例 9.11】 已知向量组 $\boldsymbol{B}:\boldsymbol{\beta}_1,\boldsymbol{\beta}_2$ 由向量组 $\boldsymbol{A}:\boldsymbol{\alpha}_1,\boldsymbol{\alpha}_2$ 线性表示为

$$\boldsymbol{\beta}_1 = \boldsymbol{\alpha}_1 - \boldsymbol{\alpha}_2,\quad \boldsymbol{\beta}_2 = \boldsymbol{\alpha}_1 + \boldsymbol{\alpha}_2$$

试将向量组 $\boldsymbol{A}$ 的向量用向量组 $\boldsymbol{B}$ 的向量线性表示.

【解】 由 $\boldsymbol{\beta}_1=\boldsymbol{\alpha}_1-\boldsymbol{\alpha}_2,\boldsymbol{\beta}_2=\boldsymbol{\alpha}_1+\boldsymbol{\alpha}_2$，将两式相加，得

$$\boldsymbol{\beta}_1 + \boldsymbol{\beta}_2 = 2\boldsymbol{\alpha}_1$$

将两式相减，得

$$\boldsymbol{\beta}_1 - \boldsymbol{\beta}_2 = -2\boldsymbol{\alpha}_2$$

所以有

$$\boldsymbol{\alpha}_1 = (\boldsymbol{\beta}_1 + \boldsymbol{\beta}_2)/2;\qquad \boldsymbol{\alpha}_2 = (\boldsymbol{\beta}_2 - \boldsymbol{\beta}_1)/2$$

9.4　向量组的线性相关性

9.4.1　线性相关性的概念

定义 9.8　给定向量组 $\boldsymbol{A}:\boldsymbol{\alpha}_1,\boldsymbol{\alpha}_2,\cdots,\boldsymbol{\alpha}_s$，如果存在不全为零的数 $k_1,k_2,\cdots,k_s$，使

$$k_1\boldsymbol{\alpha}_1+k_2\boldsymbol{\alpha}_2+\cdots+k_s\boldsymbol{\alpha}_s=\boldsymbol{0} \qquad (9-7)$$

则称向量组 $\boldsymbol{A}$ 线性相关，否则称为线性无关.

从上述定义可见：

(1)向量组只含有一个向量 $\boldsymbol{\alpha}$ 时，$\boldsymbol{\alpha}$ 线性无关的充分 $\boldsymbol{\alpha}\neq\boldsymbol{0}$ 必要条件是. 因此，单个零向量 $\boldsymbol{0}$ 是线性相关的. 进一步还可推出，包含零向量的任何向量组都是线性相关的. 事实上，对向量组 $\boldsymbol{\alpha}_1,\boldsymbol{\alpha}_2,\cdots,0,\cdots,\boldsymbol{\alpha}_s$ 恒有

$$0\boldsymbol{\alpha}_1+0\boldsymbol{\alpha}_2+\cdots+k\cdot 0+\cdots+0\boldsymbol{\alpha}_s=\boldsymbol{0}$$

式中，k 可以是任意不为零的数，故该向量组线性无关.

(2)仅含两个向量的向量组线性相关的充分必要条件是这两个向量的对应分量成比例. 两向量线性相关的几何意义是这两个向量共线.

(3)三个向量线性相关的几何意义是这三个向量共面.

最后指出，如果当且仅当 $k_1=k_2=\cdots=k_s=0$ 时式(9－7)才成立，则向量组 $\boldsymbol{\alpha}_1,\boldsymbol{\alpha}_2,\cdots,\boldsymbol{\alpha}_s$ 是线性无关的，这也是论证一向量组线性无关的基本方法.

9.4.2　线性相关的判定

定理 9.6　向量组 $\boldsymbol{\alpha}_1,\boldsymbol{\alpha}_2,\cdots,\boldsymbol{\alpha}_s(s\geqslant 2)$ 线性相关的充分必要条件是向量组中至少有一个向量可由其余$(s-1)$个向量线性表示.

证明　必要性　设 $\boldsymbol{\alpha}_1,\boldsymbol{\alpha}_2,\cdots,\boldsymbol{\alpha}_s$ 线性相关，则存在 s 个不全为零的数 $k_1,k_2,\cdots,k_s$，使得 $k_1\boldsymbol{\alpha}_1+k_2\boldsymbol{\alpha}_2+\cdots+k_s\boldsymbol{\alpha}_s=\boldsymbol{0}$ 成立. 不妨设 $k_1\neq 0$ 于是

$$\boldsymbol{\alpha}_1=(-\frac{k_2}{k_1})\boldsymbol{\alpha}_2+\cdots+(-\frac{-k_s}{k_1})\boldsymbol{\alpha}_s$$

即 $\boldsymbol{\alpha}_1$ 可由其余向量线性表示.

充分性　设 $\boldsymbol{\alpha}_1,\boldsymbol{\alpha}_2,\cdots,\boldsymbol{\alpha}_s$ 中至少有一个向量能由其余向量线性表示，不妨设

$$\boldsymbol{\alpha}_1=k_2\boldsymbol{\alpha}_2+\cdots+k_s\boldsymbol{\alpha}_s$$

即

$$(-1)\boldsymbol{\alpha}_1+k_2\boldsymbol{\alpha}_2+\cdots+k_s\boldsymbol{\alpha}_s=0$$

故 $\boldsymbol{\alpha}_1,\boldsymbol{\alpha}_2,\cdots,\boldsymbol{\alpha}_s$ 线性相关.

例如，设有向量组

$$\boldsymbol{\alpha}_1=(1,-1,1,0)^{\mathrm{T}},\quad \boldsymbol{\alpha}_2=(1,0,1,0)^{\mathrm{T}},\quad \boldsymbol{\alpha}_3=(0,1,0,0)^{\mathrm{T}},$$

因 $\boldsymbol{\alpha}_1-\boldsymbol{\alpha}_2+\boldsymbol{\alpha}_3=0$,故 $\boldsymbol{\alpha}_1,\boldsymbol{\alpha}_2,\boldsymbol{\alpha}_3$ 线性相关. 由 $\boldsymbol{\alpha}_1-\boldsymbol{\alpha}_2+\boldsymbol{\alpha}_3=0$,易见有

$$\boldsymbol{\alpha}_1=\boldsymbol{\alpha}_2-\boldsymbol{\alpha}_3,\quad \boldsymbol{\alpha}_2=\boldsymbol{\alpha}_1+\boldsymbol{\alpha}_3,\quad \boldsymbol{\alpha}_3=-\boldsymbol{\alpha}_1+\boldsymbol{\alpha}_2$$

设有列向量组 $\boldsymbol{\alpha}_1,\boldsymbol{\alpha}_2,\cdots,\boldsymbol{\alpha}_s$ 及由该向量组构成的矩阵 $\boldsymbol{A}=(\boldsymbol{\alpha}_1,\boldsymbol{\alpha}_2,\cdots,\boldsymbol{\alpha}_S)$,则向量组 $\boldsymbol{\alpha}_1,\boldsymbol{\alpha}_2,\cdots,\boldsymbol{\alpha}_s$ 线性相关,就是齐次线性方程组

$$x_1\boldsymbol{\alpha}_1+x_2\boldsymbol{\alpha}_2+\cdots+x_s\boldsymbol{\alpha}_s=0,\text{即}\boldsymbol{Ax}=\boldsymbol{0}$$

定理 9.7 设有列向量组 $\boldsymbol{\alpha}_j=\begin{bmatrix}a_{1j}\\a_{2j}\\\vdots\\a_{nj}\end{bmatrix}(j=1,2,\cdots,s)$,则向量组 $\boldsymbol{\alpha}_1,\boldsymbol{\alpha}_2,\cdots,\boldsymbol{\alpha}_s$ 线性相关的充分必要条件是,矩阵 $\boldsymbol{A}=(\boldsymbol{\alpha}_1,\boldsymbol{\alpha}_2,\cdots,\boldsymbol{\alpha}_s)$ 的秩小于向量的个数 s.

推论 9.1 s 个 n 维向量组 $\boldsymbol{\alpha}_1,\boldsymbol{\alpha}_2,\cdots,\boldsymbol{\alpha}_s$ 线性无关(线性相关)的充分必要条件是,矩阵 $\boldsymbol{A}=(\boldsymbol{\alpha}_1,\boldsymbol{\alpha}_2,\cdots,\boldsymbol{\alpha}_s)$ 的秩等于(小于)向量的个数 s.

推论 9.2 n 个 n 维列向量组 $\boldsymbol{\alpha}_1,\boldsymbol{\alpha}_2,\cdots,\boldsymbol{\alpha}_n$ 线性无关(线性相关)的充分必要条件是,矩阵 $\boldsymbol{A}=(\boldsymbol{\alpha}_1,\boldsymbol{\alpha}_2,\cdots,\boldsymbol{\alpha}_n)$ 的行列式不等于(等于)零.

【注】 上述结论对于矩阵的行向量组也同样成立.

推论 9.3 当向量组中所含向量的个数大于向量的维数时,此向量组必线性相关.

【例 9.12】 n 维向量组

$$\boldsymbol{\varepsilon}_1=(1,0,\cdots,0)^{\mathrm{T}},\boldsymbol{\varepsilon}_2=(0,1,\cdots,0)^{\mathrm{T}},\cdots,\boldsymbol{\varepsilon}_n=(0,0,\cdots,1)^{\mathrm{T}}$$

称为 n 维单位坐标向量组,讨论其线性相关性.

【解】 n 维单位坐标向量组构成的矩阵

$$\boldsymbol{E}=(\varepsilon_1,\varepsilon_2,\cdots,\varepsilon_n)=\begin{bmatrix}1&0&\cdots&0\\0&1&\cdots&0\\&\cdots&&\\0&0&0&1\end{bmatrix}$$

是 n 阶单位矩阵.

由 $|\boldsymbol{E}|=1\neq0$,知 $r(\boldsymbol{E})=n$,即 $r(\boldsymbol{E})$ 等于向量组中向量的个数,故由推论 9.1 知,此向量组是线性无关的.

【例 9.13】 已知

$$\boldsymbol{\alpha}_1=\begin{bmatrix}1\\1\\1\end{bmatrix},\quad \boldsymbol{\alpha}_2=\begin{bmatrix}0\\2\\5\end{bmatrix},\quad \boldsymbol{\alpha}_3=\begin{bmatrix}2\\4\\7\end{bmatrix}$$

试讨论向量组 $\boldsymbol{\alpha}_1,\boldsymbol{\alpha}_2,\boldsymbol{\alpha}_3$ 及向量组 $\boldsymbol{\alpha}_1,\boldsymbol{\alpha}_2$ 的线性相关性.

【解】 对矩阵 $\boldsymbol{A}=(\boldsymbol{\alpha}_1,\boldsymbol{\alpha}_2,\boldsymbol{\alpha}_3)$ 施行初等行变换,将其转化为行阶梯形矩阵,即可同时看出矩阵 $\boldsymbol{A}$ 及 $\boldsymbol{B}=(\boldsymbol{\alpha}_1,\boldsymbol{\alpha}_2)$ 的秩,利用定理 9.2 即可得出结论.

$$(\boldsymbol{\alpha}_1,\boldsymbol{\alpha}_2,\boldsymbol{\alpha}_3)=\begin{bmatrix}1&0&2\\1&2&4\\1&5&7\end{bmatrix}\xrightarrow{r_2-r_1,r_3-r_1}\begin{bmatrix}1&0&2\\0&2&2\\0&5&5\end{bmatrix}\xrightarrow{r_3-\frac{5}{2}r_2}\begin{bmatrix}1&0&2\\0&2&2\\0&0&0\end{bmatrix}$$

可见 $r(\boldsymbol{A})=2, r(\boldsymbol{B})=2$,故向量组 $\boldsymbol{\alpha}_1,\boldsymbol{\alpha}_2,\boldsymbol{\alpha}_3$ 线性相关;向量组 $\boldsymbol{\alpha}_1,\boldsymbol{\alpha}_2$ 线性无关.

定理 9.8 若向量组中有一部分向量组线性相关,则整个向量组线性相关.

证明 设向量组 $\boldsymbol{\alpha}_1,\boldsymbol{\alpha}_2,\cdots,\boldsymbol{\alpha}_s$ 中有 $r(r\leqslant s)$ 个向量的部分组线性相关,不妨设 $\boldsymbol{\alpha}_1,\boldsymbol{\alpha}_2,\cdots,\boldsymbol{\alpha}_r$ 线性相关,则存在不全为零的数 $k_1,k_2,\cdots,k_r$ 使

$$k_1\boldsymbol{\alpha}_1+k_2\boldsymbol{\alpha}_2+\cdots+k_r\boldsymbol{\alpha}_r=0$$

成立. 因而存在一组不全为零的数 $k_1,k_2,\cdots,k_r,0,\cdots,0$ 使

$$k_1\boldsymbol{\alpha}_1+k_2\boldsymbol{\alpha}_2+\cdots+k_r\boldsymbol{\alpha}_r+0\cdot\boldsymbol{\alpha}_{r+1}+\cdots+0\cdot\boldsymbol{\alpha}_s=0$$

成立,即 $\boldsymbol{\alpha}_1,\boldsymbol{\alpha}_2,\cdots,\boldsymbol{\alpha}_s$ 线性相关.

推论 9.4 线性无关的向量组中的任一部分组皆线性无关.

定理 9.9 若向量组 $\boldsymbol{\alpha}_1,\boldsymbol{\alpha}_2,\cdots,\boldsymbol{\alpha}_s,\boldsymbol{\beta}$ 线性相关,而向量组 $\boldsymbol{\alpha}_1,\boldsymbol{\alpha}_2,\cdots,\boldsymbol{\alpha}_s$ 线性无关,则向量 $\boldsymbol{\beta}$ 可由 $\boldsymbol{\alpha}_1,\boldsymbol{\alpha}_2,\cdots,\boldsymbol{\alpha}_s$ 线性表示,且表示法唯一.

证明 先证 $\boldsymbol{\beta}$ 可由 $\boldsymbol{\alpha}_1,\boldsymbol{\alpha}_2,\cdots,\boldsymbol{\alpha}_s$ 线性表示.

因 $\boldsymbol{\alpha}_1,\boldsymbol{\alpha}_2,\cdots,\boldsymbol{\alpha}_s,\boldsymbol{\beta}$ 线性相关,故存在一组不全为零的数 $k_1,k_2,\cdots,k_s,k$,使得

$$k_1\boldsymbol{\alpha}_1+k_2\boldsymbol{\alpha}_2+\cdots+k_s\boldsymbol{\alpha}_s+k\boldsymbol{\beta}=0$$

成立. 注意到 $\boldsymbol{\alpha}_1,\boldsymbol{\alpha}_2,\cdots,\boldsymbol{\alpha}_s$ 线性无关,易知 $k\neq 0$,所以

$$\boldsymbol{\beta}=(-\frac{k_1}{k})\boldsymbol{\alpha}_1+(-\frac{k_2}{k})\boldsymbol{\alpha}_2+\cdots+(-\frac{k_s}{k})\boldsymbol{\alpha}_s.$$

再证表示法的唯一性. 若

$$\boldsymbol{\beta}=h_1\boldsymbol{\alpha}_1+h_2\boldsymbol{\alpha}_2+\cdots+h_s\boldsymbol{\alpha}_s,\quad \boldsymbol{\beta}=l_1\boldsymbol{\alpha}_1+l_2\boldsymbol{\alpha}_2+\cdots+l_s\boldsymbol{\alpha}_s,$$

整理得

$$(h_1-l_1)\boldsymbol{\alpha}_1+(h_2-l_2)\boldsymbol{\alpha}_2+\cdots+(h_s-l_s)\boldsymbol{\alpha}_s=0.$$

由线性 $\boldsymbol{\alpha}_1,\boldsymbol{\alpha}_2,\boldsymbol{\alpha}_3,\cdots,\boldsymbol{\alpha}_s$ 无关,易知 $h_1=l_1,h_2=l_2,\cdots,h_s=l_s$,故表示法是唯一的.

例如,任一向量 $\boldsymbol{\alpha}=(a_1,a_2,\cdots,a_s)^{\mathrm{T}}$ 可由单位向量 $\boldsymbol{\varepsilon}_1,\boldsymbol{\varepsilon}_2,\cdots,\boldsymbol{\varepsilon}_n$ 唯一地线性表示,即

$$\boldsymbol{\alpha}=a_1\boldsymbol{\varepsilon}_1+a_2\boldsymbol{\varepsilon}_2+\cdots+a_n\boldsymbol{\varepsilon}_n.$$

定理 9.10 设有两向量组

$$\boldsymbol{A}:\boldsymbol{\alpha}_1,\boldsymbol{\alpha}_2,\cdots,\boldsymbol{\alpha}_s;\quad \boldsymbol{B}:\boldsymbol{\beta}_1,\boldsymbol{\beta}_2,\cdots,\boldsymbol{\beta}_t,$$

向量组 $\boldsymbol{B}$ 能由向量组 $\boldsymbol{A}$ 线性表示,若 $s<t$,则向量组 $\boldsymbol{B}$ 线性相关.

证明 设

$$(\boldsymbol{\beta}_1,\boldsymbol{\beta}_2,\cdots,\boldsymbol{\beta}_t)=(\boldsymbol{\alpha}_1,\boldsymbol{\alpha}_2,\cdots,\boldsymbol{\alpha}_s)\begin{bmatrix} k_{11} & k_{12} & \cdots & k_{1t} \\ k_{21} & k_{22} & \cdots & k_{2t} \\ & \cdots & & \\ k_{s1} & k_{s2} & \cdots & k_{st} \end{bmatrix} \tag{9-8}$$

欲证存在不全为零的数 $x_1,x_2,\cdots,x_t$,使

$$x_1\boldsymbol{\beta}_1+x_2\boldsymbol{\beta}_2+\cdots+x_t\boldsymbol{\beta}_t=(\boldsymbol{\beta}_1,\boldsymbol{\beta}_2,\cdots,\boldsymbol{\beta}t)\begin{bmatrix} x_1 \\ x_2 \\ \vdots \\ x_t \end{bmatrix}=0 \tag{9-9}$$

将式(9 -8)代入式(9 -9),并注意到 $s<t$,则知齐次线性方程组

$$\begin{bmatrix} k_{11} & k_{12} & \cdots & k_{1t} \\ k_{21} & k_{22} & \cdots & k_{2t} \\ \cdots & \cdots & \cdots & \cdots \\ k_{s1} & k_{s2} & \cdots & k_{st} \end{bmatrix} \begin{bmatrix} x_1 \\ x_2 \\ \vdots \\ x_t \end{bmatrix} = \boldsymbol{0}$$

有非零解,从而向量组 $\boldsymbol{B}$ 线性相关.

易得定理9.11的等价命题:

推论9.5 设向量组 $\boldsymbol{B}$ 能由向量组 $\boldsymbol{A}$ 线性表示,若向量组 $\boldsymbol{B}$ 线性无关,则 $s \geqslant t$.

推论9.6 设向量组 $\boldsymbol{A}$ 与 $\boldsymbol{B}$ 可以相互线性表示,若 $\boldsymbol{A}$ 与 $\boldsymbol{B}$ 都是线性无关的,则 $s=t$.

证明 向量组 $\boldsymbol{A}$ 线性无关且可由 $\boldsymbol{B}$ 线性表示,则 $s \leqslant t$;向量组 $\boldsymbol{B}$ 线性无关且可由 $\boldsymbol{A}$ 线性表示,则 $s>t$. 故有 $s=t$.

【例9.14】 设向量组 $\boldsymbol{\alpha}_1,\boldsymbol{\alpha}_2,\boldsymbol{\alpha}_3$ 线性相关,向量组 $\boldsymbol{\alpha}_2,\boldsymbol{\alpha}_3,\boldsymbol{\alpha}_4$ 线性无关,证明

(1) $\boldsymbol{\alpha}_1$ 能由 $\boldsymbol{\alpha}_2,\boldsymbol{\alpha}_3$ 线性表示;

(2) $\boldsymbol{\alpha}_4$ 不能由 $\boldsymbol{\alpha}_1,\boldsymbol{\alpha}_2,\boldsymbol{\alpha}_3$ 线性表示.

证明 (1)因 $\boldsymbol{\alpha}_2,\boldsymbol{\alpha}_3,\boldsymbol{\alpha}_4$ 线性无关,由推论4知 $\boldsymbol{\alpha}_2,\boldsymbol{\alpha}_3$ 线性无关,而 $\boldsymbol{\alpha}_1,\boldsymbol{\alpha}_2,\boldsymbol{\alpha}_3$,由定理4知 $\boldsymbol{\alpha}_1$ 能由 $\boldsymbol{\alpha}_2,\boldsymbol{\alpha}_3$ 线性表示.

(2)用反证法. 假设 $\boldsymbol{\alpha}_4$ 能由 $\boldsymbol{\alpha}_1,\boldsymbol{\alpha}_2,\boldsymbol{\alpha}_3$ 线性表示,而由(1)知 $\boldsymbol{\alpha}_1$ 能由 $\boldsymbol{\alpha}_2,\boldsymbol{\alpha}_3$ 线性表示,因此,$\boldsymbol{\alpha}_4$ 能由 $\boldsymbol{\alpha}_2,\boldsymbol{\alpha}_3$ 线性表示,这与 $\boldsymbol{\alpha}_2,\boldsymbol{\alpha}_3,\boldsymbol{\alpha}_4$ 线性无关矛盾.

9.5 线性方程组解的结构

9.5.1 齐次线性方程组解的结构

定义9.9 若一个线性方程组的常数项都等于0,那么这个线性方程组叫做齐线性方程组. 我们看一个齐线性方程组

$$\begin{cases} a_{11}x_1 + a_{12}x_2 + \cdots + a_{1n}x_n = 0 \\ a_{21}x_1 + a_{22}x_2 + \cdots + a_{2n}x_n = 0 \\ \cdots \\ a_{m1}x_1 + a_{m2}x_2 + \cdots + a_{mn}x_n = 0 \end{cases} \tag{9-10}$$

这个方程组总是有解,显然

$$x_1 = 0, x_2 = 0, \cdots, x_n = 0$$

就是方程组式(9 -9)的一个解,这个解叫做零解,若方程组还有其他解,那么这些就叫做非零解. 易见,齐次线性方程组式(9 -9)解的线性组合仍是式(9 -9)的解,可见,方程组式(9 -9)的全体解向量构成向量空间.

一个齐次线性方程组是否有非零解,由定理 9.3 就可以立即得到如下结果.

定理 9.11 一个齐次线性方程组式(9-9)有非零解的充分必要条件是它的系数矩阵的秩 r 小于它的未知量的个数 n.

定义 9.10 设 $\boldsymbol{\alpha}_1,\boldsymbol{\alpha}_2,\cdots,\boldsymbol{\alpha}_r$ 是齐次线性方程组式(9-9)的 r 个解向量,如果满足下列条件:

(1) $\boldsymbol{\alpha}_1,\boldsymbol{\alpha}_2,\cdots,\boldsymbol{\alpha}_r$ 线性无关;

(2)方程组式(9-9)的任意一个解向量 $\boldsymbol{\alpha}$ 都能由 $\boldsymbol{\alpha}_1,\boldsymbol{\alpha}_2,\cdots,\boldsymbol{\alpha}_r$ 线性表出,则称 $\boldsymbol{\alpha}_1,\boldsymbol{\alpha}_2,\cdots,\boldsymbol{\alpha}_r$ 为齐次线性方程组式(9-9)的一个基础解系.

易见,基础解系可看成解向量组的一个极大线性无关组.

【例 9.15】 求齐次方程组

$$\begin{cases} x_1+x_2-x_3-x_4=0 \\ 2x_1-5x_2+3x_3+2x_4=0 \\ 7x_1-7x_2+3x_3+x_4=0 \end{cases}$$

的基础解系与通解.

【解】 对系数矩阵 A 做初等行变换,化为最简形矩阵,有

$$\boldsymbol{A}=\begin{bmatrix} 1 & 1 & -1 & -1 \\ 2 & -5 & 3 & 2 \\ 7 & -7 & 3 & 1 \end{bmatrix} \xrightarrow{r_2-2r_1,r_3-7r_1} \begin{bmatrix} 1 & 1 & -1 & -1 \\ 0 & -7 & 5 & 4 \\ 0 & -14 & 10 & 8 \end{bmatrix}$$

$$\xrightarrow{r_3-2r_2} \begin{bmatrix} 1 & 1 & -1 & -1 \\ 2 & -7 & 5 & 4 \\ 0 & 0 & 0 & 0 \end{bmatrix} \xrightarrow{r_2\times\left(-\frac{1}{7}\right)} \begin{bmatrix} 1 & 1 & -1 & -1 \\ 0 & 1 & -5/7 & -4/7 \\ 0 & 0 & 0 & 0 \end{bmatrix}$$

$$\xrightarrow{r_1-r_2} \begin{bmatrix} 1 & 0 & -2/7 & -3/7 \\ 0 & 1 & -5/7 & -4/7 \\ 0 & 0 & 0 & 0 \end{bmatrix}$$

可得题设方程组的通解方程组

$$\begin{cases} x_1=\dfrac{2}{7}x_3+\dfrac{3}{7}x_4 \\ x_2=\dfrac{5}{7}x_3+\dfrac{4}{7}x_4 \end{cases}$$

令 $\begin{bmatrix} x_1 \\ x_2 \end{bmatrix}=\begin{pmatrix} 1 \\ 0 \end{pmatrix}$ 及 $\begin{pmatrix} 0 \\ 1 \end{pmatrix}$,则对应有 $\begin{bmatrix} x_1 \\ x_2 \end{bmatrix}=\begin{pmatrix} 2/7 \\ 5/7 \end{pmatrix}$ 及 $\begin{pmatrix} 3/7 \\ 4/7 \end{pmatrix}$,即得所求基础解系

$$\eta_1=\begin{bmatrix} 2/7 \\ 5/7 \\ 1 \\ 0 \end{bmatrix},\quad \eta_2=\begin{bmatrix} 3/7 \\ 4/7 \\ 0 \\ 1 \end{bmatrix}$$

由此可写出所求通解

$$\begin{bmatrix} x_1 \\ x_2 \\ x_3 \\ x_4 \end{bmatrix} = c_1\begin{bmatrix} 2/7 \\ 5/7 \\ 1 \\ 0 \end{bmatrix} + c_2\begin{bmatrix} 3/7 \\ 4/7 \\ 0 \\ 1 \end{bmatrix} \quad (c_1, c_2 \text{ 为任意常数})$$

【例 9.16】 用基础解系表示如下线性方程组的通解：

$$\begin{cases} x_1 + x_2 + x_3 + x_4 - 3x_5 = 0 \\ x_1 - x_2 + 3x_3 - 2x_4 - x_5 = 0 \\ 2x_1 + x_2 + 3x_3 + 5x_4 - 5x_5 = 0 \\ 3x_1 + x_2 + 5x_3 + 6x_4 - 7x_5 = 0 \end{cases}$$

【解】 $m=4, n=5, m<n$，因此，所给方程组有无穷多个解.

$$\boldsymbol{A} = \begin{bmatrix} 1 & 1 & 1 & 4 & -3 \\ 1 & -1 & 3 & -2 & -1 \\ 2 & 1 & 3 & 5 & -5 \\ 3 & 1 & 5 & 6 & -7 \end{bmatrix} \to \begin{bmatrix} 1 & 1 & 1 & 4 & -3 \\ 0 & -2 & 2 & -6 & 2 \\ 0 & -2 & 2 & -6 & 2 \\ 0 & -2 & 2 & -6 & 2 \end{bmatrix} \to \begin{bmatrix} 1 & 0 & 2 & 1 & -2 \\ 0 & 1 & -1 & 3 & -1 \\ 0 & 0 & 0 & 0 & 0 \\ 0 & 0 & 0 & 0 & 0 \end{bmatrix}$$

即原方程组与下面的方程组同解：

$$\begin{cases} x_1 = -2x_3 - x_4 + 2x_5 \\ x_2 = x_3 - 3x_4 + x_5 \end{cases}$$

式中，x_3, x_4, x_5 为自由未知量. 令自由未知量 $\begin{bmatrix} x_3 \\ x_4 \\ x_5 \end{bmatrix}$ 取值 $\begin{bmatrix} 1 \\ 0 \\ 0 \end{bmatrix}, \begin{bmatrix} 0 \\ 1 \\ 0 \end{bmatrix}, \begin{bmatrix} 0 \\ 0 \\ 1 \end{bmatrix}$，分别得方程组的解为

$$\boldsymbol{\eta}_1 = (-2,1,1,0,0)^{\mathrm{T}}, \quad \boldsymbol{\eta}_2 = (-1,-3,0,1,0)^{\mathrm{T}}, \quad \boldsymbol{\eta}_3 = (2,1,0,0,1)^{\mathrm{T}}$$

$\boldsymbol{\eta}_1, \boldsymbol{\eta}_2, \boldsymbol{\eta}_3$，就是所给方程组的一个基础解系. 因此，方程组的通解为

$$\boldsymbol{\eta} = c_1\boldsymbol{\eta}_1 + c_2\boldsymbol{\eta}_2 + c_3\boldsymbol{\eta}_3 \quad (c_1, c_2, c_3 \text{ 为任意常数}).$$

9.5.2 非齐次线性方程组解的结构

设有非齐次线性方程组

$$\begin{cases} a_{11}x_1 + a_{12}x_2 + \cdots + a_{1n}x_n = b_1 \\ a_{21}x_1 + a_{22}x_2 + \cdots + a_{2n}x_n = b_2 \\ \cdots \\ a_{m1}x_1 + a_{m2}x_2 + \cdots + a_{nm}x_n = b_m \end{cases}$$

它也可写作向量方程

$$\boldsymbol{Ax} = \boldsymbol{b}$$

称 $\boldsymbol{Ax}=0$ 为 $\boldsymbol{Ax}=\boldsymbol{b}$ 对应的齐次线性方程组（也称导出组）.

性质 1 设 $\boldsymbol{\eta}_1, \boldsymbol{\eta}_2$ 是非齐次线性方程组 $\boldsymbol{Ax}=\boldsymbol{b}$ 的解，则 $\boldsymbol{\eta}_1 - \boldsymbol{\eta}_2$ 是对应的齐次线性方程组 $\boldsymbol{Ax}=\boldsymbol{0}$ 的解.

证明

$$A(\eta_1-\eta_2)=A\eta_1-A\eta_2=b-b=0$$

即 $\eta_1-\eta_2$ 为对应的齐次线性方程组 $Ax=0$ 的解

性质2 设 η 是非齐次线性方程组 $Ax=b$ 的解,ξ 为对应的其次线性方程组 $Ax=0$ 的解,则 $\xi+\eta$ 为非齐次线性方程组 $Ax=b$ 的解.

证明

$$A(\xi+\eta)=A\xi+A\eta=0+b=b$$

即 $\xi+\eta$ 是非齐次线性方程组 $Ax=b$ 的解.

定理9.12 设 η^* 是非齐次线性方程组 $Ax=b$ 的一个解,ξ 是对应的齐次线性方程组 $Ax=0$ 的通解,则 $\xi+\eta^*$ 是非齐次线性方程组 $Ax=b$ 的通解.

证明 根据非齐次线性方程组的性质,只需证明非齐次线性方程组的任意解 η 一定能表示为 η^* 与 $Ax=0$ 的某一解 ξ_1 的和. 为此取 $\xi_1=\eta-\eta^*$. 由性质3知,ξ_1 是 $Ax=0$ 的一个解,故

$$\eta=\xi_1+\eta^*$$

即非齐次线性方程组的任意解都能表示为该方程组的一个解 η^* 与其对应的齐次线性方程组某一个解的和.

【注】 设 $\xi_1,\cdots,\xi_{n-r}$ 是 $Ax=0$ 的基础解系, η^* 是 $Ax=b$ 的一个解,则非齐次线性方程组 $Ax=b$ 的通解可表示为

$$x=c_1\xi_1+c_2\xi_2+\cdots+c_{n-r}\xi_{n-r}+\eta^*$$

式中,$c_1,c_2,\cdots,c_{n-r}\in R$.

综合前述讨论,设有非齐次线性方程组 $Ax=b$,而 $\alpha_1,\alpha_2,\cdots,\alpha_n$ 是系数矩阵 A 的列向量组,则下列四个命题等价:

(1)非齐次线性方程组 $Ax=b$ 有解;

(2)向量 b 能由向量组 $\alpha_1,\alpha_2,\cdots,\alpha_n$ 线性表示;

(3)向量组 $\alpha_1,\alpha_2,\cdots,\alpha_n$ 与向量组 $\alpha_1,\alpha_2,\cdots,\alpha_n,b$ 等价;

(4)$r(A)=r([A\vdots b])$.

【例9.17】 求下列方程组的通解

$$\begin{cases}x_1+x_2+x_3+x_4+x_5=7\\3x_1+x_2+2x_3+x_4-3x_5=-2\\2x_2+x_3+2x_4+6x_5=23\end{cases}$$

【解】

$$\tilde{A}=\begin{bmatrix}1&1&1&1&1&7\\3&1&2&1&-3&-2\\0&2&1&2&6&23\end{bmatrix}\to\begin{bmatrix}1&1&1/2&0&-2&-9/2\\3&1&1/2&1&3&23/2\\0&0&0&0&0&0\end{bmatrix}$$

由 $r(A)=r(\tilde{A})=2<5$,知方程组有无穷多解,且原方程组等价于方程组

$$\begin{cases}x_1=-\dfrac{1}{2}x_3+2x_5-\dfrac{9}{2}\\x_2=-\dfrac{1}{2}x_3-x_4-3x_5+\dfrac{23}{2}\end{cases}$$

令$\begin{bmatrix}x_3\\x_4\\x_5\end{bmatrix}$取$\begin{bmatrix}1\\0\\0\end{bmatrix},\begin{bmatrix}0\\1\\0\end{bmatrix},\begin{bmatrix}0\\0\\1\end{bmatrix}$,将它们分别代入方程组的导出组中,可求得基础解系

$$\boldsymbol{\xi}_1=\begin{bmatrix}-1/2\\-1/2\\1\\0\\0\end{bmatrix},\quad \boldsymbol{\xi}_2=\begin{bmatrix}0\\-1\\0\\1\\0\end{bmatrix},\quad \boldsymbol{\xi}_3=\begin{bmatrix}2\\-3\\0\\0\\1\end{bmatrix}$$

求特解:令 $x_3=x_4=x_5=0$,的 $x_1=-9/2$,$x_2=23/2$ 故所求通解为

$$\boldsymbol{x}=c_1\begin{bmatrix}-1/2\\-1/2\\1\\0\\0\end{bmatrix}+c_2\begin{bmatrix}0\\-1\\0\\1\\0\end{bmatrix}+c_3=\begin{bmatrix}2\\-3\\0\\0\\1\end{bmatrix}+\begin{bmatrix}-9/2\\23/2\\0\\0\\0\end{bmatrix}\quad(c_1,c_2,c_3\text{ 为任意常数})$$

【例 9.18】 设四元非齐次线性方程组 $\boldsymbol{Ax}=\boldsymbol{b}$ 的系数矩阵 $\boldsymbol{A}$ 的秩为 3,已知它的三个解向量为 $\boldsymbol{\eta}_1,\boldsymbol{\eta}_2,\boldsymbol{\eta}_3$,其中

$$\boldsymbol{\eta}_1=\begin{bmatrix}3\\-4\\1\\2\end{bmatrix},\quad \boldsymbol{\eta}_2+\boldsymbol{\eta}_3=\boldsymbol{\eta}_1=\begin{bmatrix}4\\6\\8\\0\end{bmatrix}$$

求该方程组的通解.

【解】 根据题意,方程组 $\boldsymbol{Ax}=\boldsymbol{b}$ 的导出组的基础解系含 $4-3=1$ 个向量,于是,导出组的任意一个非零解都可作为其基础解系. 显然

$$\boldsymbol{\eta}_1-\frac{1}{2}(\boldsymbol{\eta}_2+\boldsymbol{\eta}_3)=\begin{bmatrix}1\\-7\\-3\\2\end{bmatrix}$$

是导出组的非零解,可作为其基础解系,故方程组 $\boldsymbol{Ax}=\boldsymbol{b}$ 的通解为

$$\boldsymbol{x}=\boldsymbol{\eta}_1+c\left[\boldsymbol{\eta}_1-\frac{1}{2}(\boldsymbol{\eta}_2+\boldsymbol{\eta}_3)\right]=\begin{bmatrix}3\\-4\\1\\2\end{bmatrix}+\begin{bmatrix}1\\-7\\-3\\2\end{bmatrix}\quad(c\text{ 为任意常数})$$

复习题九

1. n 阶齐次线性方程组 $\boldsymbol{AX}=\boldsymbol{0}$ 有零解的充分必要条件是____________

2. 若方程组 $\begin{cases} x_1+2x_2-2x_3=0 \\ 2x_1-x_2+\lambda x_3=0 \\ 3x_1+x_2-x_3=0 \end{cases}$ 有非零解，则 $\lambda=$(　　　　).

3. n 个未知量个 m 方程的非齐次线性方程组 $\boldsymbol{AX}=\boldsymbol{B}$，有解的充要条件是________，当____________时有唯一解，当____________时有无穷解.

4. 设 $\boldsymbol{\eta}_1=(1,2,3,-4)^{\mathrm{T}}$，$\boldsymbol{\eta}_1=(2,2,1,0)^{\mathrm{T}}$ 是线性方程组 $\boldsymbol{AX}=\boldsymbol{B}$ 的两个特解，并且 $R(\boldsymbol{A})=3$，则导出齐次线性方程组 $\boldsymbol{AX}=0$ 的通解为____________.

5. 求齐次线性方程组 $\begin{cases} -5x_1+x_2-2x_3+3x_4=0 \\ -x_1-11x_2+2x_3-5x_4=0 \\ 3x_1+5x_2+x_4=0 \end{cases}$ 的通解.

6. 求非齐次线性方程组 $\begin{cases} 2x_1-3x_2+6x_3-5x_4=3 \\ -x_1+2x_2-5x_3+3x_4=-1 \\ 4x_1-5x_2+8x_3-9x_4=7 \end{cases}$ 的通解.

7. 设线性方程组 $\begin{cases} -2x_1+x_2+x_3=-2 \\ x_1-2x_2+x_3=\lambda \\ x_1+x_2-2x_3=\lambda^2 \end{cases}$，问 λ 为何值时，

(1)此方程组有唯一解；

(2)此方程组无解；

(3)此方程组有无穷多解，并求其通解.

8. 设 $\boldsymbol{v}_1=(1,1,0)^{\mathrm{T}}$，$\boldsymbol{v}_2=(0,1,1)^{\mathrm{T}}$，$\boldsymbol{v}_3=(3,4,0)^{\mathrm{T}}$，求 $\boldsymbol{v}_1-\boldsymbol{v}_2$，$3\boldsymbol{v}_1+2\boldsymbol{v}_2-\boldsymbol{v}_3$.

9. 已知向量组 $\boldsymbol{B}$：$\boldsymbol{\beta}_1,\boldsymbol{\beta}_2,\boldsymbol{\beta}_3$，由向量组 $\boldsymbol{A}$：$\boldsymbol{\alpha}_1,\boldsymbol{\alpha}_2,\boldsymbol{\alpha}_3$ 线性表示为

$$\boldsymbol{\beta}_1=\boldsymbol{\alpha}_1-\boldsymbol{\alpha}_2+\boldsymbol{\alpha}_3,\ \boldsymbol{\beta}_2=\boldsymbol{\alpha}_1+\boldsymbol{\alpha}_2-\boldsymbol{\alpha}_3,\ \boldsymbol{\beta}_3=-\boldsymbol{\alpha}_1+\boldsymbol{\alpha}_2+\boldsymbol{\alpha}_3,$$

试将向量组 $\boldsymbol{A}$ 的向量用向量组 $\boldsymbol{B}$ 的向量线性表示.

10. 设有向量

$$\boldsymbol{\alpha}_1=\begin{bmatrix}1\\4\\0\\2\end{bmatrix},\boldsymbol{\alpha}_2=\begin{bmatrix}2\\7\\1\\3\end{bmatrix},\boldsymbol{\alpha}_3=\begin{bmatrix}0\\1\\-1\\a\end{bmatrix},\boldsymbol{\beta}=\begin{bmatrix}3\\10\\b\\4\end{bmatrix}.$$

(1)当 a,b 为何值时：$\boldsymbol{\beta}$ 不能由 $\boldsymbol{\alpha}_1,\boldsymbol{\alpha}_2,\boldsymbol{\alpha}_3$ 线性表示？

(2)当 a,b 为何值时：$\boldsymbol{\beta}$ 可由 $\boldsymbol{\alpha}_1,\boldsymbol{\alpha}_2,\boldsymbol{\alpha}_3$ 线性表示？并写出该表达式.

11. 判断下列向量组是线性相关还是线性无关.

(1)$\boldsymbol{\alpha}_1=(3,-5,2)^{\mathrm{T}},\boldsymbol{\alpha}_2=(1,0,-1)^{\mathrm{T}},\boldsymbol{\alpha}_3=(-2,2,0)^{\mathrm{T}}$;

(2)$\boldsymbol{\alpha}_1=(3,-1,2,4)^{\mathrm{T}},\boldsymbol{\alpha}_2=(1,1,3,1)^{\mathrm{T}},\boldsymbol{\alpha}_3=(2,2,7,-1)^{\mathrm{T}}$;

(3)$\boldsymbol{\alpha}_1=(0,0,1,4,7)^{\mathrm{T}},\boldsymbol{\alpha}_2=(1,0,0,2,5)^{\mathrm{T}},\boldsymbol{\alpha}_3=(0,1,0,3,4)^{\mathrm{T}},\boldsymbol{\alpha}_4=(2,-3,4,11,12)^{\mathrm{T}}$.

12. 设$\boldsymbol{\alpha}_1,\boldsymbol{\alpha}_2$线性无关,$\boldsymbol{\alpha}_1+\boldsymbol{\beta},\boldsymbol{\alpha}_2+\boldsymbol{\beta}$线性相关,求向量$\boldsymbol{\beta}$由$\boldsymbol{\alpha}_1,\boldsymbol{\alpha}_2$线性表示的表达式.

13. 设向量组$\boldsymbol{A}:\boldsymbol{\alpha}_1=(1,2,1,3)^{\mathrm{T}},\boldsymbol{\alpha}_2=(4,-1,-5,-6)^{\mathrm{T}}$;向量组$\boldsymbol{B}:\boldsymbol{\beta}_1=(-1,3,4,7)^{\mathrm{T}},\boldsymbol{\beta}_2=(2,-1,-3,-4)^{\mathrm{T}}$,试证明:向量组$\boldsymbol{A}$与向量组$\boldsymbol{B}$等价.

【数学大师链接14】

“是天才是疯子——约翰·纳什”

一位22岁时达到人生高峰,却连续30年饱受精神病的折磨,最后成功痊愈的诺贝尔经济学获奖者,这位天才就是约翰·纳什(John Nash).1928年,纳什出生在美国一个中产阶级家庭,幼年大部分时间是在母亲、外祖父母的陪伴下度过,但是他从小就比较孤僻,比起其他孩子爱玩耍,他更爱一个人静静地读书.小纳什上学了.虽然纳什得到了父母的额外辅导,但是他的数学成绩并不好,还被老师认为是一个学习成绩低于智力测验水平的学生.其实只是因为他常常使用一些非常规的解题方法,特别到了高中,他用简单几步就能解出老师要演算一黑板的习题.事实上,另辟蹊径恰恰是纳什数学才华的体现,只是当时的老师眼睛不够好使才没发现.纳什并不善于与人交际,但受他父亲的影响,他非常热衷于做电学和化学的实验,同时因为喜欢读书,他阅读到了贝尔写的《数学人》,让他有生以来第一次对数学产生了兴趣.没多久,对数学有兴趣的纳什开始慢慢绽放自己的才华.在父母的安排下,高中第三年纳什便跑到布鲁菲尔德学院选修数学,并与父亲合作发表了一篇关于改进电缆和电线适当电压的论文.随后,因为他在全国数学竞赛中获得了George Westinghouse奖而被卡耐基梅隆大学化学工程专业录取,但是在学习了张量演算和相对论之后,他毅然转到数学专业.成为数学系学生的纳什,仅用三年就获得了硕士学位.读完硕士他还想读博,于是他收到了哈佛、普林斯顿、芝加哥大学的录取通知,最后因为普林斯顿大学的积极主动,让他选择了普林斯顿,还顺便收取了一份1 150美元的奖学金.但是纳什作为一个骄傲好胜的男性,进入普林斯顿之后,他不爱上课也不爱看参考书,只爱在草坪上骑着自行车绕“8”字,吹着巴赫曲子的口哨,不受基本规则的限制去重新发现一些数学属性.同时,纳什也是一个爱玩的学生.在宿舍里,纳什经常玩逻辑和战略的游戏,业余时间还经常和同学在公共休息室下棋.没多久,他觉得只能解决双人博弈的博弈论实在太单调无趣了,于是便骑着“8”字吹着口哨研究起博弈论.

1950年,22岁的纳什用27页的博士论文提出了一个战略均衡的思想,证明了在每一

场博弈中,每个选手都能根据其他选手的策略有一个最好的策略来应对.而这个思想就是现在的“纳什均衡”.可惜的是,“纳什均衡”的提出只是让当时的博弈学界眼前一亮,并没有受到特别的重视,甚至冯·诺依曼也没注意到它的重要性.直到数十年之后,“纳什均衡”成为了现代经济的基石.

不管怎样,纳什还是毕业了.毕业后,纳什成为了麻省理工的一名教授.与此同时,纳什还顺利解决了黎曼流形在欧几里德空间中的等距嵌入问题,并分析出流动液体的属性,让他一时间名声大噪.当时的纳什“就像天神一样英俊”,1.85米高的个子,体重接近77公斤,还有一张英国贵族的英俊容貌,然而纳什却出事了.纳什出现了幻听,没多久还出现了妄想症状,并且不断恶化.

30年间,在各种方法的治疗下,纳什不断地经历着恢复和复发,辗转了几家精神病院,终于病情日益稳定.到了最后,纳什离开医院并拒绝接受任何药物治疗,因为他发现治疗使得他变迟钝,不能想数学.出院后,纳什在以前同事帮助下,成为了普林斯顿大学一位闲职研究员.于是学生们常常看到一个穿着红跑鞋的中年人形容枯槁地在校园里游荡,在整块黑板上写下不合逻辑的公式,拿着几百张前夜刚演算好的数学公式出现在某教授的办公室.纳什成为了普林斯顿的“数学楼幽灵”.尽管纳什备受着精神病的折磨,但是他曾经的努力并没有白费.就在70年代和80年代期间,他的名字——纳什开始出现在经济学课本、进化生物学论文、政治学专著和数学期刊的各领域中,一夜之间成为了经济学或数学的一个响当当的名词.幸运的是,在80年代末期,纳什的病情更加稳定,眼神逐渐变得清澈,他的行为也有了逻辑,曾经的数学天才又回归了.纳什觉醒了,也迎来了他人生中的大事:他和其他两位博弈论学家约翰·C·海萨尼和莱因哈德·泽尔腾共同获得了诺贝尔经济学奖.命运多舛的他,在领取了诺贝奖之后希望能够一直平静地生活和研究数学,然而天才总是会受到上天的嫉妒.

他,在2015年的一场车祸中离开了这个世界.留给世界的除了那清澈的眼神还有充满智慧的纳什均衡.

第10章　世界数学发展简史

数学是人类智慧的结晶,在万年之后,我们再来回首与之相关的一个一个重要时刻,畅游在这时空之中,与各位大师相遇相识,惊叹数学在人类文明发展中都有些什么让人惊叹的瞬间!

1. 公元前约82000年:结绳记事

数学之源最初是从结绳记事开始——结绳记事是在文字发明之前,相对于所处的那个年代,非常先进的记录方式,用来计数或记录历史.据说波斯王大流士给他的指挥官们一根打了60个结的绳子,并对他们说:"爱奥尼亚的男子汉们,从你们看见我出征塞西亚人那天起,每天解开绳子上的一个结,到解完最后一个结那天,要是我不回来,就收拾你们的东西,自己开船回去."

2. 公元前约2万年:算术(Arithmetic)

算术是数学最古老且最简单的一个记录分支——史前时代的算术只能用少部分人造物品来确认当时有加法与减法等明确概念,最著名的一件是比利时地质学家德柏荷古在刚果发现的伊尚戈骨头(狒狒骨骸),距今约有两万年的时间.据考古学家一开始判断,"伊尚戈骨头"上所刻记的刻纹用来记录日常的交易活动或物品数量.但有些科学家却认为伊尚戈骨头是一种阴历,是石器时代女性用来记录经期的工具.

3. 公元前约3500年:文字的出现

古埃及人的数字写法——古埃及人在公元前3500年左右发明了象形文字,进而可以有系统地记录知识和传播知识.从最简单的一到十、百、千、万都有相应的写法.

4. 公元前6000年:世界上第一个轮子

人类历史早期最伟大的发明之一——当时古巴比伦人已经掌握一定程度的圆的知识,他们已经非常熟悉等分圆周,不过圆周率是一个粗略值3.

5. 公元前约 2500 年：苏美尔人的历法

太阴历是人类早期最重要的发明之一——除了将车轮用于车辆运输外，苏美尔人还建立了第一个已知的历法系统. 美索不达米亚尽管土地肥沃，但洪水泛滥，想要知道播种和收获的准确时间就需要发明能确定日程的方法. 苏美尔人利用月亮的盈亏循环，视 29 天为一个计时单位，推算每当 12 个计时单位后为一年，播种的时间又开始了. 不过九百年后，苏美尔人才了解到，每隔几年他们就要在其年历上另加一个闰月，这样才能准确地预测季节的循环.

6. 公元前 2300 年：幻方(Magic Square)

东方组合学的思想起源——幻方的历史悠久，传说最早出现在夏禹时代的《洛书》中记载了一个三阶幻方. 幻方可以使用 N 阶方阵来表示，方阵的每行、每列以及两条对角线的和都等于常数$\frac{n(n^2+1)}{2}$. 在数学史上不分地点、时间、不同的文明中都能找到有关幻方的记载.

7. 公元前约 2200 年：易经

中国最古老的文献之一，“五经”之首——《易经》以一套阴阳的交替符号系统来描述世间万物. 内容以“卦”组成，共有六十四卦，每一卦代表一种状态或过程.《易经》最初用于占卜和预报天气，但它的影响遍及中国的哲学、宗教、医学、天文、算术、文学、音乐、艺术、军事和武术等各方面，是一部无所不包的巨著.

8. 公元前约 2000 年：骰子

古代产生随机数的方法之一——考古学家在古埃及墓中发现与现代骰子极为相似的设计，是由动物的踝骨所制成，很多古文明都相信骰子的结果是神明的选择.

9. 公元前约 2015 年：阿卡德帝国的度量衡

制定测量标准——阿卡德帝国不仅发展了文字，而且制定了统一的衡量标准，发展了最早的计时、计量、测量距离和面积的各种方法.

10. 公元前 1800 年：普林顿 322 号泥板

世上最有名的数学工艺品之一——“普林顿 322”指的是一块巴比伦泥板，上面 4 栏，15 列的楔形文字描述了不同组的勾股定理数(如 3,4,5). 有考古学家认为是当时学生在计算代数习题所写出的答案.

11. 公元前 1650 年：莱茵德数学纸草书

古埃及数学最重要的一份文献——这部纸草书总长 525 厘米，高 33 厘米. 由阿姆士用象形文字书写，这使得他成为数学史上最早出现的人物. 纸草书上有关数学的内容包括素数、合数和完全数、算术、几何、调和平均数以及简单筛法等概念，可以用于测量，建筑和会计等领域.

12. 公元前 1400 年：中国殷墟甲骨文

十进制计数法——据殷墟甲骨文和周代的青铜器上的铭文记载，十万之内的自然数可由 1 ~ 9 的 9 个符号和表示十、百、千、万位的 4 个符号由十进位值制表示，要比巴比伦和古埃及的记数方法更为科学.

13. 公元前 1100 年：底比斯的图书馆

第一所存储人类智慧的宝库——古埃及第十九王朝的拉美西斯二世在首都底比斯建立了一所图书馆，并在入口处立了一块石碑，碑上刻有“拯救灵魂之处”几个大字. 图书馆作为人类智慧的记忆库，作为前人睿智哲思的传承之地，发展至今，延绵不息.

14. 公元前 700 年：巴比伦天文学

利用算术方法预测行星的位置——古巴比伦王国的天文学家已经能够进行详细的天文观测，其主要目的是为了占星预测. 他们把自己智慧的结晶记录在了数以百计的黏土上.

泥板上的碑文显示，他们会测量（从地球上看到的）木星在其轨道上的不同日期的日常视速度. 然后，他们会使用这些速度和时间推断木星在此期间必定将运行的距离. 这种计算相当于绘制速度与时间的几何学概念，并利用绘图的结果计算面积，这种方法是现代微积分的雏形，大约在 1400 年后才出现在中世纪的欧洲.

15. 公元前 600 年：毕达哥拉斯定理

每个人都会学习到的数学定理——“直角三角形两直角边的平方和等于斜边的平方”，这又称勾股定理，在古希腊发现此定理是毕达哥拉斯，他在数学上有许多重要的贡献. 虽然把此定理归功于他，不过有证据表明这一定理在毕达哥拉斯出生之前早已出现.

16. 公元前 548 年：围棋

世界最古老的棋类运动之一——围棋起源于中国古代，传说尧的儿子丹朱顽劣，尧发明围棋以教育丹朱，陶冶其性情. 隋代张盛墓出土的围棋盘模型，该围棋盘盘面纵横 19 道，共 361 个交叉点，表明隋朝初期或更早，19 道围棋盘就已经出现并沿用至今. 围棋的复杂度在于其棋盘的变化无穷，差一个子盘面就可能天翻地覆，同时状态空间大，也没有全局的结构.

17. 公元前540年：毕达哥拉斯学派

"万物皆数"——年轻时毕达哥拉斯在去巴比伦和埃及游历求学回来之后，就创建了集政治、宗教、数学于一身的秘密学术团体，毕达哥拉斯学派. 他们有很奇怪的教规，每个教徒都必须宣誓严守秘密，将一切发明归之于领袖，并终身只加入这一学派，其学派的活动也是在神秘的氛围中秘密进行. 毕达哥拉斯有一个关于数字的惊人发现：音程依赖于简单的数字之比. 依此结论结合深入的思考和大量的细致的观察和经验归纳得出了"万物皆数"的理论，就是说宇宙间任何关系都可以整数和整数之比来表达.

18. 公元前500年：第一次数学危机

无理数的发现——在"万物皆数"的和谐体系下，世界上只有整数和分数(有理数). 而同样是该学派的弟子希帕索斯却发现了令人震惊的"无限不循环小数"，即无理数，令该学派感到恐慌，并引发了第一次数学危机. 有传言说最终希帕索斯逃到外国，十年后在回国船上被毕达哥拉斯学派信徒发现扔到海里淹死.

19. 公元前476年：算筹在中国普遍使用

"运筹如飞，人眼不能逐"——算筹是中国古人发明的一种数学工具，也称作筹、算子等，一般是一些具有同样长度和粗细的小棒. 使用算筹进行计算的方法，则称为筹算. 其实就是用现成的小木棍做计算，个位用直式，十位用横式，百位再用直式……这样纵横交替摆放，就可以摆出任意大的数字来了. 中国古代数学几乎未采用任何数学符号，仅依赖筹式解决了西方数学要用许多符号才能解决的问题. 但是这种特点也妨碍了中国古代数学的抽象化和理论化.

20. 公元前445年：芝诺悖论

古希腊时期的诡辩术——芝诺是古希腊时代的哲学家，后人多称他为诡辩论者. 他提出过众多"芝诺悖论"，其中最著名的是"飞矢不动"和"阿基利斯追不上乌龟". 传说阿基利斯奔跑速度极快，但芝诺说：如果让乌龟先跑一步，阿基利斯就永远追不上乌龟. 芝诺的解释是这样的. 假设乌龟先跑出了一米，阿基利斯要追上乌龟，就必须先到达半米的地方. 但是，当阿基利斯到达半米的时候，乌龟与阿基利斯的距离不是半米，而是半米再加一点，比方说是0.6米. 如此推论循环下去，只要乌龟不停下脚步，阿基利斯便永远只能更接近乌龟，而不能追上或超过乌龟.

21. 公元前387年：柏拉图学院

"不懂几何学者不得入内!"——古希腊哲学家柏拉图在约公元前387年创立了雅典的学校，许多古希腊哲学名士曾受教于此. 例如后来开创"逍遥学派"、建立自己学校的亚

里士多德便曾在此念了 20 年书. 在《雅典学院》这幅作品中,透视点的二人分别为柏拉图及亚里士多德,一个以指头指着上天,另一个则伸出右指指着他前面的世界,以此表示他们不同的哲学观点:柏拉图的唯心主义和亚里士多德的唯物主义. 以他们两人为中心,两侧分别画出的其他著名学者.

22. 公元前350 年: 亚里士多德

引领西方世界科学论证长达两千多年——他是柏拉图的学生,亚历山大大帝的师. 亚里士多德讲课时有一个习惯,即边讲课,边漫步于走廊和花园,正是因为如此,学园的哲学被称为"逍遥的哲学"或者"漫步的哲学",而亚里士多德的追随者也被称为逍遥学派弟子.

三段论法是亚里士多德最主要的分析工具之一,只要前面两个前提为真,那么下来的结论也一定为真,譬如:"所有女人都会死亡, 埃及艳后是个女人, 所以埃及艳后也会死亡".

23. 公元前325 年: 亚历山大图书馆

曾是世界上最大的图书馆——由埃及托勒密王朝的国王托勒密一世所命令建造, 以亚里斯多德的学园为样板,透过重金收购、雇人抄写、掠夺和兼并等管道. 亚历山大图书馆可能收集了五十万卷卷轴,涵盖了所有知识领域的作品. 后来亚历山大图书馆惨遭火灾,因而被摧毁. 2000 多年前它到底是什么模样无人知晓,因为它连一个石块实物也没有留下.

24. 公元前300 年: 欧几里得《几何原本》

数学史上最成功的一本教科书, 现代数学的基础——是古希腊数学家欧几里得所著的一部数学著作,共 13 卷,在西方是仅次于《圣经》而流传最广的书籍. 曾被翻译成阿拉伯文,再二手翻译成拉丁文. 最先的印制本出现于 1482 年,欧几里得知识渊博,数学造诣精湛,尤其擅长于几何证明. 当时国王也经常向他请教数学问题,有一次国王做一道几何证明题,接连几天都没有做出来, 就问欧几里得,能不能把几何证明弄得简单一点. 欧几里得不客气的回答说:"陛下,几何学里没有王者之路". 这句话流传下来成为学习几何的箴言.

25. 公元前287 年: 数学之神 ——阿基米德

给我一个支点,我可以撬动地球——对数学和物理学的影响极为深远,被视为古希腊最杰出的科学家. 他与牛顿和高斯被西方世界评价为有史以来最伟大的三位数学家. 据说阿基米德经常为了研究而废寝忘食,走进他的住处,随处可见数字和方程式,地上则是画满了各式各样的图形,墙上与桌上也无法幸免地成了他的计算板.

26. 公元前202 年：九章算术

现存最早的中国古代数学著作之一——内容丰富，题材广泛，共九章，分为二百四十六题二百零二术，不但是汉代重要的数学著作，在中国和世界数学史上也占有重要的地位.

《九章算术》共收有246个数学问题，分为九大类，在一个或几个问题之后，列出这个问题的解法.

27. 公元前200 年：埃拉托斯特尼

推算出地球圆周的人——曾为《亚历山大图书馆》馆长，贡献在于创建经纬度系统，并使用它来绘制已知世界的地图. 他就任馆长后，在古书中读到"每年6月21日（夏至）中午在尼罗河第一个瀑布赛印，垂直竖立的柱子是没有影子的"，由此思考并推测地球应该是圆的. 他还发明出第一套寻找素数的方法，埃氏筛检法，用来找出一定范围内所有的素数. 所使用的原理是从2开始，将每个素数的各个倍数，标记成合数，然后删除……重复.

28. 公元前100 年：安提基特拉机械

目前所知最古老的复杂科学计算机——是古希腊时期为了计算天体在天空中的位置而设计的青铜机器，该机器内含多个齿轮，被认为是世界上第一个模拟计算机. 安提基特拉机械以其小型化和其部分装置的复杂性可与19世纪机械钟表相比而闻名. 它有超过30个齿轮，虽然麦可莱特认为它可多达72个有正三角形齿的齿轮. 当借由一个曲柄（今日不存）输入一个日期，该机械就可算出日月或行星等其他天体位置.

29. 公元前60 年：海伦公式

形式漂亮的公式——亦称"海伦—秦九韶公式"，此公式是亚历山大港的希罗发现的，用此公式可以根据给出三角形三边长来求出面积. 中国南宋末年数学家秦九韶发现或知道等价的公式，不过像中国古代的数学家一样，他的方法没有证明. 根据现代数学家吴文俊的研究，秦九韶公式可由出入相补原理得出.

30. 公元7 年：《博物志》

罗马时期最重要的百科全书——是古罗马学者老普林尼在77年写成的一部著作，全书共37卷，分为2500章节，引用了古希腊327位作者和古罗马146位作者的2000多部著作. 在书成后1500年间，共出了40多版.

31. 公元105 年：蔡伦改良造纸术

中国古代四大发明之一——蔡伦只是改进造纸术的重要发展者，使造纸的成功率更

高，成本更低．它使得文明的传播速度更便捷、传播成本更低，它促使了纸质书的出现，所以说这是一项极其伟大的发明．

32. 公元约 140 年：托勒密的《天文学大成》

提出了地心说，并发展了三角学——是埃及亚历山大的天文学家托勒密编纂的一部数学与天文学专著，提出了恒星和行星的复杂运动路径，是古代最有影响的天文学著作．该书对数学也很有价值，因为它记载了古希腊数学家依巴谷已经遗失的著作．

33. 公元 250 年：丢番图的《算术》

与欧几里得《几何原本》相媲美——古希腊亚历山大港的数学家，与半个世纪后的波斯数学家花拉子密共享“代数之父”之称．他作著的丛书《算术》研究数论，讨论一次，二次以及个别的三次方程，还有一些不定方程．对于具有整数系数的不定方程，如果只考虑整数解，这类方程被称为丢番图方程，对后来的数论研究者都有很深的影响．

34. 公元 263 年：刘徽注释《九章算术》

东方古代数学泰斗——用割圆术计算圆周率，得到圆周率的近似值为 3.14；证明圆面积公式，提出解决球体积的方法；推导四面体及四棱锥体积等，包含有极限思想．

35. 公元约 350 年：巴克沙里手稿

“0”的发明——该手稿出土于 1881 年在印度西北一个叫巴克沙里的村落，大部分已经破损，只有约 70 页白桦树皮残简．手稿里已经开始用“·”表示零；把分子记在分母之上，无分数线，带分数的整数部分又置于分子之上；给出不尽根近似计算公式．

36. 公元 415 年：希帕提娅的殉难

数学史中第一位女数学家——曾是新柏拉图学派的领袖，居住在希腊化时代古埃及的亚历山大港，对该城的知识社群做出了极大贡献．她身处于当时的“异教徒”与基督徒的冲突之间，后被一位信奉基督的暴民残忍杀害．希帕提娅的惨死导致大批学者离开亚历山大，标志其该城学术中心的衰落．亚历山大图书馆累计数百年的文献也被基督教徒惨遭摧毁，至此持续发展了数个世纪的希腊数学从此停滞不前．数学的发展由西往东，由阿拉伯和印度接棒继续前行．

37. 公元约 462 年：祖冲之的圆周率

比欧洲早出整整一千年之久的圆周率结果——他算出圆周率在 3.1415926 至 3.1415927 之间，祖冲之的这一结果精确到小数点后第 7 位，直到一千多年后才由 15 世纪的阿拉伯数学家阿尔·卡西以 17 位有效数字打破此记录．并按照当时使用分数的习惯，还算出两个分数的表示形式：22/7 为约率，355/113 为密率（现称祖率）．

38. 公元499年：印度阿耶波多著《阿那波多历数书》

日心说的提出——印度的著名数学家及天文学家总结了当时印度的天文、算术、代数与三角学知识；计算出圆周率为3.1416；尝试以连分数解不定方程；阿耶波多对三角学的贡献很大，认为圆弧与弦长应用同一单位来度量，这里包含着弧度制的思想. 他还根据天文观测，提出日心说，并发现日月食的成因. 印度在1975年发射的第一颗人造卫星以他的名字命名.

39. 公元约650年：数字0

在印度0作为数字被广泛使用——数字0最初由空格来表示，后来用点"·"表示，而用圆圈符号"0"表示零也是印度人的一项伟大发明. 直到11世纪，0～9这十个数字的印度数字系统才趋于成熟，不仅把0看做记数法中的空位，而且也把它当做可以参与计算的数.

40. 公元825年：印度—阿拉伯数字系统

印度数字系统由阿拉伯人传入欧洲——来自印度的数字系统符号出现在波斯数学家的花拉子米《印度数字算术》中，随着书籍被带入欧洲，书中介绍的整个数字系统被广泛使用，罗马数字也逐渐被代替使用. 由于认为是阿拉伯人创造出的数字符号的，故欧洲人都称作阿拉伯数字.

41. 公元830年：阿尔.花拉子米《代数》

另一位"代数之父"——波斯数学家，其名字的拉丁文音则为"算法"(Algorithm)，这就是现在算法一词的由来. 他对数学、地理、天文学及地图学的贡献为代数及三角学的革新奠下基础，其对解决一次方程及一元二次方程的方法催生了代数. 代数(algebra)一词由其著作《代数学》而得. 他也是巴格达智慧宫的学者，该场所是集图书馆，翻译和教育的地方，被称为伊斯兰黄金时代的一个主要学术中心. 智慧之家在1258年被蒙古人摧毁. 据传大量的书籍被丢弃在河里，墨水使底格里斯河的河水染黑达六个月之久.

42. 公元1045年：活字印刷术

世界上最早的活字印刷技术——毕昇在宋庆历年间发明在胶泥上刻字，一字一印，用火烧硬后，便成活字. 印好后拆版，取下活字，各放入小木格内，外面按字韵分类，贴上纸标签，以便检索. 不过活字印刷术在古代中国并未普及. 汉字数量众多，活字印刷不及西方文字便利，对技术和要求也较高.

43. 公元1050年：贾宪三角

贾宪三角、杨辉三角形、帕斯卡三角——宋数学家贾宪发明了贾宪三角，并发明了增

乘方造表法,可以求任意高次方的展开式系数.贾宪还对贾宪三角表(古代称数字表为"立成")的构造进行描述.

44. 公元1088年:沈括的《梦溪笔谈》

中国科学史上的重要文献——北宋的沈括所著百科全书式的著作,因为写于润州(今镇江)梦溪园而得名,收录了沈括一生的所见所闻和见解.其内容涉及天文、数学、物理、化学、生物、地质、地理、气象、医学、工程技术、文学、史事、美术及音乐等学科.书中开创了"垛积术"(高阶等差级数求和)和"会圆术"(求出弧长的方法).

45. 公元约1150:婆什迦罗著《天文系统极致》

印度数学的最高成就——婆什迦罗,印度古代和中世纪最伟大的数学家,天文学家.对数学主要贡献:比牛顿和莱布尼兹早五个世纪就构想了微积分;采用缩写文字和符号来表示未知数和运算;他广泛使用了无理数,并在运算时和有理数不加区别.

46. 公元约1200年:算盘(Abacus)

影响人类文明最重要的工具之一——徐岳,东汉著名数学家,天文学家,所著《数术记遗》中第一次记载了算盘的样式,并第一次定名为"珠算".

47. 公元1202年:斐波那契《计算之书》

阿拉伯记数法被引入欧洲——意大利斐波那契著《计算之书》向欧洲人介绍了印度—阿拉伯记数法,整数和分数的各种算法.收集了中世纪时期用于解决日常问题的数学方法及其在商贸、度量称衡、货币换算、单利算利计算等各种场合的应用.该书再版时增加了著名的兔子繁殖问题,介绍了斐波那契数列.

48. 公元1299年:朱世杰著《算学启蒙》

代表了宋元以来的最高水平——中国朱世杰著《算学启蒙》与《四元玉鉴》,他在当时天元术的基础上发展出"四元术",也就是列出四元高次多项式方程,以及消元求解的方法.他吸取了各种先进的思想,并加以创造性的发展.该书曾流传到朝鲜和日本,对世界数学的发展产生影响.

49. 公元1408年:《永乐大典》

世界有史以来最大的百科全书——是中国最大的一部类书,编撰于明永乐年间,全书22 937卷,11 095册,约3.7亿字.《永乐大典》屡遭浩劫,正本不知去向,副本今存不到800卷,约为原书的4%.

50. 公元 1427 年：卡西著《算术之钥》

涉猎了当时几乎全部的数学知识——阿拉伯数学家阿尔.卡西著《算术之钥》，涉及算数学、代数学、几何学、三角函数、数论、天文学、物理学、测量学、建筑学和法律学（遗产分配问题）等内容，被称为初等数学百科全书，对伊斯兰世界和欧洲数学影响达数百年之久.

51. 公元 1453 年：古腾堡发明的印刷机

启动了一场前所未有的新资讯爆炸——古腾堡受中国的活字印刷启发，在德国的美因兹造出了使用合金活字的印刷机，并研製出了印刷用的印油和铸字的字模，还用活字印刷术印製《圣经》，这是欧洲第一部使用活字印刷技术的书籍，并且是截至目前的畅销书.印刷机的开发使知识的传播发生了革命性的变化，从欧洲开始，然后扩及全球，直到五百多年后的今天.

52. 公元 1509 年：帕西奥利著《神圣的比例》

会计学之父——意大利卢卡·帕西奥利是列奥纳多·达·芬奇的好友，其在意大利各处的教学活动和编写的教材大大影响了后来的数学教学和研究，他所著《神圣的比例》出版，主题为比例，特别是黄金分割在数学和艺术上的重要性.他在著作中对复式记账法的记载和研究被认为是会计学的开端，故被称为"会计学之父".

53. 公元 1545 年：卡尔达诺的《大术》

嗜赌如命的数学家——意大利数学家，也称卡当.《大术》是一部探讨代数问题的书籍，书中发表了三次代数方程一般解法的卡尔达诺公式，也称卡当公式（但真正发明此三次代数方程解法的为塔塔利亚）.书中还记载了四次代数方程的一般解法（由他的学生费拉里发现）.他还最早使用了复数的概念，在概率论也扮演了奠基人的角色，还发表了第一部概率论著作.然而对于这样一个数学家，却一个嗜赌如命的赌徒，而且，卡当的死也与赌博相关.当时宫廷占星家他通过占星术推算出自己的忌辰，但是到那一天时，他活得还是欢蹦乱跳，为了保全自己大星象家的名声，他选择了自杀.

54. 公元 1569 年：麦卡托投影法

使得地图投影能够成为理想的导航地图——本投影法得名于杰拉杜斯·麦卡托，他于 1569 年发表长 202 公分、宽 124 公分以此方式绘制的世界地图.在以此投影法绘制的地图上，经纬线于任何位置皆垂直相交，使世界地图可以绘制在一个长方形上.由于可显示任两点间的正确方位，航海用途的海图、航路图大都以此方式绘制.在该投影中线型比例尺在图中任意一点周围都保持不变，从而可以保持大陆轮廓投影后的角度和形状不变（即等角）.

55. 公元 1572 年：虚数

不存在的数——拉斐尔·邦贝利，意大利文艺复兴时期欧洲著名的工程师，同时也是一名卓越的数学家. 其出版于 1572 年的《代数学》一书讨论了负数的平方根(虚数).

56. 公元 1582 年：公历的建立

以地球绕行太阳一周为一年——现行公历(Gregorian calendar)，又译格里历. 罗马天主教会第 227 任教皇格列高利十三世建立了现代日历，每四年在 2 月底置一闰日，但格里历特别规定，除非能被 400 整除，所有的世纪年(能被 100 整除)都不设闰日；如此，每四百年，格里历仅有 97 个闰年.

57. 公元 1595 年：新代数学符号的诞生

16 世纪法国最有影响的数学家之一——弗朗索瓦·韦达，著名律师，数学是他的业余爱好. 他是第一个有意识地、系统地使用符号的人. 他不仅用字母表示未知量和未知量的乘幂，而且用来表示一般的系数. 他把符号代数称为类的算术，以别于数的算术. 他还发现了代数方程根与系数的关系的韦达定理.

58. 公元 1613 年：李之藻与《同文算指》

"学人之长补己之短"——万历四十一年，李之藻与意大利传教士利玛窦编译的《同文算指》问世，是中国最早的西方算术译著，书中首次系统介绍欧洲算术. 李之藻创立许多新词如"平方"、"立方"、"开方"、"乘方"、"通分"、"约分"等皆沿用至今.

59. 公元 1614 年：对数的诞生

延长了天文学家寿命的对数——约翰·纳皮尔，苏格兰数学家，天文学家. 出版了《极好用对数表的一个描述》共 37 页的解释和第一个对数表(90 页)，对于后来的天文学、力学、物理学、占星学的发展都非常重要. 笛卡尔的直角坐标系，纳皮尔(John Napier)的对数，牛顿和莱布尼兹的微积分是 17 世纪最伟大的三大发明. 其中对数的发现，曾被 18 世纪法国大数学家拉普拉斯评价为"用缩短计算时间在实效上让天文学家的寿命延长了许多倍".

60. 公元 1620 年：计算尺(Slide)

第一代模拟计算机——在约翰·纳皮尔对数概念发表后不久. 牛津的埃德蒙·甘特(Edmund Gunter)发明了一种直线式对数比例尺，和圆规一起进行计算，可以用来做乘除法. 计算尺逐渐演变成近代熟悉的工具. 直到口袋型计算器发明之前，所有跟数学沾上边的专业人士都使用过计算尺. 美国阿波罗计划里的工程师甚至利用计算尺就将人类送上了月球，其精确度达到 3 或 4 位的有效数位.

61. 公元 1623 年：施卡德的"算术钟"

第一部机械式计算器——德国科学家施卡德(Wilhelm Schickard)创建了一个基于齿轮的木制六位机械加法器，这部机械改良自时钟的齿轮技术，并经由钟声输出答案，因此又称为"算数钟"，可惜后来毁于火灾.

62. 公元 1627 年：开普勒著《鲁道夫星表》

17 世纪科学革命的关键人物——约翰内斯·开普勒，德国天文学家、数学家. 他《鲁道夫星表》列出了 1 406 颗星的位置和定位行星的程序.

63. 公元 1637 年：费马大定理

"我发现了一个美妙证明，但由于空白太小而没有写下来."——皮埃尔·德·费马法国律师和业余数学家(不过在数学上的成就不比职业数学家差). 费马引理给出了一个求出. 可微函数的最大值和最小值的方法. 因此，利用费马引理，求函数的极值的问题便化为解方程的问题.

64. 公元 1637 年：笛卡尔著《几何学》

"我思故我在."——勒内·笛卡尔，法国著名哲学家、数学家、物理学家. 对数学最重要的贡献是创立了解析几何. 笛卡尔成功地将当时完全分开的代数和几何学联系到了一起，他向世人证明，几何问题可以归结成代数问题，也可以通过代数转换来发现、证明几何性质，为后人在微积分上的工作提供了坚实的基础.

65. 公元 1642 年：加减法机械计算机

计算机的雏形——布莱兹·帕斯卡(Blaise Pascal)，法国神学家，数学家. 1642 年，为了减轻他父亲无止尽地、重复地计算税务的收支负担，未满 19 岁的帕斯卡努力地制造出一台可以运行加减的计算器，称为帕斯卡计算器. 帕斯卡在 1653 年的《论算术三角》中描述了一个二项式系数的表格表示，表中的每个数都等于其肩上的两个数的和，现在被称作帕斯卡三角(杨辉三角). 在 1654 年，在一个热衷于赌博问题的朋友的影响下，他和费马通信讨论，并因此诞生了数学理论概率论.

66. 公元 1663 年：约翰·葛兰特著《自然与政治观察》

统计学思想的诞生——约翰. 格兰特(John Grount)英国经济学家，数学家，他发现，尽管每个人的寿命及死亡率皆无法确定，某些类别的人的寿命却是可预期的，于是开始使用基于数学的统计学思想系统地总结人口和经济数据. 以此为基础发展现代人口统计学的架构，最为著名的成就是制作出第一张生命表，使计算人类某年之存活概率成为可能. 葛兰特也是第一位流行病学家，当时，伦敦曾流型疫病，各教区每周都公布死亡人数的记

录.他对这些记录进行了研究,曾发表公共卫生领域的统计报告.

67. 公元 1665 年:牛顿与《广义二项式定义》

微积分的诞生——艾萨克·牛顿,英格兰物理学家,数学家,天文学家,在老师巴罗的指导下,1665 年发表广义二项式定理,并开始发展一套新的数学理论,也就是后来为世人所熟知的微积分学.

68. 公元 1684 年:莱布尼兹关于微分学的第一篇论文

"世界上没有两片完全相同的树叶."——戈特弗里德·威廉·莱布尼兹,德意志哲学家、数学家,获誉为 17 世纪的亚里士多德.在数学上,他从几何角度和牛顿先后独立发明了微积分,1684 年发表了第一篇微分学论文《一种求极大值、极小值和切线的新方法,它也适用于有理量与无理量以及这种新方法的奇妙类型的计算》,两年后又发表第一篇积分学论文,创建积分符号.所发明了微积分的数学符号 dx, dy 和 $\int$ 被更广泛的使用.

69. 公元 1687 年:牛顿《自然哲学的数学原理》

17 世纪物理学、数学的百科全书——数学作为自然科学的基础,牛顿介绍了数学规则可以用来系统地计算系统性质的想法.该书从各种运动现象出发,探究了自然现象中的力,再用这些力说明各种自然现象.此书是人类文明进步划时代的著作,奠定了经典力学体系和近代科学的基础,其影响遍及自然科学的所有领域.就人类文明史而言,它成就了英国工业革命,在法国诱发了启蒙运动和大革命.

70. 公元 1696 年:最速降线问题

整个数学史中最引人入胜的一则故事——瑞士数学家约翰·伯努利(Johann Bemoulli),他不但迅速掌握了莱布尼兹的微积分并加以发扬光大,而且是最先应用微积分于各种问题.1696 年,瑞士数学家约翰·伯努利解决了最速降线问题,他还拿这个问题向其他数学家提出了公开挑战.次年,牛顿、莱布尼兹、洛比达以及雅克布·伯努利等解决了这个问题.这条最速降线就是一条摆线,也叫旋轮线,该问题后导致变分法的产生.

71. 公元 1696 年:洛必达著《阐明曲线的无穷小分析》

世界上第一本关于微积分的教科书——纪尧姆·德·洛必达,法国数学家,15 岁就解答出帕斯卡的摆线难题.后跟聘请伯努利为私人数学老师.伯努利签了一纸合约(一手交钱一手交货),这合约给予洛必达特殊的权力,准许洛必达发表伯努利的研究成果.洛必达最先地写成了一本的微积分教科书《用于了解曲线的无穷小分析》,其内容部分是伯努利的杰作,包括现世知名的洛必达法则,可以大大地减低微分运算的难度.

72. 公元 1712 年：微积分第一发明人之争

数学史最大的公案——牛顿所在的英国皇家学会于此年宣布，经过调查表明了牛顿才是微积分第一的发现者，而莱布尼兹被斥为骗子. 由此激化了牛顿与莱布尼兹关于微积分发现的争论，并阻碍欧洲和英国数学家之间相互交流，拒绝更为简便的莱布尼兹发明的符号.

73. 公元 1713 年：大数定律的发表

概率论早期最重要的著作之一——瑞士雅各布 · 伯努利出版《猜度术》，书中载有伯努利大数定律(Law of large numbers). 他发现在重复试验中，随着试验次数的增加，事件发生的频率趋于一个稳定值. 以特定掷单个骰子的过程来展示大数定律. 随着投掷次数的增加，所有结果的均值趋于 3.5(骰子点数的期望值). 不同时候做的这个实验会在投掷数量较小的时候(左部)会表现出不同的形状，当数量变得很大(右部)的时候，它们将会非常相似.

74. 公元 1723 年：《御制数理精蕴》

达到乾嘉时期数学研究的高潮——康熙在位时既倡导西算，也重视中算. 由他帝主持，梅毅成等集体编写的数学百科全书《御製数理精蕴》于雍正元年(1723)十月刻竣.《数理精蕴》是一部介绍包括西方数学知识在内的数学百科全书. 全书分上、下两编及附录. 上编五卷专讲数理，立纲明体，是全书的基本理论部分.

75. 公元 1727 年：欧拉数 E

关于增长率和变化率的常数——瑞士欧拉在《关于最近所做火炮发射试验的思考》中，引进记号 e 表示自然对数的底. 并且欧拉 1735 年首次引进记号 $f(x)$ 表示变量 x 的函数. 瑞士数学家雅各布 · 伯努利在研究复利的时候发现的 e ，并且知道会是一个 2 ~ 3 之间的数，但最终的结果很可惜他并没有计算出来. 这个问题还是由 50 年后的欧拉搞定.

76. 公元 1730 年：斯特灵公式

计算阶乘精妙的计算方法——阶乘符号 $n!$ 是由法国数学家克里斯蒂安 · 克兰普发明. 一般来说，当 n 很大的时候，n 阶乘的计算量十分大. 苏格兰数学家斯特灵(James Stirling)在《微分方法》中提出了斯特灵公式可以用来取 n 阶乘近似值.

77. 公元 1733 年：常态分布曲线

误差理论的基石——高斯在数学上有诸多贡献，如在德国 10 马克上印有高斯及常态分布曲线. 不过高斯倒不是第一位提出此分布者，法国数学家棣美弗(Abraham De

Moivre)早于他写出此分布.

78. 公元 1742 年:哥德巴赫猜想

数论中存在最久的未解问题之一——1742 年 6 月 7 日,普鲁士数学家克里斯蒂安·哥德巴赫(Christian Goldbach)在写给瑞士数学家莱昂哈德·欧拉的通信中,提出了这样的猜想,可以陈述为"任一大于 2 的偶数,都可表示成两个素数之和".哥德巴赫猜想在提出后的很长一段时间内毫无进展,直到 20 世纪 20 年代,数学家从组合数学与解析数论两方面分别提出了解决的思路,并在其后的半个世纪里取得了一系列突破.目前最好的结果是陈景润在 1973 年发表的陈氏定理(也被称为"1 + 2").

79. 公元 1759 年:骑士巡逻

哈密顿路径问题的一种特殊形式——骑士巡逻(英语:Knight's tour)是指在按照国际象棋中骑士的规定走法走遍整个棋盘的每一个方格,而且每个网格只能够经过一次.假若骑士能够从走回到最初位置,则称此巡逻为"封闭巡逻",否则,称为"开巡逻".对于 8 × 8 棋盘,一共有 26,534,728,821,064 种封闭巡逻,但是到底有多少种开巡逻仍然未知.

80. 公元 1759 年:梅毅成编成《梅氏丛书辑要》

清朝历算第一名家、数学家梅文鼎的成果——中国清代梅瑴成将祖父梅文鼎的历法、数学著述汇为《梅氏丛书辑要》,收集了其祖父的著作 60 卷.

81. 公元 1760 年:拉格朗日与变分法

变分法的建立——法国数学家约瑟夫·拉格朗日(Joseph Lagrange)发表《论确定不定积分式的极大极小值的一个新方法》是用分析方法建立变分法的代表作.发表前写信给欧拉时,称此文中的方法为"变分方法"(themethod of variation).欧拉肯定了,并在他自己的论文中正式将此方法命名为"变分法"(the calculus of variation).变分法这个分支才真正建立起来.

82. 公元 1761 年:朗伯证明了 π 和 e 是无理数

从理论上彻底解决了 π 和 e 的精确值问题——瑞士数学家约翰·海因里希·朗伯(Johann Heinrich Lambert)证明了 π 是无理数.对其他方面的数学研究有很大的启发和推动作用.

83. 公元 1761 年:贝叶斯定理

平凡而又神奇的定理——英国皇家学会会员托马斯·贝叶斯(Thomas Bayes),以其在概率论领域的研究闻名于世,他提出的贝叶斯定理对于现代概率论和数理统计的发展有重要的影响.

84. 公元1768年:大不列颠百科全书

世界上最重要的工具书之一——1768年12月6日,《大不列颠百科全书》(又称《大英百科全书》)第一版出版,尝试总结所有现有的书籍知识.

85. 公元1773年:命运多舛的《四库全书》

中国历史上规模最大的一套丛书——中国清代乾隆皇帝下令开设四库全书馆,清乾隆三十八年(1773年)开始编纂,历时9年成书.共收书3 503种,79 337卷,约8亿字.整套书收录了从先秦到清乾隆前期的众多古籍,涵盖了古代中国几乎所有学术领域,以及收入和存目了西洋传教士参与撰述的著作,包括从西洋传入中国的数学、天文、仪器及机械等方面的著作收集整理古典学术著作,纂修《四库全书》(1787年完成).

86. 公元1777年:布丰投针问题

一个求 π 的蒙特·卡罗方法——法国博物学家、数学家布丰提出以下问题:设有一个以平行且等距木纹铺成的地板,现在随意抛一支长度比木纹之间距离小的针,求针和其中一条木纹相交的概率.这就是布丰投针问题.

87. 公元1794年: 高斯与最小二乘法

应用最广泛的参数估计方法——最小二乘法发展于天文学和大地测量学领域,德国数学家高斯在解决行星轨道预测问题时首先提出最小二乘法.它的基本思路是选择估计量使模型(包括静态或动态的,线性或非线性的)输出与实测输出之差的平方和达到最小.这种求误差平方和的方式可以避免正负误差相抵,而且便于数学处理.

88. 公元1795年:公制(Metric system)

完全创新的单位制度——公制又称米千克秒单位制,建立在下述三种基本单位之上:米、千克和秒.它根基于科学的原则,且满足日益频繁的商业活动和科学研究的需求.上是用于量度且有刻度的四个物件.卷尺划了厘米的刻度,温度计划了摄氏的刻度,砝码的质量为1kg,电表可以用伏特、安培或欧姆的电学单位进行量测.

89. 公元1796年: 正十七边形作图

数学王子引以自豪的成果——希腊的数学已经能用圆规和无刻度直尺画出正三,四,五,十七边形.但是随后的两千多年间,没有人能以直尺和圆规做出正十一,十三,十四,十七边形.1796年,高斯在18岁时候便解决了两千多年以来的这个几何难题,发表了《关于正十七边形作图的问题》,他以此为自豪,希望能将正十七边形刻在他的墓碑上.

90. 公元 1801 年：高斯发表《算术研究》

数论领域的划时代之作——年仅 21 岁的高斯出版了《算术研究》揭开了近代数论的研究，它不仅是数论方面的划时代之作，也是数学史上不可多得的经典着作之一. 书中从同余理论起步，探讨了同余齐次式，同余方程和二次剩余理论. 关于《算术研究》，还流传着这样一个故事，1849 年 7 月 16 日，哥廷根大学为高斯获得博士学位五十周年举行庆祝会.

91. 公元 1802 年：托马斯·杨与三原色原理

世界上最后一个什么都知道的人——托马斯·杨(Thomas Young)英国科学家、物理学家、医生、通才，是一个将科学和艺术并列研究，对生活充满热望的天才. 1802 年，他提出大胆假设：所有颜色都可以通过红、绿、蓝三色的混合产生，三者比例不同，颜色就不同. 三色理论为彩色电视显示系统设计奠定了理论基础. 杨曾进行了著名的杨氏双缝实验，证明光以波动形式存在，而不是牛顿所想象的光粒子(Corpuscles)，然而，这个理论在当时并没有受到应有的重视，还被权威们讥为“荒唐”和“不合逻辑”. 但杨并没有向权威低头：“尽管我仰慕牛顿的大名，但是我并不因此而认为他是万无一失的. 我遗憾地看到，他也会弄错，而他的权威有时甚至可能阻碍科学的进步.”

92. 公元 1807 年：傅里叶与傅里叶级数

政治上墙头草的数学大师——约瑟夫·傅里叶男爵(Joseph Fourier)法国数学家. 物理学家，在热传导研究中，提出任意周期函数可以用三角级数(傅立叶级数)表示，并将其应用于热传导理论与振动理论.

93. 公元 1812 年：拉普拉斯《概率分析论》

被誉为法国的牛顿——皮埃尔·西蒙·拉普拉斯(Pierre - Simon Laplace)法国天文学家，数学家，1812 年出版 800 多页《概率的分析理论》，代表了当时概率论研究的最高成就. 本书集古典概率论之大成，将分析工具引入概率论，代替了早期的初等组合方法，开创了分析概率论的新阶段. 拉普拉斯在天体力学的最重要成就是五卷巨著《天体力学》.

94. 公元 1823 年：柯西《无穷小分析教程概论》

“不要让几何直观，蒙蔽了我们的双眼.”——奥古斯丁·路易·柯西(Augustin - Louis Cauchy)，法国数学家. 于 1823 年出版《无穷小分析教程概论》，把定积分定义为和的极限，还给出现在通用的广义积分的定义，引进柯西积分主值的概念. 柯西在微积分历史上影响颇深，他认为全部微积分应当建立在极限思想的基础上：“当属于一个变量的相继的值无限地趋近某个固定值时，如果最终同固定值之差可以随意地小，那么这个固定值就称为所有这些值的极限”.

95. 公元 1824 年:阿贝尔——鲁菲尼定理

19 世纪最伟大的数学家之一——阿贝尔—鲁菲尼定理是代数学中的重要定理.它指出,五次及更高次的多项式方程没有一般的求根公式.这个定理以保罗·鲁菲尼和尼尔斯·阿贝尔命名.前者在 1799 年给出了一个不完整的证明,后者在 1824 年,年仅 19 岁的挪威数学家阿贝尔(Niels Henrik Abel)发表论文《高于四次的一般方程的代数求解之不可能性的证明》,证明了一般五次方程不可能用根式求解,从而解决了困扰数学长达 300 多年之久的难题.

96. 公元 1830 年:查尔斯.巴贝奇与分析机

现代计算机真正的鼻祖——巴贝奇(Charles Babbage)英国维多利亚时代最杰出的人物之一,在他设计差分机的基础之上设想出一种分析机(Analytical Engine),可以运行包含"条件"、"循环"语句的程序,有寄存器用来存储数据,不过与差分机同样没有完成.1822—1832 年,巴贝奇展示出差分机一号 1/7 部分,差分机运转的精密程度仍令当时的人们叹为观止,至今依然是人类踏进科技的一个重大起步.差分机后因失去了政府的资助而终止.

97. 公元 1832 年:伽瓦罗与群论

数学史上最富有传奇色彩的天才数学家——埃瓦里斯特·伽罗瓦(évariste Galois)法国数学家,在他还只有十几岁的时候,他就发现了 n 次多项式可以用根式解的充要条件,他是第一个使用群这一个数学术语来表示一组置换的人,确立了群论的基本概念.与尼尔斯·阿贝尔并称为现代群论的创始人.

98. 公元 1834 年:鸽笼原理

组合数学中的一个重要原理——鸽巢原理,又名狄利克雷抽屉原理.由德国数学家狄利克雷提出来的.其中一种简单的表述法为:若有 n 个笼子和 $n+1$ 只鸽子,所有的鸽子都被关在鸽笼里,那么至少有一个笼子有至少 2 只鸽子.集合论的表述如下:若 A 是 $n+1$ 元集,B 是 n 元集,则不存在从 A 到 B 的单射.

99. 公元 1837 年:泊松与泊松分布

"人生只有两样美好的事情:发现数学和教数学."——西莫恩·德尼·泊松男爵(Siméon Denis Poisson),是法国数学家,物理学家.在 1837 年发表《关于判断的概率之研究》,提出描述随机变量的泊松分布.泊松分布适合于描述单位时间内随机事件发生的次数的概率分布.如某一服务设施在一定时间内受到的服务请求的次数,电话交换机接到呼叫的次数、汽车站台的候客人数、机器出现的故障数、自然灾害发生的次数等等.

100. 公元 1843 年：四元数(Quaternion)

开启了对非对称的乘法结构的系统研究——四元数是由爱尔兰数学家威廉·卢云·哈密顿(William Rowan Hamilton)在 1843 年创立出的数学概念. 自此用来描述在三位空间物体旋转变换的工具，它与常用的另外两种表示方式(三维正交矩阵和欧拉角)是等价的，但是避免了欧拉角表示法中的万向锁问题. 比起三维正交矩阵表示，四元数表示能够更方便地给出旋转的转轴与旋转角.

101. 公元 1844 年：塞缪尔·莫尔斯与电报

"上帝创造了何等奇迹!"——塞缪尔·莫尔斯(Samuel Morse) 美国发明家，摩尔斯电码的创立者. 1844 年 5 月 24 日，他坐在华盛顿国会大厦联邦最高法院会议厅中，向 40 英里以外的巴尔的摩城发出了历史上第一份长途电报："上帝创造了何等奇迹!"

102. 公元 1847 年：布尔发表《逻辑的数学分析》

数理逻辑奠基者——乔治·布尔(George Boole)，英格兰数学家和哲学家，数理逻辑学先驱. 1847 年，他在《逻辑的数学分析》书中展示了如何用代数来表示逻辑. 布尔用数学语言正式地描述了逻辑学理论. 之后这些理论又不断被修正，更加简单的形式逐渐被发现.

103. 公元 1852 年：四色定理

世界近代三大数学难题之一——1852 年英国的制图员法兰西斯·古德里在绘制英格兰地图时候提出四色问题："是否只用四种颜色就能为所有地图染色". 古德里和他弟弟在求解无果之后，他们向著名数学家德·摩尔根(Augustus De Morgan)请教，由摩尔根推动该四色问题才得到数学界的关注.

104. 公元 1854 年：斯托克斯定理

揭示了的旋度和环量的关系——乔治·斯托克斯(Sir George Stokes)爱尔兰数学家，物理学家，进一步推广了格林公式，建立著名的斯托克斯定理. 该定理将"向量场的旋度的曲面积分"跟"向量场在曲面边界上的线积分"之间建立联系.

105. 公元 1858 年：凯莱与矩阵理论的奠基

矩阵理论的诞生——凯莱(Arthur Cayley)英国数学家，发表《矩阵理论的研究报告》，他引入了西尔维斯特创造的"matrix"概念，定义矩阵的基本概念，矩阵的运算法则，转置，零矩阵，单位矩阵以及逆等一系列基本概念，指出了加法的可交换性和可结合性，还给出了特征方程和特征根等结果.

106. 公元 1858 年：莫比乌斯带

只有一个面的魔环——奥古斯特·费迪南德·莫比乌斯(August F. Möbius)德国数学家和天文学家,拓扑学的先驱. 最著名的成就是发现了三维欧几里得空间中的一种奇特的二维单面环状结构,后人称为莫比乌斯带. 莫比乌斯环的制作非常简单:将长纸条的一端扭转 180°后,再将两端黏在一起就成了. 这个结构看似简单的纸环,却有着许多奇妙的性质. 一般的纸张都有正面与背面,但莫比乌斯环却只有一面.

107. 公元 1859 年：黎曼猜想

当今数学界最重要的数学难题——德国数学家波恩哈德·黎曼(Bernhard Riemann)于 1859 年提出被称为黎曼 Zeta 函数，黎曼猜想认为所有素数都可以表示为一个函数.

108. 公元 1859 年：李善兰

改变近代中国的数学家——李善兰,中国清朝数学家. 李善兰恒等式为组合数学中的一个恒等式,由中国清代数学家李善兰于 1859 年在《垛积比类》一书中首次提出,因此得名. 同年刊行了三部和牛顿物理学关系密切的译著:一是和伟烈亚力合译的《谈天》;二是和艾约瑟合译的《重学》;三是和伟烈亚力合译的《代微积拾级》. 这是中国翻译西方近代数学著作的开始.

109. 公元 1868 年：黎曼与爆米花函数

《黎曼积分理论的建立能性》,文中给出一组充分条件,凡满足这组条件的函数,都能展成其傅里叶级数;给出了一个连续而不可微的著名反例,最终阐明了连续性与可微性之间的关系.

110. 公元 1872 年：魏尔斯特拉斯

最后消除微积分不精确性的最大功臣——卡尔·魏尔斯特拉斯(Karl Weierstrass)德国数学家,被誉为“现代分析之父”. 他进一步的严格化,给函数的极限建立了教科书中一直沿用到今天严格的 $\varepsilon-\delta$ 定义,来代替柯西的“无限趋近”描述,使极限理论成为了微积分的坚定基础,系统建立了实分析和复分析的基础. 他于 1872 年给出处处连续,但处处不可微的魏尔斯特拉斯函数,推翻了当时数学家认为“连续函数绝大多数点可导”的论点.

111. 公元 1874 年：康托尔与超限数

数学史上最富有想象力和最有争议的人物之一——格奥尔格·康托尔(Georg Cantor)发表关于超穷集合论的第一篇论文《关于一切实代数数的一个性质》,开创集合论的研究,奠定里现代集合论的基础.

112. 公元 1880 年：约翰·维恩与文氏图

可以为事物群组分类所用的图形——约翰·维恩(John Venn)英国数学家，逻辑学家，在发表的论文中介绍了自创的集合归类方法文氏图，可以用于展示在不同的事物群组(集合)之间的数学或逻辑联系，尤其适合用来表示集合(或)类之间的“大致关系”.

113. 公元 1882 年：克莱因瓶

拓扑学中最有趣的问题之一——菲利克斯·克莱因(Felix Klein)德国数学家，提出克莱因瓶的概念. 克莱因瓶是一个非常特殊的瓶子，它跟我们一般用来装水的瓶子不同："克莱因瓶并没有边界". 要想像克莱因瓶的结构，可先试想一个底部镂空的红酒瓶. 现在延长其颈部，向外扭曲后伸进瓶子的内部，再与底部的洞相连接. 有意思的是一只苍蝇可以从瓶子的内部直接飞到外部而不用穿过表面(所以说它没有内外部之分).

114. 公元 1883 年：汉诺塔

递归算法的最经典示例——爱德华·卢卡斯(Édouard Lucas)法国数学家发明的一种益智游戏. 有三根杆子 A,B,C. A 杆上有 N 个($N>1$)穿孔圆盘，盘的尺寸由下到上依次变小.

115. 公元 1889 年：皮亚诺公理

通过逻辑公理化知识——朱塞佩·皮亚诺(Giuseppe Peano)意大利数学家，逻辑学家，他创建了一种正式的系统和语言，其中可以通过扩展形式的逻辑来看待数学和其他知识. 于 1889 年发表算术原理新方法提出自然数的五条公理，建立了自然数的理论.

116. 公元 1890 年：赫尔曼与制表机

自动数据处理的时代开启——赫尔曼·何乐礼(Herman Hollerith)德裔美籍的统计学家和发明家，基于打孔卡技术，他发明了打孔卡片制表机(Tabulation Machine). 他也是制表机器公司(Tabulating Machine Company)的创办者，该公司是 IBM 的前身之一. 1890 年，美国人口调查局将人口普查中的所有数据都放到他发明穿孔卡上，用打孔卡自动进行人口普查，仅用一年完成了上一次花费 8 年的工作.

117. 公元 1899 年：希尔伯特《几何基础》出版

20 世纪数学的公理化开辟了道路——大卫·希尔伯特(David Hilbert)德国数学家，是 19 世纪和 20 世纪初最具影响力的数学家之一. 于 1899 年出版《几何基础》，以严格的公理化方法重新阐述了欧几里得几何学，第一次给出了完备的欧几里得几何公理系统，在数学史上具有划时代意义.

118. 公元 1900 年：希尔伯特的 23 个问题

“我们必须知道，我们终将知道.”——德国数学家希尔伯特(David Hilbert)在巴黎第二届国际数学家大会上作题为《数学问题》的报告，提出了 23 个著名的数学问题. 据说希尔伯特退休后被人问起：“假如你去世后有一天能复活，那么你会做什么呢?”希尔伯特毫不犹豫地回答：“我会首先去打听黎曼猜想解决了没有.”

119. 公元 1900 年：皮尔逊与卡方检定

20 世纪初统计革命的引领者之一，对生物统计研究的第一人——卡尔・皮尔逊(Karl pearson)英国数学家，他发展了回归与相关的理论，得到母体的概念，并认为统计研究不是样本本身，而是根据样本对母体的推断. 由此导出了拟合优度检验：作为样本取出的若干个体是否拟合从理论上所确定的母体分布问题. 1900 年，他创立和发展了卡方检定的理论，在理论分布完全给定的情况下，给出了拟合优度检验的卡方统计量的极限定理.

120. 公元 1901 年：罗素与理发师悖论

第三次数学危机——集合论中的自相矛盾——理发师悖论是伯特兰・罗素(Bertrand Russell，英国数学家和逻辑学家)由在 1901 年提出，用来比喻罗素悖论的一个通俗说法.

小城里的理发师放出豪言：他只为，而且一定要为，城里所有不为自己刮胡子的人刮胡子. 但问题是，理发师该为自己刮胡子吗？如果他为自己刮胡子，那么按照他的豪言“只为城里所有不为自己刮胡子的人刮胡子”他不应该为自己刮胡子；但如果他不为自己刮胡子，同样按照他的豪言“一定要为城里所有不为自己刮胡子的人刮胡子”他又应该为自己刮胡子.

121. 公元 1902 年：勒贝格积分

开创现代积分理论——昂利・勒贝格(Henri Lebesgue)法国数学家，1902 年发表论文《积分、长度与面积》，建立了“勒贝格测度”和“勒贝格积分”的概念. 黎曼积分是相当于把山分为每块都是 $1m^2$ 大的方块，测量每个方块正中的山的高度. 每个方块的体积约为 $1m \times 1m \times$ 高度，因此山的总体积为所有高度的和. 勒贝格积分则是为山画一张等高线图，每根等高线之间的高度差为 1m. 每根等高线内含有的岩石土壤的体积约等于该等高线圈起来的面积乘以其厚度. 因此总体积等于所有等高线内面积的和.

122. 公元 1904 年：庞加莱与庞加莱猜想

历史上最后一位数学全才——昂利・庞加莱(Henri Poincaré)是法国最伟大的数学家之一. 于 1904 年提出猜想：“任一单连通的、封闭的三维流形与三维球面同胚.”粗浅的比喻：如果伸缩围绕一个柳橙表面的橡皮筋，那么可以既不扯断它，也不让它离开表面，使

它慢慢移动收缩为一个点;另一方面,如果想象同样的橡皮筋以适当的方向被伸缩在一个甜甜圈表面上,那么不扯断橡皮筋或者甜甜圈,是没有办法把它不离开表面而又收缩到一点的. 柳橙表面是“单连通的”,而甜甜圈表面则不是.

123. 公元1904年:科赫曲线

最早被描述出来的分形曲线之一——海里格·冯·科赫(Helge von Koch)瑞典数学家, 在其论文《关于一条连续而无切线,可由初等几何构作的曲线》提出科赫曲线.

124. 公元1905年:质能等价公式

《奇迹年论文》的文章之一——阿尔伯特·爱因斯坦(Albert Einstein)20世纪犹太裔理论物理学家,创立了现代物理学的两大支柱之一的相对论. 1905年在《物理年鉴》发表了四篇划时代的论文, 在《物体的惯性同它所含的能量有关吗?》中表述了质能等价公式, 该式是一种阐述能量(E)与质量(m)间相互关系的理论物理学公式.

125. 公元1907年:马尔科夫链

解释复杂时间进程的数学工具——俄国数学家安德烈·马尔可夫(Andrey Markov)开创了随机过程这个新的领域,以他的名字命名的马尔可夫链在现代工程、自然科学和社会科学各个领域都有很广泛的应用.

126. 公元1910年:《数学原理》

推动当代数学逻辑发展与普及化——该书是由伯特兰·罗素与他的老师阿尔弗雷德·诺思·怀特黑德合著的一本数学书籍,书籍共分三卷,分别出版于1910年,1912年,1913年. 企图表述所有数学真理在一组数理逻辑内的公理和推理规则下,原则上都是可以证明的. 然而在1931年,哥德尔不完备性定理(库尔特·哥德尔, Kurt Gödel 奥匈帝国数学家逻辑学家)证明证明对于数学原理或其他任何类似的尝试,这个崇高的目标皆永远无法达到.

127. 公元1925年:希尔伯特旅馆悖论

无穷带来与我们直觉相悖的思考——希尔伯特旅馆悖论是一个与无限集合有关的数学悖论,由德国数学家大卫·希尔伯特提出. 假设有一个拥有可数无限多个房间的旅馆, 且所有的房间均已客满. 或许有人会认为此时这一旅馆将无法再接纳新的客人(如同有限个房间的情况),但事实上并非如此. 在有无限个房间时,“每个房间都客满”与“无法入住新的客人”两者其实并不等价.

128. 公元1928年:博弈论的创立

博弈论中寻求决策——约翰·冯·诺伊曼(John von Neumann)美国数学家,现代计

算机与博弈论的重要创始人. 1928 年发表“关于伙伴游戏理论”提出两人零和博弈的极小极大定理. 他首次证明了博弈论基本定理,即“每个矩阵博弈都能通过引进混合策略而被严格决定”,现代博弈论正式诞. 他讨论了合作对策问题,特别是三人零和博弈中有两方联合的情形,结果表明在附加条件下,N 人博弈问题的解存在且唯一.

129. 公元 1931 年:范内瓦·布什与微分分析机

信息时代的教父——万尼瓦尔·布什(Vannevar Bush)美国著名工程师,发明了世界上第一台模拟电子机械计算机“微分分析机”. 这台装置与现代的计算机很不一样,它没有键盘,占地几十平方米,看起来有点像台球桌,又有点像印刷机. 分析仪有几百根平行的钢轴,安放在一个桌子一样的金属框架上,一个个电动机通过齿轮使这些轴转动,轴的转动模拟数的运算. 在第二次世界大战中,美军曾广泛用它来计算弹道射击表.

130. 公元 1936 年:邱奇与 λ 演算

编程语言的基石——阿隆佐·邱奇(Alonzo Church,美国数学家)和他的学生斯蒂芬·科尔·克莱尼引入 λ 演算,这种演算可以用来清晰地定义什么是一个可计算函数,邱奇运用 λ 演算给出判定性问题的一个否定,后来根据“邱奇—图灵论题”证明了 λ 演算与图灵机是等价的.

131. 公元 1936 年:菲尔兹奖

数学界的诺贝尔奖——菲尔兹奖(Fields Medal),正式名称为国际杰出数学发现奖,是一个在国际数学联盟的国际数学家大会上颁发的奖项,每四年评选 2 ~4 名有卓越贡献且年龄不超过 40 岁的数学家. 约翰·查尔斯·菲尔兹(John Charles Fields)加拿大数学家,菲尔兹最为人所知的成就是他设立的菲尔兹奖,这奖项被誉为数学界的诺贝尔奖.

132. 公元 1936 年:图灵与图灵机

现代计算机科学之父——图灵机(Turing machine)又称确定型图灵机,是英国数学家艾伦·图灵于 1936 年提出的一种抽象计算模型,其更抽象的意义为一种数学逻辑机,可以看作等价于任何有限逻辑数学过程的终极强大逻辑机器,能模拟人类所能进行的任何计算过程.

133. 公元 1946 年:电子数值积分计算机

世界上第一台通用计算机——简称 ENIAC, 它是图灵完全的电子计算机,能够重新编程,解决各种计算问题. ENIAC 为美国陆军的弹道研究实验室所使用,用于计算火炮的火力表. 它的计算速度比机电机器提高了 1 000 倍,这是一个飞跃,之前没有任何一台单独的机器达到过这个速度. 除了速度之外,ENIAC 最引人注目的就是它的体积和复杂性. 它包含了 17 468 个真空管、7 200 个晶体二极管、1 500 个继电器、10 000 个电容器,还有

大约五百万个手工焊接头，重量达 27t. 占地 167m^2，耗电 150kW，有传言说，每当这台计算机启动的时候，费城的灯都变暗了.

134. 公元 1948 年：香农与信息论

改变了整个时代的理论——克劳德·香农（Claude Shannon）美国数学家，密码学家，被称为“信息论之父”. 1948 年发表《通信的数学理论》作为现代信息论研究的开端，在该文中，香农给出了用来描述随机事件不确定性度量信息熵的定义.

135. 公元 1950 年：图灵测试

“我准备探讨‘机器能思考吗’这个问题”——图灵测试，是现代计算机之父阿兰—图灵在 1950 年提出的，该测试是指人（多人）在与被测试者（一个人和一台机器）隔开的情况下，通过一些装置（如键盘）向被测试者随意提问. 问过一些问题后，如果测试人中超过 30% 的人不能根据答复确认被测试者哪个是人，哪个是机器，那么这台机器就通过了测试，并被认为具有人类智能. 图灵测试一个标准的模式：C 使用问题来判断 A 或 B 是人类还是机械.

136. 公元 1950 年：纳什平衡

两害相权取其轻，两利相权取其重——纳什平衡（Nash equilibrium），在博弈论中有重要地位，以美国数学家约翰·纳什（John Forbes Nash Jr.）命名. 如果某情况下无一参与者可以通过独自行动而增加收益，则此策略组合被称为纳什均衡点.

137 公元. 1950 年：数值计算天气预报

来自多年以来科学知识和技术发展的持续积累——气象学家查尼（Jules Charney）与数学家冯·诺依曼（John von Neumann）等简化了所用的数学模型，并由第一部通用电脑—电子数值积分计算机（ENIAC）执行，终于第一份电脑计算的数值天气预报在 1950 年出现了. 随着硬件运算能力增加、数值天气模式技术改良及天气观测数据数量和质量的改进，预报的准确度大大提升.

138. 公元 1952 年：细胞自动机

简单模式生成大千世界——又称元胞自动机（Cellular automation）是一种离散模型. 它是由无限个有规律、坚硬的方格组成，每格均处于一种有限状态. 整个格网可以是任何有限维的，同时也是离散的. 每格于 t 时的态由 $t-1$ 时的一集有限格的状态决定. 每次演化时，每格均遵从同一规矩.

139. 公元 1954 年：国际单位制的诞生

测量、计量工作的“宪法”——1954 年第 10 届国际计量大会决定，国际性的单位制应

以六个基本单位为基础,能够用于测量温度、可见光辐射、机械及电磁物理量.建议中的六个基本单位分别为:米、千克、秒、安培、开尔文和坎德拉.1971年,国际单位制再添一个基本物理量——以摩尔来表示物质的量.

140. 公元1954年:钱学森与《工程控制论》

自动控制与系统科学领域的经典著作之一——钱学森《工程控制论》的出版,把控制论的基本理论和方法推广运用到工程控制系统,是工程控制论的奠基之作.

141. 公元1957年:FORTRAN编程语言

第一个编译型语言——源自于"公式翻译"(Formula Translation)的缩写,是一种编程语言.1957年由IBM开发出,是世界上第一个被正式采用并流传至今的高级编程语言.Fortran语言是为了满足数值计算的需求而发展出来的种编程语言.1957年由IBM开发出,是世界上第一个被正式采用并流传至今的高级编程语言.Fortran语言是为了满足数值计算的需求而发展出来的.

142. 公元1966年:陈景润的(1+2)

哥德巴赫猜想研究上的里程碑——陈景润主要研究解析数论,1966年在简陋条件下钻研数学,并发表《大偶数表为一个素数及一个不超过二个素数的乘积之和》,所发表的成果也被称之为陈氏定理.

143. 公元1963年:蝴蝶效应

即使细微如蝴蝶鼓舞,也能煽动千里之飓风——爱德华·诺顿·罗伦兹(Edward Norton Lorenz)美国数学与气象学家,他在使用计算机程序来计算他所设计来模拟大气中空气流动的数学模型发现,如果对初期某一个变数的小小变异,会影响到最后的结果,并可能发生很大的差异.1963年发表《决定性的非周期流》论文指出可求出无限解的数学模型,被称为"洛伦茨吸引子"(Lorenz attractor).后又用了更加有诗意的蝴蝶来解释这个效应:"一只蝴蝶在巴西轻拍翅膀,可以导致一个月后德克萨斯州的一场龙卷风."$\rho=28$和28.1时的轨迹,刚开始两条轨迹几乎重合,但一段时间之后分离就变得明显了.

144. 公元1966年:数据结构

算法+数据结构=程序——两位获图灵奖的计算机科学家尼克劳斯·维尔特(Niklaus E. Wirth)和东尼·霍尔(Tony Hoare)提出了数据结构的概念,扩大了程序设计的能力.在计算机程序设计的过程里,选择适当的数据结构是一项重要工作.许多大型系统的编写经验显示,程序设计的困难程度与最终成果的质量与表现,取决于是否选择了最适合的数据结构.

145. 公元 1972 年：HP－35 第一台手持计算器

当时机械设计、顶尖的技术、算法开发及应用创新的巅峰之作——HP－35 型科学计算器是惠普公司于 1972 年推出的世界上第一种手持式科学计算器. 使用发光二极管作为显示设备，可以显示 10 位数字，进行加减乘除、三角函数、指对数运算等功能. 因为一共拥有 35 个按键而得名. 它能把计算尺的所有功能精确到 10 位数字精度，而且能够在 200 位十进制范围运行小数点或 10 次幂的指数. 正是这些功能的结合，让已经被几代工程师和科学家所使用的计算尺最终退出了历史舞台.

146. 公元 1973 年：布莱克—舒尔斯模型

全球金融市场的标准模型——费雪・布莱克（Fischer Black）和迈伦・舒尔兹（Myron Scholes）给出了对股票期权进行估值的数学方法（Black－Scholes Formula），此公式问世后带来了期权市场的繁荣. 该公式被广泛使用，虽然在很多情况下被使用者进行一定的改动和修正. 很多经验测试表明这个公式足够贴近市场价格，然而也有会出现差异的时候.

147. 公元 1974 年：魔方

世界上最流行的智力玩具之一——魔方（Rubik's Cube）为由匈牙利建筑学教授暨雕塑家鲁比克・艾尔内于 1974 年发明的机械益智玩具，是匈牙利的建筑学和雕塑学教授，为了帮助学生们认识空间立方体的组成和结构，所以他自己动手做出了第一个魔方的雏形来，其灵感是来自于多瑙河中的沙砾.

148. 公元 1975 年：分形（Fractal）

大自然的几何学——本华・曼德博（Benoit B. Mandelbrot）1975 年出版了关于分形几何（（Fractal Geometry）的专著《分形、机遇和维数》，标志着分形理论的诞生.

149. 公元 1976 年：丘成桐与卡拉比猜想

“用苦功而非天才”——丘成桐（Shing－Tung Yau）是公认的当代最具影响力的数学家之一，1976 年，丘成桐解决关于凯勒—爱因斯坦度量存在性的卡拉比猜想，其结果被应用在超弦理论中，对统一场论有重要影响. 他的工作深刻变革并极大扩展了偏微分方程在微分几何中的作用，影响遍及拓扑学、代数几何、表示理论、广义相对论等众多数学和物理领域. .

150. 1977 年：公开密钥算法

标志着现代密码学的诞生——1977 年，MIT 的三位数学家 Rivest，Shamir 和 Adleman 设计了一种利用大质数保护密文的算法，可以实现非对称加密. 这种算法用他们三个人的名字命名，叫做 RSA 算法，也就是公开密钥算法（非对称密钥）RSA 加密利用了单向函

数正向求解很简单,反向求解很复杂的特性, 将两个很大的质数相乘对计算机而言, 是非常简单的, 但是反过来把乘积还原为之前的两个质数就非常困难了.

151. 公元 1980 年：有限单群分类问题

标志了对所有有限对称性系统理解的开端——因为群在数学上的重大作用,对所有有限单群进行分类的问题,后经过世界 100 位数学家共同努力,在 1985 年完成. 结果有 18 个有限单群家族,再加上 26 个散在单群.

152. 公元 1995 年：费马大定理的证明

20 世纪数学一个美妙的句点——费马大定理历经三百多年的历史,最终在 1995 年被英国数学家安德鲁 · 怀尔斯(Andrew Wiles)彻底证明. 费马大定理的证明涉及好几个近代的数学分支,包括代数数论中的椭圆曲线和模形式,以及群论中的伽罗瓦理论.

153. 公元 2000 年：千禧年大奖难题

与百年前希尔伯特 23 个历史性数学难题呼应——千禧年大奖难题(Millennium Prize Problems)是七个由美国克雷数学研究所于 2000 年 5 月 24 日公布的数学难题,解题总奖金 700 万美元. 每解破一题的解答者,会颁发奖金 100 万美元.

部分习题参考答案

复习题一

1. (1) $[-1,3]$　(2) $(\frac{1}{2},5]$　(3) $(-2,3)$　(4) $(-\infty,-3)$

(2) $[1,+\infty)$；图略

2. $f(0)=1, f(-1)=8, f(\frac{1}{2})=-1, f(a)=2a^2-5a+1$

$f(-x)=2x^2+5x+1, f(x+1)=2x^2-x+2, f(\frac{1}{x})=\frac{2}{x^2}-\frac{5}{x}+1$ 3. $f(5)=2, f(1)=0, f(-2)=-8, f(0.04)=0.2, f(f(0.04))=0.008$

4. 略

5. (1) $y=\frac{x-1}{2}$　(2) $y=\frac{1}{\sqrt{x}}(x>0)$　(3) $y=\frac{1-x}{1+x}$　(4) $y=\ln(x+\sqrt{x^2+1})$

6. (1) $y=\sin u, u=x^2$　(2) $y=u^2, 2=\cos x$　(3) $y=u^3, u=1-x$　(4) $y=\ln u, u=x-2$　(5) $y=e^u, u=-x^2$　(6) $y=\ln u, u=v^{\frac{1}{2}}, v=x^2+a^2$

7. (1) $y=\sin^2 2x$　(2) $\ln(1+\sqrt{1+x^2})$　(3) $y=e^{\sin\frac{1}{x}}$

8. $f(f(x))=\frac{x}{1-2x}; g(f(x))=\frac{1}{x}-1; f(f(x))=\frac{1}{x-1}$

（提高）

1. (1) $(-\infty,+\infty)$　(2) $[0,+\infty)$　(3) $[-2,1)\cup(1,+\infty)$　(4) $(-\infty,+\infty)$　(5) $(-\infty,1)$　(6) $(-\infty,+\infty)$　(7) $(1,2)\cup(2,+\infty)$　(8) $[-2,-1)\cup(-1,1)\cup(1,2]$

2. (1) 非奇非偶函数　(2) 奇函数　(3) 奇函数　(4) 偶函数　(5) 奇函数　(6) 偶函数　(7) 非奇非偶函数　(8) 奇函数

3. $f(x)=x^2-3x+3$

4. (1) $f(f(x))=x$

(3) $f(g(x))=\frac{1}{x^2}+1, g(f(x))=\frac{1}{x^2+1}$

5. (1) $y=\ln u, u=\ln v, v=\ln x$

(2) $y=u^2, u=\cos v, v=2+5x$

(3) $y=3^u, u=\cos v, v=\frac{1}{x^2}$

(4) $y=\ln u, u=x+\sqrt{v}, v=1+x^2$

习题 2－1

1. (1)极限为 0　(2)极限为 1　(3)极限为 1　(4)没有极限

2. (1)极限为 1　(2)极限为 2　(3)极限为$\frac{3}{2}$　(4)极限为 0

习题 2－2

1. (1) $\lim\limits_{x\to-\infty}2^x=0$　(2) $\lim\limits_{x\to-\infty}\frac{1}{x^2}=0$　(3) $\lim\limits_{x\to-\infty}\frac{1}{x^3+1}=0$　(4) $\lim\limits_{x\to-\infty}\frac{x+1}{x}=1$

2. (1) $\frac{1}{6}$　(2) 19　(3) $\frac{\sqrt{2}}{2}$　(4) 0

3. 当 $x\to1$ 时，$f(x)$ 左极限为 1，右极限为 0. 所以说，当 $x\to1$ 时，$f(x)$ 的极限不存在.

4. 略

习题 2－3

1. (1)无穷小　(2)无穷大

2. (1)0　(2)0　(3)0　(4)1

3. (1)当 $x\to1$ 时，$y\to\infty$；当 $x\to\infty$ 时，$y\to0$

(2)当 $x\to0^+$ 时，$y\to-\infty$；当 $x\to+\infty$ 时，$y\to+\infty$；当 $x\to1$ 时，$y\to0$

习题 2－4

1. (1) -3　(2) $\frac{1}{4}$　(3) 12　(4) 0

2. (1) $\frac{1}{3}$　(2) ∞　(3) $\frac{1}{2}$　(4) ∞

3. (1) 3　(2) ∞　(3) 0　(4) ∞

习题 2－5

1. (1) $\frac{2}{5}$　(2) $\frac{3}{7}$　(3) $\frac{1}{4}$　(4) 1

2. (1) e^4　(2) e^6　(3) e^2　(4) e^{-1}

3. (1) 0　(2) $\frac{2}{3}$　(3) e^{-2}　(4) 1

习题2-6

1. 略
2. 略
3. 在 $x=0$ 处 $f(x)$ 间断，在 $x=1$ 处 $f(x)$ 连续
4. (1) $x=-2$　(2) $x=-1$　(3) $x=0$　(4) 没有间断点

习题2-7

1. (1) -4；(2) 5；(3) $\sqrt{2}$；(4) $\frac{1}{4}$

2. (1) $\frac{4}{\pi}$；(2) 0；(3) $\frac{1}{2}$；(4) 1；(5) $-\frac{\sqrt{2}}{4}$；(6) $\frac{1}{3}$

3. (1) $\frac{2\ln\frac{\pi}{4}}{20-\sqrt{2}}+e^{-\frac{4}{\pi}}$；(2) 1；(3) $4\sqrt{2}$；(4) $-\frac{2}{x^3}$

4. 略　5. 略

复习题二

1. -3、2、1.5、6
2. 5
3. $\lim\limits_{x\to0^+}f(x)=1$，$\lim\limits_{x\to0^-}f(x)=-1$，$\lim\limits_{x\to0}f(x)$ 不存在
4. (1) 无穷大　(2) 无穷小　(3) 无穷小　(4) 无穷小
5. (1) -2　(2) ∞　(3) 8　(4) $\frac{1}{5}$　(5) $-\frac{1}{10}$　(6) -6　(7) $+\infty$　(8) 1

   (9) $\frac{1}{2}$　(10) $\frac{\pi}{2}$　(11) $\frac{4}{3}$　(12) $\frac{1}{e}$　(13) $\frac{\frac{1}{4}+3\sqrt{2}}{4-\ln^2 3}+e^{-\frac{1}{2}}$　(14) 2
6. 图略. (1) $(-\infty,+\infty)$　(2) $x=2$
7. $\lim\limits_{x\to0^+}f(x)=0$，$\lim\limits_{x\to0^-}f(x)=-2$，$\lim\limits_{x\to0}f(x)$ 不存在
8. 略

习题3-1

1. $2\Delta t+7$, 7.2, 7
2. (1) $f'(x)=2$, $f'(-5)=2$　(2) $y'=2x$, $y'|_{x=2}=4$

3. (1) $y' = 1.8x^{0.8}$　(2) $y' = -\frac{1}{2}x^{-\frac{3}{2}}$　(3) $y' = 3^x\ln 3$　(4) $y' = -2x^{-3}$

4. (1)6　(2)(1,6),$(y-2)=6(x-1)$

5. 切线方程为 $x+y=2$,法线方程为 $x-y=0$;

习题 3－2

1. (1) $y' = 4x + 3\frac{1}{x^4} + 5$　(2) $y' = 2x\sin x + x^2\cos x$

(3) $y' = 1 + \text{on}x + \frac{1-\ln x}{x^2}$　(4) $y' = \frac{1}{1+\cos x}$

2. 当 $x=\frac{\pi}{4}$时,导数为$\frac{\sqrt{2}}{4}+\frac{\sqrt{2}\pi}{8}$;当时 $x=-\frac{\pi}{4}$,导数为 $-\frac{\sqrt{2}}{4}-\frac{\sqrt{2}}{8}\pi$

3. $y = -\frac{4}{3}x + \frac{2}{3}$, $y = \frac{3}{4}x + \frac{11}{4}$

4. (1) $y' = 2x + 3e^{3x}$　(2) $y' = -e^{\cos x}\cdot\sin x + \frac{2x}{1+x^2}$

(3) $y' = 6\cos(2x - \frac{\pi}{3})$　(4) $y' = -2\ln 2\sin 2^x + \frac{2}{\sqrt{1-4x^2}}$

(5) $y' = \frac{-x\arccos x}{\sqrt{1-x^2}} - 1$　(6) $y' = \frac{1}{x(1-x)}$

5. (1) $y' = -\frac{16x}{9y}$　(2) $y' = \frac{e^x - y}{x + e^y}(x + e^y \neq 0)$

(3) $y' = \frac{y - 3x^2}{3y^2 - x}$　(4) $y' = \frac{3x^2 + y^2}{1 - 2xy}$

6. (1) $4t$　(2) $-\frac{2}{3}$

习题 3－3

1. (1) $y'' = 30x^4 + 40x^3 + 6x$　(2) $y'' = 2e^x + 6x$

(3) $y'' = 2\ln x + 3$ (4) $y'' = 2\arctan x + \frac{2x}{1+x^2}$

2. 略

3. $y^{(n)} = 2^n e^{2x}$

4. $S'' = 12t + g$

习题 3－4

1. (1) $\Delta y = 0.0002$, $dy = 0$　(2) $\Delta y = -0.02$, $dy = -0.02$

2. (1) $dy = (3x^2 + 4x)dx$　(2) $dy = (2x - \frac{1}{2}x^{-\frac{1}{2}})dx$

(3) $dy=-\frac{4x}{(x^2-1)^2}dx$　　(4) $dy=(-2\sin 2x+\sec^2 x)dx$

(5) $dy=3(x+2)^2dx$　　(6) $dy=3^x\ln 3dx$

3. (1)1.002　(2)0.02　(3)0.01　(4)1.03

4. $\Delta V=0.751501, dV=0.75$

复习题三

1. (1) $2x+2^x\ln 2$　(2) $e^{2x}(2\sin 3x+3\cos 3x)$　(3) $x^{\sin x}(\cos x\ln x+\frac{\sin x}{x})$

(4) $-\frac{2}{(x-1)^2}$　(5) $\cos x-\frac{1}{\sqrt{1-x^2}}$　(6) $\frac{1}{x}+\frac{1}{x\ln x}+\frac{1}{(x\ln x)\ln\ln x}$

2. (1) $-\frac{2\sqrt{3}}{3}$　(2) $\frac{1}{3}$　(3) $\frac{\sin(x-y)+y\cos x}{\sin(x-y)-\sin x}$　(4) $\frac{f'(x+y)}{1-f'(x+y)}$

3. (1)2,4　(2) $\csc\theta, -(\cot\theta)^3$　(3) $\frac{2}{t}$

4. (1) $y=x+1, y=-x+1$　(2) $y-1=-\frac{1}{2}(x-1), y-1=2(x-1)$

(3) $y-\frac{3}{2}=-\frac{1}{2}(x-1), y-\frac{3}{2}=2(x-1)$

5. (1) $y+2=4(x-3)$　(2) $y=-2x+e^x$

6. (1) $\frac{1-2x}{2\sqrt{x-x^2}}dx$　(2) $2\sin 2x dx, 0.2$

(3) $e^{ax}(a\sin bx+b\cos bx)dx$　(4) $\frac{1-\ln x}{x^2}dx$

(5) $(\ln x)^x(\ln\ln x+\frac{1}{\ln x})dx$

7. (1)1.000 3　(2)1.003　(3)−0.992　(4)0.02

8. (1) $f'(x^3)\cdot 3x^2+3[f(x)]^2f'(x)$　(2) $f(1-2x)-2xf'(1-2x)$

(3) $f'(\sin x)\cos x+\cos f(x)\cdot f'(x)$

9. (1)120,0　(2) $2^x(\ln 2)^2, 2^x(\ln 2)^n$

(3) $2\arctan x+\frac{2x}{1+x^2}$　(4) $-\frac{x}{(1+x^2)^{\frac{3}{2}}}$

10. $a=\frac{dv}{dt}=\frac{kb}{m_0-bt}-g(m/s^2)$

习题 4−1

1. 不满足；有　　2. 是　　3. 略

4. $2x+y=\frac{2}{9}\sqrt{3}$　$2x+y=\frac{-2}{9}\sqrt{3}$

习题4－2

1. 不一定有

2. (1)1　(2)$\frac{2}{3}$　(3)$\frac{\sqrt{2}}{4}$　(4)∞　(5)$\frac{3}{5}$　(6)1　(7)$\frac{1}{2}$　(8)0　(9)a

(10)$\frac{1}{2}$　(11)-1　(12)∞　(13)1　(14)0

习题4－3

1(1)$(-\infty,+\infty)$单增　(2)$(0,+\infty)$单减

(3)$(0,1)$单增$(1,+\infty)$单减　(4)$(-\infty,1]\cup[3,+\infty)$单增　$[-1,3]$单减

(5)$(-\infty,-1)\cup(0,1)$单增　(6)$(-1,0]\cup[1,+\infty)$单减

2. (1)$(-\infty,1]\cup(2,+\infty)$单增　$(1,2)$单减

(2)$(-\infty,1]\cup(0,1)$单减　$(-1,0)\cup(1,+\infty)$单增

(3)$(-\infty,\frac{3}{4})$单增　$(\frac{1}{2},+\infty)$单减

(4)$(0,\frac{1}{2})$单减　$(\frac{1}{2},+\infty)$单增

(5)$(-\infty,+\infty)$单增

3. 略

4. 略

5. 极大值点$x=-1$，极大值$y(-1)=3$

极小值点$x=3$，极小值$y(3)=-61$

6. 极大值点为$f(2n\pi+\frac{\pi}{4})=e^{2n\pi+\frac{\pi}{4}}$　$\cos(2n\pi+\frac{\pi}{4})=\frac{\sqrt{2}}{2}e^{2n\pi+\frac{\pi}{4}}$

7. $x=5$是极小值点，$f(5)=0$极小值

8. $a=-\frac{2}{3}$　$b=\frac{1}{6}$

9. (1)极小值点$x=0$，极小值$f(0)=0$　(2)极大值点$x=1$，极大值$\frac{\pi}{4}-\frac{1}{2}\ln 2$

(3)极小值点$x=-\frac{1}{2}\ln 2$，极小值为$2\sqrt{2}$　(4)极大值点$x=1$，极大值$f(1)=\frac{1}{2}$

(5)极小值点$x=-1$，极小值$f(-1)=-\frac{1}{2}$　(6)极大值点$x=\frac{3}{4}$，极大值$\frac{5}{4}$

习题4－4

1. (1)最大值为5，最小值-15　(2)最大值为e^{-1}

(3)最大值为8，最小值为0　(4)最大值为3，最小值为1

(5)最小值为 $e^{\frac{1}{e}}$ (6)最大值为1,最小值为0

(7)最大值为$\frac{\pi}{4}$,最小值为0 (8)最大值为$\frac{5}{4}$,最小值$-5+\sqrt{6}$

2. (2,3) 3. $\frac{a\pi}{4+\pi}$ $\frac{4a}{4+\pi}$ 4. $\sqrt{\frac{2A}{3\pi}}$ $\frac{A}{\pi}$

5. $r=\sqrt{\frac{v}{2\pi}}$ $h=2r$ 6. 宽为$\frac{l}{4+\pi}$,高为$\frac{l}{4+\pi}$

习题4-5

1. (1)$(-\infty,2)$内凸,$(2,+\infty)$内凸,$(2,-15)$为拐点

(2)$(-\infty,1)$内凸,$(1,+\infty)$内凹,无拐点

(3)$(-\infty,2)$内凸,$(2+\infty)$内凹,$(2,2e^{-2})$为拐点

(4)$(-\infty,b)$内凸,$(b,+\infty)$内凹,(b,a)为拐点

(5)$(-\infty,-1)$,$(1,+\infty)$内凸,无拐点

(6)曲线是凸的.

2. (1)水平渐进线 $y=1$ (2)水平渐近线 $y=1$,垂直渐近线 $x=0$

3. $a=1,b=3,c=0,d=2$ 4. 略

复习题四

一、填空题

1. 驻点,导数不存在 2. 1 3. (1,1) 4. $y=0,x=0$ 5. 0 6. $(2,2e^{-2})$ 7. -4 8. $(0,+\infty)$ 9. (2,1) 10. $y=-3$ 11. $(-\infty,0)\cup(0,+\infty)$ 12. 3 13. $a=2$

二、选择题

1. C 2. B 3. B 4. A 5. B 6. D 7. A 8. C

三、解答题

1. $\frac{1}{3}$ 2. 1 3. $a=-\frac{2}{3},b=-\frac{1}{6}$ 4. $a=2,b=3$

5. $(-\infty,-\frac{1}{2}]$单减 $[-\frac{1}{2},+\infty)$单增 6. $a=1,b=-3$ 7. $a=1,b=3,c=0,d=2$

习题5-1

1. (1)$3x+c$ $3x+c$ (2)x^3+c x^3+c (3)$-\cos+c$ $-\cos+c$

(4)$-\frac{1}{x}+c$ $-\frac{1}{x}+c$ (5)$\frac{1}{4}x^4+c$ (6)$y=\frac{1}{2}x^2+1$

2. (1)B (2)A

习题 5 -2

1. (1) $-\frac{1}{x}+c$　(2) $\frac{2}{3}x^{\frac{3}{2}}+c$　(3) $-2x^{-\frac{1}{2}}+c$　(4) x^5+c

(5) x^3-x^2+x+c　(6) $(x+1)^3+c$　(7) $\frac{2}{5}x^{\frac{5}{2}}-x+c$　(8) $\ln|x|-\frac{1}{2}x^2+c$

(9) $2e^x-3\ln|x|+c$　(10) $(ae)^x/\ln ae+c$

2. (1) $3\sin x-4\sqrt{x}-\frac{5}{x}+c$　(2) $2x-\ln|x|-\frac{1}{2}x^{-2}+c$　(3) $\frac{1}{g}\sqrt{2gh}+c$

(4) $y-\frac{3}{2}y^{\frac{2}{3}}+c$　(5) $\frac{1}{2}x+\frac{1}{2}\sin x+c$　(6) $\frac{1}{3}x^3-x+\arctan x+c$

3. (1) $y=x^3+1$　(2) $c(q)=7q^2-180q+4300$　(3) $c(q)=7q+50\sqrt{q}+1000$

习题 5 -3

(1) $\frac{1}{6}(x+3)^6+c$　(2) $\frac{1}{12}(3x-1)^4+c$

(3) $\frac{1}{2}(2x-3)^{-1}+c$　(4) $-\frac{1}{2}\ln|1-2x|+c$

(5) $\frac{1}{2}\sin(2x+1)+c$　(6) $-\frac{1}{2}\cos x^2+c$

(7) $\ln|\ln x|+c$　(8) $-e^{\frac{1}{x}}+c$

(9) $\sin x-\frac{\sin^3 x}{3}+c$　(10) $\ln|1+\sin x|+c$

习题 5 -4

(1) $\frac{1}{3}(2+x^2)^{\frac{3}{2}}+c$　(2) $\sqrt{x^2+2x+3}+c$

(3) $-\cos\sqrt{t}+c$　(4) $\arctan e^t+c$

(5) $-\cos(\sqrt{t}-1)+c$　(6) $\arcsin\frac{x}{a}+c$

习题 5 -5

(1) $\frac{1}{3}xe^{3x}-\frac{1}{9}e^{3x}+c$　(2) $-x^{2-x}-2xe^{-x}-2e^{-x}+c$

(3) $-x\cos x+\sin x+c$　(4) $x\ln x-x+c$

(5) $\frac{1}{2}x^2\ln(x+1)-\frac{1}{2}(\frac{x^2}{2}-x+\ln|x+1|)+c$　(6) $-x^2\cos x+2x\sin x-\cos x+c$

复习题五

1. (1) $\frac{8}{5}x^{\frac{5}{2}}-\frac{2}{3}x^{\frac{3}{2}}+c$　(2) $2^x/\ln2-\ln|x|+c$

(3) $\frac{4}{7}x^{\frac{7}{4}}+c$　(4) $\frac{-1}{15+25x}+c$

(5) $\ln(1+x^2)+c$　(6) $\frac{1}{3}(\sqrt{x}+1)^6+c$

(7) $-\frac{1}{4}e^{-2x^2}+c$　(8) $2\sqrt{x}-2\ln(1+\sqrt{x})+c$

(9) $\sqrt{x}e^{\sqrt{x}}-\frac{1}{2}e^{\sqrt{x}}+c$　(10) $2\sqrt{x}\sin\sqrt{x}+2\cos\sqrt{x}+c$

2. $y=-\cos x+\sin x+1$　3. $y=2\sqrt{x}+3x$

4. $y=x^3-3x+2$　5. 2π

习题6-1

1. $\int_{-1}^{2}(x^2+1)\mathrm{d}x=(\frac{1}{3}x^3+x)\Big|_{-1}^{2}=6$

2. 略

3. (1) ≥　(2) ≤　(3) ≥　(4) ≤　(5) ≥　(6) ≤

4. (1) -6　(2) $2\sqrt{2}-2$　(3) 24　(4) $\frac{1}{3}$　(5) $\frac{1}{4}$

(6) $\frac{29}{6}$　(7) $2-2\sqrt{2}$　(8) 1

5. $\frac{17}{3}-\frac{1}{e}$

6. $h=\int_{1}^{2}9.8t\mathrm{d}t=14.7$ m

7. 6.25 $\mathrm{m/s^2}$

习题6-2

1. (1) $4-2\ln3$　(2) $2\sqrt{2}-2$　(3) $\frac{1}{6}$　(4) $\frac{1}{2}-\frac{1}{2e}$

2. (1) 1　(2) $1-\frac{2}{e}$　(3) 1　(4) $\frac{1}{2}-\frac{1}{e}$　(5) $\frac{1}{4}e^2+\frac{1}{4}$　(6) $2-\frac{5}{e}$

3. (1) 4　(2) 0　(3) 0　(4) 0　(5) $2e-2$　(6) $\ln6-\ln2$

习题6-3

1. $\frac{14}{3}$　2. $\frac{4}{3}$　3. $\frac{3}{2}-\ln2$　4. $\frac{8}{3}$　5. $e+\frac{1}{e}-2$

复习题六

一、C,D,D,D,C,A

二、1. 全体原函数

2. $\frac{x}{1+x^2}+C,\frac{x}{1+x^2}$　　3. $-\sin 2x$　　4. $y=\sin x$

5. (1) $x+C$　(2) $6x^{\frac{1}{2}}+C$　(3) e^x+C　(4) $\frac{1}{2}\ln|2x|+C$

6. 1　　7. $\frac{1}{3}$　　8. 2

三、1. $\frac{1}{3}x^3+\frac{3}{2}x^2+2x+C$　　2. e^x+x^2+C　　3. $e^{x^2}+C$

4. $a\ln(\ln x)+C$　　5. $\frac{1}{2}(\ln 5-\ln 2)$　　6. $\frac{1}{3}$

四、1. 1cm^2　　2. $Q(t)=0.002\sqrt{(t^2+1)^3}-0.002$　　3. $\sqrt{2}$库伦

习题7-1

1. (1) -5　(2) 13　(3) $\cos 2\alpha$

2. $\begin{cases} x_1=\frac{16}{13} \\ x_2=\frac{-7}{13} \end{cases}$

3. (1) 63　　(2) 15

4. $2\to(-1)^{3+1}\times\begin{vmatrix} 0 & 4 \\ 0 & 3 \end{vmatrix}=0$　　$-2\to(-1)^{3+2}\times\begin{vmatrix} -3 & 4 \\ 5 & 3 \end{vmatrix}=-29$

5. $x>1$ 或 $x<-1$

6. $a^2=b^2$

7. $D=1\times\begin{vmatrix} 1 & -1 & 0 \\ 2 & 1 & -1 \\ -1 & 0 & 2 \end{vmatrix}-2\times\begin{vmatrix} 2 & 1 & 0 \\ 0 & 2 & 1 \\ 1 & -1 & 2 \end{vmatrix}+1\times\begin{vmatrix} 2 & 1 & -1 \\ 0 & 2 & 1 \\ 1 & -1 & 0 \end{vmatrix}$

习题7-2

1. (1) 0　(2) -3　(3) 150　(4) 90

2. $a=-\frac{1}{2}$

3. 略

4. 略

习题7－3

1. (1) $\begin{cases} x_1=\dfrac{13}{5} \\ x_2=-\dfrac{4}{5} \\ x_3=-\dfrac{7}{5} \end{cases}$　(2) $\begin{cases} x_1=2 \\ x_2=0 \\ x_3=-2 \end{cases}$　(3) $\begin{cases} x_1=2 \\ x_2=2 \\ x_3=3 \\ x_4=-1 \end{cases}$　(4) $\begin{cases} x_1=1 \\ x_2=-2 \\ x_3=5 \\ x_4=-1 \end{cases}$

2. $\lambda\neq 0$ 且 $\lambda\neq\pm 1$

3. $k=0$ 或 $k=-1$

4. $k\neq\pm 1$

复习题七

1. $k=22$　2. $D=-14$　3. 0　4. 4　5. $k=3$　6. 13　7. $(x+3)(x-1)^3$

习题8－1

1. 略

2. 12　9　21

3. $\mathbf{0}_{4\times 3}=\begin{bmatrix} 0 & 0 & 0 \\ 0 & 0 & 0 \\ 0 & 0 & 0 \end{bmatrix}$

4. $-\boldsymbol{A}=\begin{bmatrix} -1 & -2 \\ 0 & 17 \\ 3 & -4 \end{bmatrix}$

习题8－2

1. (1) $\begin{bmatrix} 0 & 3 \\ -2 & 8 \end{bmatrix}$　(2) $\begin{bmatrix} 17 & 16 \\ 3 & 7 \end{bmatrix}$　(3) $\begin{bmatrix} 1 & 7 \\ 8 & 12 \end{bmatrix}$

2. (1) $\begin{bmatrix} 35 & -1 \\ 6 & -3 \\ 49 & 2 \end{bmatrix}$　(2) $\begin{bmatrix} 5 & 6 & 7 & 8 \\ 1 & 2 & 3 & 4 \\ 9 & 10 & 11 & 12 \end{bmatrix}$　(3) $[28]$

(4) $\begin{bmatrix} 12 & 4 & 8 \\ 18 & 6 & 12 \\ 15 & 5 & 10 \end{bmatrix}$　(5) $\begin{bmatrix} 0 & 0 \\ 0 & 0 \end{bmatrix}$　(6) $\begin{bmatrix} 2x_1-x_2+5x_3+7x_4 \\ 3x_1-2x_3-5x_4 \\ 4x_1+6x_2+x_3+x_4 \end{bmatrix}$

3. $\begin{bmatrix} 4 & 3 & 11 \\ 7 & -8 & -3 \\ -4 & 14 & 8 \end{bmatrix}$

$$4.\begin{bmatrix} 4 & \frac{1}{2} & \frac{3}{2} \\ -1 & 4 & \frac{7}{2} \\ \frac{9}{2} & 5 & \frac{5}{2} \end{bmatrix}$$

$$5.\ \boldsymbol{A}^{\mathrm{T}}\boldsymbol{B} = \begin{bmatrix} 3 & 3 & 4 \\ -2 & 2 & 3 \\ 3 & 0 & 0 \end{bmatrix} \qquad \boldsymbol{B}^{\mathrm{T}}\boldsymbol{A} = \begin{bmatrix} 3 & -2 & 3 \\ 3 & 2 & 0 \\ 4 & 3 & 0 \end{bmatrix}$$

$$\boldsymbol{A}^{\mathrm{T}}\boldsymbol{B}^{\mathrm{T}} = \begin{bmatrix} 4 & 0 & 3 \\ 0 & -1 & 2 \\ 1 & 0 & 0 \end{bmatrix} \qquad (\boldsymbol{AB})^{\mathrm{T}} = \begin{bmatrix} 0 & -3 & 4 \\ 3 & 0 & 2 \\ 4 & 1 & 3 \end{bmatrix}$$

$$6.\ \boldsymbol{AA}^{\mathrm{T}} = [30] \qquad \boldsymbol{A}^{\mathrm{T}}\boldsymbol{A} = \begin{bmatrix} 1 & 2 & 3 & 4 \\ 2 & 4 & 6 & 8 \\ 3 & 6 & 9 & 12 \\ 4 & 8 & 12 & 16 \end{bmatrix}$$

7. 略

8. 略

9. 略

习题 8 –3

1. D　　　　2. D

3. 略

1. (1) $R(\boldsymbol{A}) = 3$　　　　(2) $R(\boldsymbol{A}) = 3$

2. (3) $R(\boldsymbol{A}) = 3$　　　　(4) $R(\boldsymbol{A}) = 3$

习题 8 –4

1. (1) 互逆　　(2) 否　　(3) 互逆

2. $\boldsymbol{A}$ 可逆 $\Rightarrow |\boldsymbol{A}| \neq 0 \Rightarrow |2\boldsymbol{A}| = 2^n \times |\boldsymbol{A}| \neq 0 \Rightarrow 2\boldsymbol{A}$ 也可逆

又因 $(2\boldsymbol{A}) \times (\frac{1}{2}\boldsymbol{A}^{-1}) = 2 \times \frac{1}{2} \times \boldsymbol{A} \times \boldsymbol{A}^{-1} = \frac{1}{2}\boldsymbol{A}^{-1}$

$$3.\ (1)\boldsymbol{A}^{-1} = \frac{1}{9}\begin{bmatrix} 1 & 2 & 2 \\ 2 & 1 & -2 \\ 2 & -2 & 1 \end{bmatrix} \qquad (2)\boldsymbol{A}^{-1} = \begin{bmatrix} -2 & -1 & \frac{2}{3} \\ 0 & \frac{2}{3} & -\frac{1}{3} \\ \frac{1}{2} & -\frac{1}{3} & \frac{1}{6} \end{bmatrix}$$

(3) $A^{-1}=\begin{bmatrix}0&2&-1\\1&1&-1\\-2&-5&4\end{bmatrix}$　　(4) $A^{-1}=\begin{bmatrix}-6&2&1\\7&-2&-1\\-5&1&1\end{bmatrix}$

(5) $A^{-1}=\begin{bmatrix}1&0&0&0\\-1&1&0&0\\-1&-1&1&0\\-1&-1&-1&1\end{bmatrix}$　　(6) $A^{-1}=\frac{1}{4}\begin{bmatrix}1&-1&-1&-1\\-1&1&-1&-1\\-1&-1&1&-1\\-1&-1&-1&1\end{bmatrix}$

4. (1) $x=\begin{bmatrix}1\\2\\-4\end{bmatrix}$　　(2) $x=\frac{1}{5}\begin{bmatrix}-14&2&-3\\0&5&0\\-26&3&-7\end{bmatrix}$

复习题八

3. $x=\begin{bmatrix}0&-1&-\frac{4}{5}\\1&-3&-1\end{bmatrix}$

4. -16

5. $A^{-1}=\begin{bmatrix}5&-3\\-3&2\end{bmatrix}$

6. $AA^{T}=\begin{bmatrix}9&-4&2\\-4&9&-8\\0&-8&11\end{bmatrix}$　　$A^{-1}=\frac{1}{3}\begin{bmatrix}-2&-3&-2\\-2&-6&-5\\3&6&6\end{bmatrix}$

7. $\begin{bmatrix}1&n\\0&1\end{bmatrix}$

8. $x=\begin{bmatrix}-2&-2&1\\1&0&0\\-2&-3&-4\end{bmatrix}$

9. $K=0$ 或 $K=1$

10. $R(B)=3$

11. (1) A 是对称阵$\Rightarrow A(a_{ij})=A(a_{ji})$　　$A^2=0\Rightarrow a_{ij}=0, a_{ji}=0\Rightarrow A=0$

(2) $A^2+A-2E=0\Rightarrow A(A+E)=2E\Rightarrow A\times\frac{1}{2}(A+E)=E\Rightarrow A^{-1}=\frac{1}{2}(A+E)$

$A^2+A-2E=0\Rightarrow(A-2E)(A+3E)=-4E\Rightarrow(A-2E)^{-1}=-\frac{1}{4}(A+3E)$

12. 略

13. $A+B=\begin{bmatrix}2&3&4\\0&-1&3\\1&4&2\end{bmatrix}$　　$3A-2B=\begin{bmatrix}1&-1&-3\\5&7&-11\\3&-13&1\end{bmatrix}$

$$AB^{T}+A^{T}B=\begin{bmatrix}6 & 6 & 14\\0 & -12 & 10\\8 & 14 & -4\end{bmatrix}$$

14. (1) $[11]$ (2) $\begin{bmatrix}2 & 1\\4 & 3\\7 & 9\end{bmatrix}$

(3) $\begin{bmatrix}0 & 1\\0 & 0\end{bmatrix}$ (4) $\begin{bmatrix}x_1+2x_2-x_3+x_4\\3x_1+2x_2+2x_4\\4x_1+2x_3+x_4\end{bmatrix}$

15. (1) $\boldsymbol{x}=\begin{bmatrix}-2\\4\end{bmatrix}$ (2) $\boldsymbol{x}=\begin{bmatrix}2 & -23\\0 & 8\end{bmatrix}$

(3) $\boldsymbol{x}=\begin{bmatrix}-2 & -2 & 1\\-\frac{8}{3} & 6 & -\frac{2}{3}\end{bmatrix}$ (4) $\boldsymbol{x}=\begin{bmatrix}-\frac{1}{10} & \frac{27}{10}\\\frac{1}{5} & -\frac{19}{10}\end{bmatrix}$

复习题九

1. $|A|\neq 0$ 或 $r(A)=n$
2. $\lambda=1$
3. $r(A)=r(A,B)$，$r(A)=R(A,B)=n$，$r(A)=r(A,B)<n$
4. $\boldsymbol{x}=K(-1,0,2,-4)^{T}$（$K$ 为任意数）
5. $\boldsymbol{x}=K_1\left[-\frac{5}{14},\frac{3}{14},1,0\right]^{T}+K_2\left[\frac{1}{2},-\frac{1}{2},0,1\right]^{T}$ （K_1,K_2 任意数）
6. $\boldsymbol{x}=\begin{bmatrix}3\\1\\0\\0\end{bmatrix}+k_1\begin{bmatrix}3\\4\\1\\0\end{bmatrix}+k_2\begin{bmatrix}1\\-1\\0\\1\end{bmatrix}$ （k_1,k_2 任意数）
7. (1) $\lambda\neq -2$ 且 $\lambda\neq 1$ （λ 为任意数）

   (2) $\lambda_1=-2$ 或 $\lambda=1$ $\boldsymbol{x}=\begin{bmatrix}1\\0\\0\end{bmatrix}+k\begin{bmatrix}2\\1\\1\end{bmatrix}$（$k$ 为任意数）
8. $\boldsymbol{v}_1-\boldsymbol{v}_2=(1,0,-1)^{T}$ $3\boldsymbol{v}_1+2\boldsymbol{v}_2-\boldsymbol{v}_3=(3,4,1)^{T}$
9. 略
10. (1) $b\neq 2$ (2) $b=2$，$\boldsymbol{\beta}=-\boldsymbol{\alpha}_1+2\boldsymbol{\alpha}_2$
11. (1) 线性相关； (2) 线性无关； (3) 线性无关.
12. $\boldsymbol{\beta}=k\boldsymbol{\alpha}_1-(1+k)\boldsymbol{\alpha}_2$
13. 略.

参考文献

[1] 刘书田. 全国高职、高专高等数学系列教材—高等数学[M]. 北京:北京大学出版社,2002.

[2] 姜启源,谢金星,叶俊. 数学模型[M].3 版. 北京:高等教育出版社,2003.

[3] 苏金明,阮沈勇,王永利. MATLAB 工程数学[M]. 北京:电子工业出版社,2005.

[4] Steven J. Leon,著. 张文博,张丽静,译. 线性代数(原书第 7 版)[M]. 北京:机械工业出版社,2007.

[5] David C. Lay,著. 沈复兴,傅莺莺,莫单玉,等译. 线性代数及其应用[M]. 北京:人民邮电出版社,2007.

[6] 同济大学数学系. 高等数学(上、下册)[M].5 版. 北京:高等教育出版社,2004.

[7] 同济大学数学系. 线性代数[M].4 版. 北京:高等教育出版社,2001.

[8] 刘书田,冯翠莲. 微积分[M]. 北京:高等教育出版社,2003.

[9] 冯翠莲,刘书田. 微积分学习辅导与解题方法[M]. 北京:高等教育出版社,2003.

[10] 白银凤,罗蕴玲. 微积分及其应用[M]. 北京:高等教育出版社,2001.

[11] 车燕,戈西元,邢春峰. 应用数学与计算(修订版)[M]. 北京:电子工业出版社,2000.

[12] 王信峰,车燕,戈西元. 大学数学简明教程[M]. 北京:高等教育出版社,2001.

[13] 高隆昌. 数学及其认识[M]. 北京:高等教育出版社,2001.

[14] 吴振奎. 数学中的美[M]. 上海:上海教育出版社,2002.

[15] 邓东皋. 数学与文化[M]. 北京:北京大学出版社,1990.

[16] 张顺燕. 数学文化及其应用[M]. 北京:人民教育出版社,2008.

[17] 斯科特. 侯德润译,数学史[M]. 北京:商务印书馆,1982.

[18] 齐民友. 数学与文化[M]. 长沙:湖南教育出版社,2002.

[19] 郑毓信,王宪昌. 数学文化学[M]. 成都:四川教育出版社,2004.

[20] 张维忠. 数学文化与数学课程[M]. 上海:上海教育出版社,1999.